천재 수학자들의 영광과 좌절

후지와라 마사히코 지음 · 이면우 옮김

TENSAI NO EIKO TO ZASETSU
by FUJIWARA Masahiko
Copyright ©2002 FUJIWARA Masahiko
All rights reserved.

Korean translation copyright © 2003 by Man and Book Publishing Co.

Originally published in Japan by SHINCHOSHA, Tokyo.
Korean translation rights arranged with SHINCHOSHA, Japan.
through THE SAKAI AGENCY and BOOKPOST AGENCY.

본 저작물의 한국어판 저작권은 사카이 에이전시와 북포스트 에이전시를 통한
신초샤와의 계약으로 사람과책에 있습니다.
저작권법에 의해 한국 내에서 보호를 받는 저작물이므로
무단전재나 복제, 광전자 매체 수록 등을 금합니다.

천재 수학자들의 영광과 좌절

1판 1쇄 펴낸날 _ 2003년 3월 15일
1판 9쇄 펴낸날 _ 2014년 9월 25일

지은이 _ 후지와라 마사히코
옮긴이 _ 이면우

펴낸이 _ 이보환
펴낸곳 _ 도서출판 사람과책
등록 _ 1994년 4월 20일 (제16-878호)

주소 _ 135-907 서울시 강남구 역삼1동 605-10 세계빌딩 5층
전화 _ (02)556-1612~4
팩스 _ (02)556-6842
홈페이지 _ www.mannbook.com
이메일 _ man4book@gmail.com

ISBN 978-89-8117-073-8 03410

· 잘못된 책은 바꾸어 드립니다.
· 값은 뒤표지에 표시되어 있습니다.

한 권으로 읽는 새로운 버전의 천재 수학자 열전

천재수학자들의 영광과 좌절

일본 NHK방송국 다큐멘터리로 방영되어 큰 호평을 받은
화제의 프로그램을 한 권의 책으로 만난다.

사람과 책

CONTENTS

지은이의 말 | 8
옮긴이의 말 | 11

제1장
신의 목소리를 갈구하다 : 아이작 뉴턴 | 15

1. 어머니를 사랑한 외로운 소년 | 18
2. 최고의 집중력과 지속력 | 24
3. 지기 싫어하는 악착 같은 성격 | 29
4. 역학, 물리학, 천문학을 다시 쓰게 한 『프린키피아』 | 32
5. 뉴턴의 사과나무와 위대한 천재의 발자취 | 37
쉬어가는 페이지 | 43

제2장
파리의 혼돈에 불타다 : 에바리스트 갈루아 | 45

1. 수학에 대한 광기어린 열정 | 49
2. 위험한 청년 공화주의자의 끝없는 불행 | 55
3. 시대를 앞서간 선구적인 이론 | 59
4. 실연의 상처와 죽음을 부른 결투 | 63
5. 파리의 혼돈 속에 사라진 우울한 천재 | 66
쉬어가는 페이지 | 68

제3장
아일랜드의 정열 : 윌리엄 해밀턴 | 69

1. 더블린의 빛나는 별들 | 72
2. 총명하고 건강한 미소년 | 76
3. 불타오른 사랑과 불행했던 결혼생활 | 79
4. 술과 연구에만 매달리던 남루한 인생 | 86
5. 부르움 다리에 새겨진 4원수의 기본식 | 91
쉬어가는 페이지 | 93

제4장
영원한 진리, 한순간의 인생 : 소냐 코발레프스카야 | 95

1. 애정에 굶주린 소녀 | 97
2. 대문호 도스토예프스키를 짝사랑한 귀족의 딸 | 99
3. 근대 해석학의 아버지 바이어슈트라스와의 만남 | 104
4. 세계 최초의 여성 교수로서 재출발 | 108
5. 수학과 문학의 세계를 오간 천재 여성 | 112
6. 스웨덴이 사랑한 수학자 | 114
쉬어가는 페이지 | 120

제5장
남인도의 마술사 : 스리니바사 라마누잔 | 121

1. 가난한 브라만 계급의 장남 | 123
2. 궁핍한 생활과 낡고 지저분한 노트 | 126
3. 하디가 발견한 인도의 천재 수학자 | 129
4. 수학자들을 당황하게 만든 라마누잔의 위대한 공식들 | 136
5. 고독과 질병 속에서 피어난 아름다운 공식 | 139
6. 아내와 어머니의 불화 속에서 외롭게 죽어가다 | 146
쉬어가는 페이지 | 149

제6장
국가를 구한 수학자 : 앨런 튜링 | 151

1. 진짜 수학자의 진짜 수학 | 153
2. 크리스토퍼 말콤과의 사랑과 이별 | 158
3. 괴델의 '불완전성 정리'를 만나다 | 164
4. '콜로서스'의 대발견과 동성연애자의 비참한 말로 | 166
5. 시대의 불운아 | 171
쉬어가는 페이지 | 173

제7장
진선미를 모두 갖춘 특이한 천재 : 헤르만 바일 | 175

1. 위대한 수학의 요람, 괴팅겐 대학 | 179
2. 괴팅겐 대학의 부흥과 나치의 박해 | 180
3. 철학과 음악에 정통한 수학자 | 185
4. 바일이 떠나간 괴팅겐의 빈자리 | 190
쉬어가는 페이지 | 192

제8장
세기의 숙제, 350년 동안의 싸움 : 앤드루 와일스 | 193

1. 『산술』의 마지막 숙제 '페르마의 정리' | 196
2. 타니야마 시무라의 추론 | 199
3. 7년간의 사투, 비밀리에 진행한 연구 | 204
4. 350년 만에 이룬 쾌거 | 208
5. 정열과 끈기로 성공한 최후의 승리자 | 213
쉬어가는 페이지 | 216

제9장
주군을 위해 자신을 위해 : 세키 다카카즈 | 217

1. 일본 고유의 수학인 화산 | 220
2. 행운이 따르지 않았던 천재 화산가 | 223
3. 수시력에 대한 완벽한 계산 | 231
4. 일생의 대결, 하루미와의 접전 | 237
5. 세키 학파의 확립과 발전 | 239
6. 불운한 수학자의 희미한 발자욱 | 247
쉬어가는 페이지 | 251

찾아보기 | 253

*본문의 날개 참고 사항은 두산 세계대백과 사전 Encyber에서 다수 발췌 수록하였음.

지은이의 말

이 책에서 소개한 9명의 수학자는 같은 길을 걷고 있는 저자가 줄곧 신처럼 생각해오던 인물들이다. 조금 과장해서 말한다면 자나 깨나 항상 저자의 머릿속에 머무르고 있는 인물들인 것이다.

그러나 언제부턴가 어떤 천재라도 신과 같을 수는 없다는 생각이 들었다. 아마도 더 이상 젊다고 할 수 없는 나이가 되면서부터였던 것 같다. 그러한 생각을 함과 동시에 저자는 천재 수학자들의 인생에 커다란 호기심을 갖게 되었다. 그들은 어떤 사람이었을까. 눈부시게 빛나는 '업적'이라는 외투를 걸치고 있는 그들의 내면에 숨겨진, 있는 그대로의 인간성이 궁금해진 것이다.

수학의 역사를 다룬 책을 많이 읽어보았지만 대부분은 업적을 소개하는 데 그치고 있어서 수학자의 인간성이나 삶을 떠올리기에는 부족한 감이 있었다. 대중적인 수학자 전기를 살펴보아도 좀 더 상세한 이력서 같은 느낌을 지울 수 없었고, 납득할 수 없는 억측이 많아 그대로 받아들이기 어려웠다.

수학자들의 고향과 그들이 활동했던 장소를 직접 방문해 보기로 했다. 세기를 빛낸 천재가 나고 자란 곳이라면 풍토 또한 색다를 것이라는 생각이 들었다. 여기서 말하는 풍토란 자연과 역사, 민족, 문화, 풍속 등을 말하는 것이다.

수학자들의 궤적을 좇으면서 저자는 천재들의 인간성을 새롭게 인식하게 되었고, 그들의 업적을 다시 한 번 되새겨보게 되었다. 한 천재가 그 시기에 바로 그곳에서 태어난 것은 우연이 아니라 당연 또는 필연이라는 생각이 들었다. 학문적 활동을 제외한다면 그들도 우리와 마찬가지로 사랑을 하고 실연에 슬퍼하며, 질투를 느끼며 살아간다. 천재들의 인간성도 다양하기 그지없었다. 빈틈없는 행동을 보인 사람도 있었지만, 우리들과 같거나 아니면 우리 이상의 인간미를 보여주는 사람도 있었다.

천재들의 삶을 추적하면서 가슴이 뭉클했던 것은, 천재의 봉우리가 높으면 높을수록 골짜기도 깊다는 사실이었다. 영광이 빛나면 빛날수록 그 밑바닥은 가늠할 수 없을 정도의 깊은 고독과 좌절과 실의로 가득했다.

사람들은 누구나 성공과 실패, 희망과 실망, 우월감과 열등감을 지닌 채 살아간다. 그리고 실패와 실망, 열등감을 갖게 되는 이유가 자신의 재능 부족 때문이라고 생각한다. 하지만 결코 그렇지 않다. 천재야말로 이와 같은 양극단을 누구보다 선명하게 체험하는 사람들이다. 그들은 보통사람의 수십 배에 달하는 진폭을 가진 황량한 삶의 파도에 휩쓸리면서 괴로워하고 고민한다.

이러한 천재들의 삶을 알게 되면서 필자는 더 이상 천재를 신과 같은 존재로 생각하지 않게 되었다. 천재란 혼자의 힘으로 앞서 나가며, 뼈를 깎는 듯한 창조의 괴로움과 고통을 참고 걸어가는 사람이다. 그들에게는 가끔 운이 따르기도 하지만 뜻하지 않은 시련과 격랑에 정면으로 부딪히기도 한다. 그러면서 세상의 천당과 지옥을 모두 경험하는 것이다.

이 책은 NHK 교육텔레비전 방송에서 2001년 8월에 시작하여 8회에 걸쳐 방송되었던

〈인간강좌〉의 프로그램 원고를 대폭 수정하여 손질하고, 바일에 관한 내용을 덧붙여 출간한 것이다.

이 책을 집필하는 데 있어 국내외의 많은 자료를 참고했는데 수학사, 전기, 역사, 문학, 에세이 등 참고 저서나 논문을 일일이 열거하지는 못했다. 여러 저자와 자료 제공자 그리고 인터뷰에 흔쾌히 응해 준 많은 이들에게 감사드린다.

또한 뉴턴, 해밀턴, 라마누잔 이 세 사람에 대해서는 『마음이 고독한 수학자』(신초문고)에서 따로 자세히 서술했으므로 관심 있는 사람은 참고하길 바란다.

이 책의 내용을 처음 기획하고 취재에 협력해 준 젠니쿠(全日空, JAS)의 히로키 씨, 부드러운 미소로 이 책을 시작할 용기를 주고 끝없는 격려로 책을 마칠 수 있도록 도와준 신초샤(新潮社)의 후쿠시마 씨에게 진심으로 고마움을 전한다.

후지와라 마사히코

옮긴이의 말

천재 수학자들은 어떤 사람들일까?
그들도 우리와 똑같이 사랑을 하고 화를 내고 또 먹을 것을 걱정하던 사람이었을까?
이 책에 나오는 천재 수학자 9명의 인생을 돌아보자. 그들 모두 우리와 똑같은 고민과 아픔과 기쁨을 겪으며 살았던 보통사람들이다. 그들이 일반인에 비해 조금 다른 점이 있었다면 아마도 그것은 수학에 대한 남다른 열정이었을 것이다.
이 책에서 다루고 있는 수학자들 중에서 뉴턴과 세키 다카카즈를 빼면 모두 19세기 이후의 수학자들이다. 따라서 이 책을 읽는 데 약간의 수학 지식이 필요할지도 모르겠다. 또한 이 책을 계기로 현대 수학에 대해 보다 많은 관심을 갖게 될지도 모른다.
9명의 수학자들에게서 느낄 수 있는 공통된 특징은 수학자 대부분이 문학과 철학, 음악 등에 상당한 조예를 갖추고 있었다는 점이다. 그들은 또 최상의 선과 진리를 추구했다. 예를 들면 뉴턴이 성서의 연대학이나 연금술에 빠진 것도 신의 목소리를 갈구하던 그만의 진리 추구 방법이었던 것이다. 저자는 이와 같이 독특한 관점을 가지고 수학자 한 명 한 명의 일대기를 들려주고 있는데, 그들이 수학사의 업적을 달성하기까지 겪어낸 좌절과 영광을 대조적으로 조명하면서 이야기를 풀어 나가고 있다.

천재 소년 갈루아의 불우한 생애는 특히나 가슴 아픈 이야기로 남아 있다. 그는 프랑스 혁명의 암울한 상황 속에서 공화주의자가 되어야 했으며, 결투에 휘말려 젊은 나이에 아까운 목숨을 잃었다. 해밀턴을 통해서는 영국의 속국이었던 아일랜드가 영국으로부터 얼마나 탄압을 받았는지 엿볼 수 있다. 이 책을 쓴 저자가 일본인이고 역자인 본인이 한국인이라는 사실도 역사의 간격을 맛보게 하는 것이었다. 해밀턴과 그가 평생 동안 사랑했던 캐서린, 깊은 우정을 나눈 영국의 대시인 워즈워드를 통해서도 한 천재 수학자의 인간적인 면모를 느낄 수 있다.

수학의 기초도 몰랐던 라마누잔이 필연성이 보이지 않는 공식을 유도해 내면서 마술사와도 같은 천재성을 발휘했다는 내용은 다시 읽어보아도 혀를 내두르게 한다. 매력적인 여인이었던 소냐 코발레프스카야를 통해서는 러시아 혁명기의 사회상을 볼 수 있다. 부모로부터 사랑받지 못하는 어린 시절을 보내야 했던 그녀는 평생 심각한 애정 결핍을 느끼며 살아야 했고, 여자라는 이유만으로 능력보다 못한 대우를 받기도 했다. 이런 인간적인 모습들이 수학자 한 사람마다 실감나게 묘사되어 있다.

수학자들의 이야기는 과학자들에 비해서 상대적으로 덜 알려져 있다. 최근 〈뷰티풀 마인드〉라는 영화 덕분에 잠시 수학자에 대한 관심이 일기는 했지만 시중에 나와 있는 전기 등을 보아도 과학자편이 압도적으로 많다. 노벨상 수상 대상에 수학 분야가 없는 것도 아마 대중을 수학으로부터 멀어지게 하는 이유일지도 모른다. 한편, 노벨상에 수학 분야가 없는 이유에 대해서는 저자 나름대로의 간접적인 해답을 제시하고 있는데, 사실 여부를 떠나서 흥미롭다.

수학에는 문외한인 역자가 이 책을 우리말로 옮기게 된 이유는 전적으로 출판사의 권유에 의해서였다. 과학사를 연구해온 덕분에 인접 분야인 수학사나 수학자에게도 관심을 가지고 있었지만 원서의 내용을 읽어 내려가면서 역자는 이 책의 내용에 깊이 매료되었다. 수학자의 인생을 리얼하면서도 드라마틱하게 서술한 것이 매력적이었다.

이 책의 저자는 수학자인 동시에 수필가로도 활동 중인 인물이다. 그래서 수학자이자 문학가였던 소냐 코발레프스카야나 해밀턴을 칭송했는지도 모른다. 또한 이 책에 등장하는 거의 모든 수학자가 문학가인 동시에 철학자이기도 했다. 수학과 문학, 음악을 일치시키려는 저자의 의도가 엿보인다. 헤르만 바일의 경우, 그는 이 수학자를 진선미를 추구한 최고의 학자로 평가하고 있다.

대단한 문필력을 자랑하는 저자의 문체를 우리말로 제대로 옮기지 못했음을 인정한다. 일본 수필의 참맛과 저자 특유의 문체를 살리지 못한 것은 역자의 한계일 것이다.

책을 번역하면서 다시 한번 아쉬움을 절감했다. 단지 이 책의 저자가 일본인이라는 이유 때문만은 아니었다. 실제로 인류의 수학사에는 상당수의 일본인 수학자가 등장한다. 이들의 업적은 이미 세계적으로 공인된 것으로, 현대 수학의 역사에서 커다란 발자취를 남기고 있음을 인정하지 않을 수 없다. 우리도 이에 뒤지지 않는 노력이 필요할 것이다.

끝으로, 독자들에게 권하고 싶은 번역서가 몇 권 있다. 특히 갈루아와 와일즈 등 현대 수학과 관련지어서는 사이먼 싱의 『페르마의 마지막 정리』(박병철 역, 영림카디널, 1998)를 권한다. 아울러 수학의 역사 전반에 대한 책으로 보이어와 메르츠바흐가 함께 저술한 『수학의 역사』(양영오·조윤동 역, 경문사, 2000)를 추천한다. 뉴턴에 관해서는 클라크 부자의 『독재자 뉴턴』(이면우 역, 몸과마음, 2002)도 좋은 참고가 될 것이다.

이면우

아이작 뉴턴

신의 목소리를 갈구하다

업적

- 만유인력의 법칙 발견
- 미적분법 발견
- 빛의 분해(이상을 '3대 발견'이라 함)
- 운동의 세 가지 법칙 확립
- 뉴턴링 발견
- 반사망원경 발명 외 다수

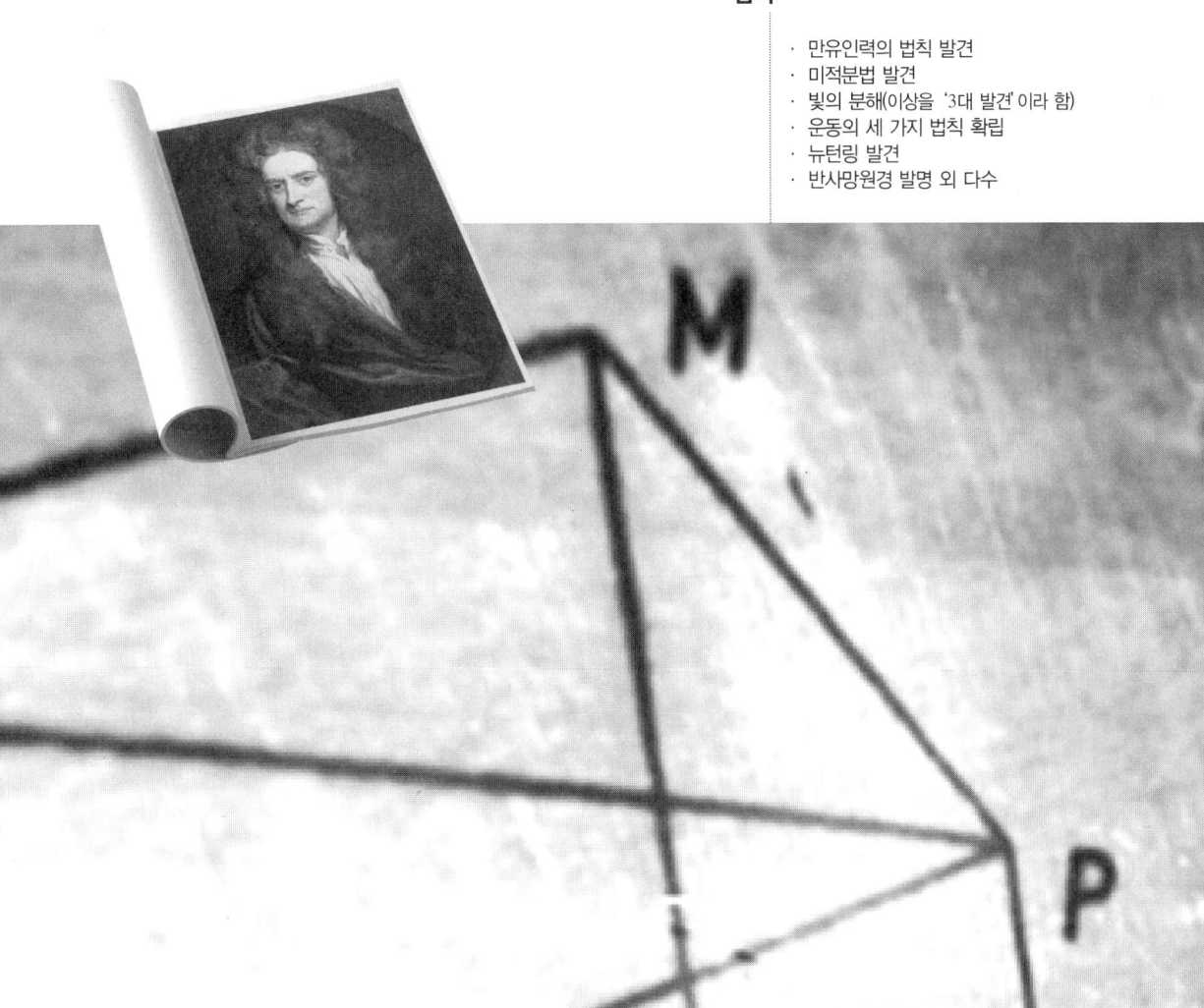

Issac Newton(1642~1727)

근대 과학의 완성자. 27세에 케임브리지 대학 교수가 되었다. 교수 재임 시절 전반부에 운동의 역학, 광학, 수학, 천문학 분야의 업적을 대부분 완성했으며, 『프린키피아』(원제: 자연철학의 수학적 원리)와 『광학』으로 그 내용을 정리했다. 후반부에는 연금술, 『성서』의 연대기 연구 등에 몰두했다. 54세에 교수직을 그만두고 이후 조폐국장을 거쳐 왕립학회 회장이 되어 영국 학계에서 군림했다.

약력

1642	영국 잉글랜드 동부 링컨셔의 울즈소프에서 중농의 아들로 태어남.
1655	그랜섬 왕립학교 입학.
1661	케임브리지 대학 트리니티 칼리지 입학.
1665	케임브리지 대학 졸업, 페스트가 유행하자 고향으로 돌아옴. 이항정리 발견, 만유인력의 법칙, 빛의 분해 등을 생각해냄(23세).
1666	유율법에 관한 〈10월 논문〉 발표.
1667	케임브리지 대학에 복귀, 펠로우가 됨.
1668	반사망원경 발명, 왕립학회에 기증함.
1669	*배로의 뒤를 이어 제2대 루카스 교수직에 부임(27세), 1671년까지 광학을 강의함.
1672	왕립학회 회원이 됨(30세).
1675	뉴턴링을 발견함. *호이겐스가 주장한 빛의 파동설에 대항하여 빛의 입자설을 주장함.
1687	『프린키피아』 출간(45세).
1692	건강상의 이유로 휴직(2년간).
1696	케임브리지 대학 교수직을 버리고 조폐국 감사가 됨(54세).
1699	조폐국장이 됨.
1703	왕립학회 회장이 됨(이후 24년 동안 재직).
1704	『광학』 출간(62세).
1705	기사(나이트) 칭호를 받음.
1727	사망(85세).

에 의해서였다. 과학사를 연구해온 덕분에 인접 분야인 수학사나 수학자에게도 관심을 가지고 있었지만 원서의 내용을 읽어 내려가면서 역자는 이 책의 내용에 깊이 매료되었다. 수학자의 인생을 리얼하면서도 드라마틱하게 서술한 것이 매력적이었다.

이 책의 저자는 수학자인 동시에 수필가로도 활동 중인 인물이다. 그래서 수학자이자 문학가였던 소냐 코발레프스카야나 해밀턴을 칭송했는지도 모른다. 또한 이 책에 등장하는 거의 모든 수학자가 문학가인 동시에 철학자이기도 했다. 수학과 문학, 음악을 일치시키려는 저자의 의도가 엿보인다. 헤르만 바일의 경우, 그는 이 수학자를 진선미를 추구한 최고의 학자로 평가하고 있다.

대단한 문필력을 자랑하는 저자의 문체를 우리말로 제대로 옮기지 못했음을 인정한다. 일본 수필의 참맛과 저자 특유의 문체를 살리지 못한 것은 역자의 한계일 것이다.

책을 번역하면서 다시 한번 아쉬움을 절감했다. 단지 이 책의 저자가 일본인이라는 이유 때문만은 아니었다. 실제로 인류의 수학사에는 상당수의 일본인 수학자가 등장한다. 이들의 업적은 이미 세계적으로 공인된 것으로, 현대 수학의 역사에서 커다란 발자취를 남기고 있음을 인정하지 않을 수 없다. 우리도 이에 뒤지지 않는 노력이 필요할 것이다.

끝으로, 독자들에게 권하고 싶은 번역서가 몇 권 있다. 특히 갈루아와 와일즈 등 현대 수학과 관련지어서는 사이먼 싱의 『페르마의 마지막 정리』(박병철 역, 영림카디널, 1998)를 권한다. 아울러 수학의 역사 전반에 대한 책으로 보이어와 메르츠바흐가 함께 저술한 『수학의 역사』(양영오·조윤동 역, 경문사, 2000)를 추천한다. 뉴턴에 관해서는 클라크 부자의 『독재자 뉴턴』(이면우 역, 몸과마음, 2002)도 좋은 참고가 될 것이다.

이면우

아이작 뉴턴

신의 목소리를 갈구하다

업적

- 만유인력의 법칙 발견
- 미적분법 발견
- 빛의 분해(이상을 '3대 발견'이라 함)
- 운동의 세 가지 법칙 확립
- 뉴턴링 발견
- 반사망원경 발명 외 다수

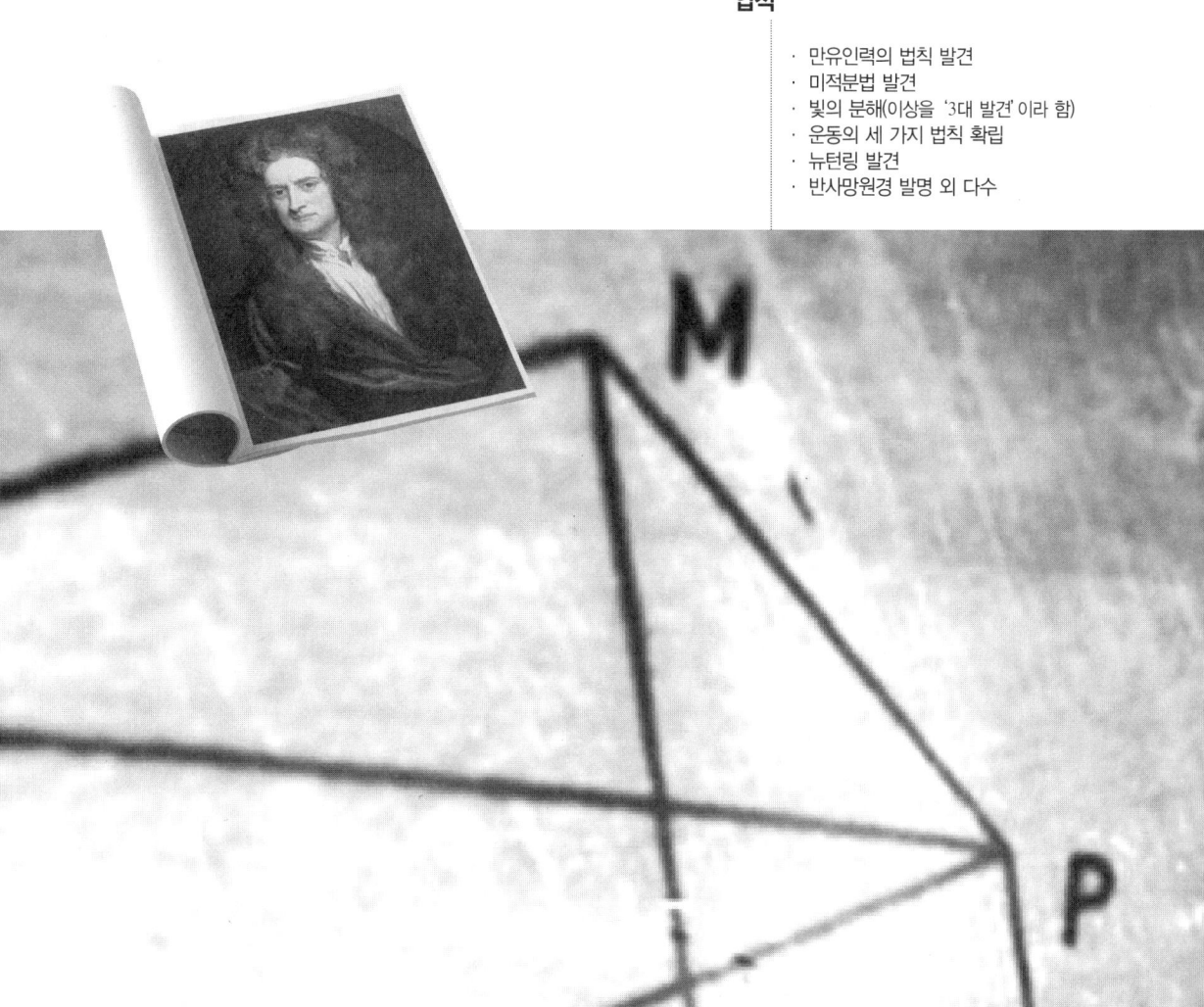

Issac Newton(1642~1727)

근대 과학의 완성자. 27세에 케임브리지 대학 교수가 되었다. 교수 재임 시절 전반부에 운동의 역학, 광학, 수학, 천문학 분야의 업적을 대부분 완성했으며, 『프린키피아』(원제: 자연철학의 수학적 원리)와 『광학』으로 그 내용을 정리했다. 후반부에는 연금술, 『성서』의 연대기 연구 등에 몰두했다. 54세에 교수직을 그만두고 이후 조폐국장을 거쳐 왕립학회 회장이 되어 영국 학계에서 군림했다.

약력

1642	영국 잉글랜드 동부 링컨셔의 울즈소프에서 중농의 아들로 태어남.
1655	그랜섬 왕립학교 입학.
1661	케임브리지 대학 트리니티 칼리지 입학.
1665	케임브리지 대학 졸업, 페스트가 유행하자 고향으로 돌아옴. 이항정리 발견, 만유인력의 법칙, 빛의 분해 등을 생각해냄(23세).
1666	유율법에 관한 〈10월 논문〉 발표.
1667	케임브리지 대학에 복귀, 펠로우가 됨.
1668	반사망원경 발명, 왕립학회에 기증함.
1669	*배로의 뒤를 이어 제2대 루카스 교수직에 부임(27세), 1671년까지 광학을 강의함.
1672	왕립학회 회원이 됨(30세).
1675	뉴턴링을 발견함.*호이겐스가 주장한 빛의 파동설에 대항하여 빛의 입자설을 주장함.
1687	『프린키피아』 출간(45세).
1692	건강상의 이유로 휴직(2년간).
1696	케임브리지 대학 교수직을 버리고 조폐국 감사가 됨(54세).
1699	조폐국장이 됨.
1703	왕립학회 회장이 됨(이후 24년 동안 재직).
1704	『광학』 출간(62세).
1705	기사(나이트) 칭호를 받음.
1727	사망(85세).

트리니티 칼리지 행정실을 방문했다. 이곳은 케임브리지 대학에 있는 30개의 칼리지 중 최대 규모이며 자타가 공인하는 최고의 명문 칼리지이다. 자연과학자 뉴턴과 *맥스웰, *레일리 경, *블랙 등과 시인 *바이런과 *테니슨, 철학자 *프랜시스 베이컨, *러셀 등을 배출한 곳이다.

나는 이곳에서 뉴턴에 관한 자료를 요청할 참이었다. 수학계의 노벨상이라고 불리는 *필즈상 수상자인 앨런 베이커 교수가 안내자로 오기로 되어 있었다.

베이커 교수는 독신이어서 수천 평의 그레이트 코트가 한눈에 내려다보이는 대학의 교수 기숙사에 살고 있다. 경비실에서 인터폰을 해보았지만 응답이 없었다. 꼼꼼한 성격인 그가 약속을 잊었을 리 없다고 생각한 나는 행정실에서 나와 그레이트 코트 방향의 모퉁이에서 기다렸다.

잠시 후 베이커 교수가 밝은 표정으로 나타났다. 나는 그의 방과 렌 라이브러리를 안내받았다. 아름다운 이 도서관은 뉴턴 시대의 건축가 *크리스토퍼 렌이 설계한 것으로, 흰색의 높은 천장 아래 좌우의 벽면에 오래된 나무로 만든 서가가 배열되어 있었다.

도서관 직원이 드리워진 커튼을 젖히자 뉴턴의 장서가 보였다. 가죽 표지로 된 책들이 높이 3미터 정도의 서가에 꽂혀 있었는데, 교수는 한 권을 뽑아 한 페이지를 보여주었다. 라틴어로 되어 있다는 것말고 내가 알 수 있는 사실은 아무것도 없었다. 그는 "아마 신학책인 것 같다"고 말했다. 베이커 교수 정도의 나이라면 케임브리지 대학 입학시험을 치를 당시 라틴어나 그리스어가 필수 과목이었을 것이고 그래서 어느 정도 읽을 수 있었을 것이다.

뉴턴이 훅에게 보낸 편지나 손으로 쓴 원고들도 볼 수 있었다. 맞

배로
[Barrow, Isaac. 1630~1677]
영국의 수학자·신학자. 1660년 케임브리지 대학의 그리스어 교수로 임명되었고, 1663년 수학의 루카스 교수직이 신설되자 초대교수가 되었다. 여기서 행한 광학과 기하학의 강의로 뉴턴에게 영향을 주었다.

호이겐스
[Huygens, Christiaan. 1629~1695]
네덜란드의 물리학자·천문학자. 1655년 형인 콘스탄틴과 굴절망원경을 공동 제작했다. 토성이 고리를 가진 것을 발견하고, 토성의 위성을 관측했으며, 1656년 진자시계를 발명했다.

맥스웰
[Maxwell, James Clerk. 1831~1879]
영국의 물리학자. 주요 저서로 『전자기학』이 있으며, 전자기학에서 거둔 업적은 장(場) 개념의 집대성이다. 전자기파의 전파속도가 빛의 속도와 같고, 전자기파가 횡파라는 사실도 밝힘으로써 빛의 전자기파설의 기초를 세웠다.

레일리
[Rayleigh, John William Strutt. 1842~1919]
영국의 물리학자. 주요 저서로 『음(音)의 이론』이 있다. 물의 성분을 정밀하게 측정하는 문제에서 출발하여 수소·산소에 이어서 질소의 질량을 측정하는 과정 중 1894년 W.램지와 함께 아르곤을 발견, 그 공로로 1904년 노벨 물리학상을 받았다.

블랙
[Black, Joseph. 1728~1799]
영국의 화학자. 천칭으로 중량 변화를 측정하여 정량적 연구의 길을 열었다.

바이런
[Byron, 6th Baron. 1788~1824]
영국의 낭만파 시인. 1805년 케임브리지 대학의 트리니티 칼리지에 들어가 시집 『게으른 나날』을 출간하였다. 비통한 서정, 습속에 대한 반골, 날카로운 풍자, 근대적인 내적 고뇌, 다채로운 서간 등으로 유명하다.

테니슨
[Tennyson, Alfred. 1809~1892]
영국의 시인. 1850년에 걸작 『인 메모리엄』이 출판되었으며, W.워즈워드의 후임으로 계관시인이 되었다. 『인 메모리엄』은 17년간을 생각하고 그리던 죽은 친구 핼럼에게 바치는 애가로, 테니슨의 대표작일 뿐만 아니라 빅토리아 시대의 대표시이다.

베이컨
[Bacon, Francis. 1561~1626]
영국의 철학자·정치가. 특히 영국 고전경험론의 창시자이다. 그의 최대의 관심과 공헌은 자연철학 분야에 있었고 과학방법론·귀납법 등의 논리 제창에 있었다.

러셀
[Russell, Bertrand Arthur William. 1872~1970]
영국의 철학자·수학자. 1950년 노벨 문학상 수상. 현대 수학의 성과를 근거로, 19세기 전반에 비롯된 기호 논리학의 역사서 『수학원리』를 집대

춤법은 오늘날과 약간 달랐지만 영어로 씌어 있어서 대충 의미를 파악할 수 있었다. 그런데 특이하게도 알파벳 t자의 가로획이 대부분 생략되어 있었다. 베이커 교수도 신기한 듯한 표정을 지었다. 내가 "뉴턴은 게으름뱅이였나 봅니다"라고 말하자 교수가 "정말 게을렀군요!" 하고 맞장구를 쳤다. 우리는 도서관 안의 모든 사람들에게 들릴 정도로 큰 소리를 내며 웃었다. 연구에 몰두한 나머지 건강을 해치기도 했고, 달걀 대신 회중시계를 삶았다는 일화로 유명한 뉴턴과는 어울리지 않는 필체였다.

1. 어머니를 사랑한 외로운 소년

아이작 뉴턴은 1642년 크리스마스 밤, 케임브리지에서 북쪽으로 80킬로미터 정도 떨어진 링컨셔의 울즈소프에서 태어났다. 1쿼트(약 1.14리터) 부피의 나무통에 들어갈 정도로 아주 작은 미숙아였다. 자영농이었던 아버지는 그가 태어나기 3개월 전에 사망했다. 상류 계급에 가까운 *젠트리 출신으로 총명했던 어머니 한나는 고작 6개월 정도의 신혼생활을 했을 뿐이었고, 뱃속에 아이를 가진 채 미망인이 되었다.

뉴턴이 태어나기 1년 전에는 역학의 기초를 세우는 데 공헌한 *갈릴레오 갈릴레이가 사망했다. 그 5년 전은 『방법서설』을 저술하여 좌표기하학을 창시한 *데카르트가 네덜란드로 옮겨가 『철학의 원리』를 집필하던 중이었다. 또 3년 전에 『원뿔곡선 시론』을 16세의 어린 나이에 저술했던 신동 *파스칼이 프랑스에서 역사상 최초의 계산기를 만들던 중이었다. 4년 후에는 *라이프니츠가 독일의 라이

프치히에서 태어났다. *렘브란트의 그림 〈야경〉이 그려진 것도 뉴턴이 태어나던 해였다.

한편, 영국 내에서는 *청교도들의 혁명 내란이 뉴턴이 태어나던 바로 그 해부터 시작되었는데, 영국을 왕당파와 의회파로 양분하는 혼란이 수년 동안 지속되었다. 제임스 1세와 그의 아들 찰스 1세가 *왕권신수설을 방패막이로 권력을 남용한 데 대해 민중들이 분노했던 것이다. 표면적으로 청교도들은 영국 국교회에 대항하고 있었지만, 국교회를 대표하는 왕당파는 귀족이었고, 청교도를 대표하는 의회파는 젠트리를 중심으로 하는 신흥 시민 계층의 이해를 대표하고 있었다.

울즈소프에 있는 뉴턴의 생가.

울즈소프가 있는 링컨셔는 청교도혁명 당시 국왕 찰스 1세에 맞선 *크롬웰 장군의 아성이었지만, 이곳에서도 왕당파와 의회파 간의 소규모 싸움이나 민가에 대한 약탈이 끊이지 않았다.

만 3세가 된 뉴턴에게 충격적인 일이 일어났다. 어머니가 이웃 마을의 목사 하나바스 스미스와 재혼한 것이다. 그리고 무슨 이유에서인지 그녀는 뉴턴을 계부의 집으로 데려가지 않고 친정 어머니에게 맡겼다. 어린 뉴턴은 불과 2킬로미터 정도 떨어진 교회에 살고 있는 어머니를 계속해서 그리워했다. 계부는 뉴턴이 어머니를 만나러 오는 것을 달가워하지 않았고, 만날 때마다 뉴턴의 생부에 대해 "읽고 쓸 줄도 모르던 고약한 고집불통"이라고 말했다. 당연히 어머니를 찾아가는 발길이 뜸해졌고, 어린 뉴턴은 울즈소프 마을의 집에

성했다. 철학자로서 러셀의 이론철학은 빈학파나 훗날의 영국 철학의 발전에 큰 영향을 미쳤다.

필즈상
[Fields Medal]
국제수학자회의에서 주최하는 국제적인 상. '수학 부문의 노벨상'이라고도 불린다. 4년마다 2명 이상 4명 이하의 젊은 수학자들에게 수상한다. 당시 토론토 대학의 수학과 교수인 필즈가 수상 자금을 기부하였다. 1936년 오슬로 회의에서 최초로 핀란드인 L.V.알프르가 함수론으로 그리고 미국인 J.더글러스가 플래토 문제의 연구로 수상했다.

렌
[Wren, Christopher. 1632~1723]
영국의 건축가・정치가. 자연과학의 연구에 뛰어난 재능을 보여 동시대의 뉴턴이 그를 과학자로 높이 평가했다. 왕실의 건설총감으로 51개 교회와 그의 대표작인 성 바울 대성당을 재건하였다.

젠트리
[gentry]
젠틀맨 계층이라는 뜻으로, 본래는 '가문이 좋은 사람들'이라는 뜻이다. 넓은 의미로는 귀족을 포함한 좋은 가문의 사람들을 지칭해서 쓰이나, 보통은 신분적으로 귀족 바로 아래 계층을 지칭한다.

갈릴레이
[Galilei, Galileo. 1564~1642]
이탈리아의 천문학자・물리학자・수학자. 당시 지배적이던 천동설의 방법적인 오류를 예리하게 지적하고, '우주는 수학문자로 쓰인 책'이라는 유명한 말을 함으로써 자신의 수량

데카르트
[Ren Descartes.
1596~1650]
프랑스의 철학자·수학자·물리학자. 근대철학의 아버지로 불리며, 수학자로서 대수적 해법을 적용한 해석기하학의 창시자이다. 『방법서설』에서 '나는 생각한다, 고로 나는 존재한다'라는 근본 원리를 확립했다.

파스칼
[Pascal, Blaise.
1623~1662]
프랑스의 수학자·물리학자. 16세에 『원뿔곡선 시론』을 발표하여 주목을 받았다. 확률론을 창안하여 『수삼각형론』 및 그 『부대논문』을 썼고 수학적 귀납법의 훌륭한 전형을 구성하였으며, 수의 순열·조합·확률과 이항식에 대한 수삼각형의 응용을 설명했다.

라이프니츠
[Leibniz, Gottfried Wilhelm von. 1646~1716]
독일의 철학자·수학자·자연과학자. 정치가. 1674년 우수한 계산기를 발명하였다. 수학에서는 미적분법의 창시가 유명하다. 이것은 뉴턴과는 별개로 전개된 것이며 미분 기호, 적분 기호의 창안 등 해석학 발달에 많은 공헌을 했다.

렘브란트
[Rembrandt Harmenszoon van Rijn. 1606~1669]

적인 자연과학관을 대담하게 내세웠다.

가끔 들르던 어머니를 하염없이 기다리며 슬픈 나날을 보냈다.

10세가 되었을 때 계부가 사망하자 어머니는 다시 울즈소프로 돌아왔다. 그러나 계부와 어머니 사이에서 태어난 3명의 자식과 함께였으므로, 뉴턴은 예전처럼 어머니의 사랑을 독차지할 수 없었다.

어린 시절의 뉴턴에 대해서는 그가 20세에 남긴 회고록을 통해서도 알 수 있다. 이 회고록에서 뉴턴은 빠르게 갈겨쓴 필체로 그때까지 저지른 58가지 죄에 대해 쓰고 있는데, 그중에 "새아버지와 어머니를 죽이고 집을 불태운다고 협박했다"라는 항목이 있다. 열 살도 채 되지 않은 어린 소년이 이렇게 큰 증오심을 가진 것으로 보아 뉴턴이 받은 상처의 깊이를 짐작할 수 있다. 10대에 사용한 라틴어 연습장에는 공포, 불안, 의혹이라는 제목으로 지은 부정적인 내용의 짧은 글짓기가 자주 보인다.

초등학교 시절의 이야기는 별로 알려진 것이 없다. 밤에 등을 단 연을 날려서 마을사람들을 놀라게 했다거나, 기계를 잘 다루는 솜씨로 해시계를 만들었다거나, 쥐를 동력으로 이용하여 보리 찧는 기계를 만들었다는 일화가 알려져 있을 뿐이다. 외로움을 극복하기 위해 무언가를 만드는 데 몰두했겠지만, 이미 이때부터 천재의 싹이 보인 것 같다.

그토록 애타게 기다렸던 어머니가 돌아왔지만 어리광을 피울 여유도 없이, 뉴턴은 12세가 되자 10킬로미터 정도 북쪽에 있는 그랜섬의 문법학교 킹즈 스쿨에 들어갔다. 이 학교는 고장에서 명문으로 이름난 곳이었다. 성적이 뛰어나서 들어갔다기보다는 뭔가 다른 이유가 있었던 듯하다. 추측이지만, 계부 소생의 자매를 괴롭히던 뉴턴을 보다 못한 어머니가 그를 일찌감치 다른 곳으로 보냈던 것 같다.

그랜섬에서는 약제사 클라크의 집에서 하숙을 했다. 뉴턴은 이곳에서 약품을 조합하는 방법을 처음 알게 되었고 다락방에서 클라크 아저씨의 화학책들을 읽었다. 이는 후에 화학 실험을 하는 데 기초가 되었다.

뉴턴보다 세 살 어렸던 클라크 아저씨의 딸에게 연정을 품었다는 이야기도 있지만 확인할 수는 없다. 80세를 넘었을 때 그녀가 한 전기 작가에게 "아이작은 성실하고, 무엇인가를 깊이 생각하는 조용한 소년이었어요. 나를 좋아하긴 했지만 결혼까지 이어지지는 못했지요"라고 했다지만 증거가 빈약하다. 필자는 오히려 어린 시절의 전반부에 대해 흥미를 느낀다. 너무나도 쓰라렸던 어린 시절의 고통 때문에 뉴턴은 이미 어둡고 내성적이며 의심 많은 성격이 되어 있었을 것이다. 그는 생애를 통해 친구라고 할 수 있는 사람을 한 명도 가지지 못했다.

평생 독신으로 지냈다는 설에 대해서도 많은 이야기들이 있다. 짝사랑한 하숙집 딸 때문이었다는 설도 있고, 어머니에 대한 애착으로 뉴턴이 성적 불구가 되었다는 설도 있다. 또 가정을 꾸릴 만한 여유가 없었다거나, 연구에 너무 바빠서라거나, 동성애자였다는 설도 있다. 그러나 그 어느 것도 분명한 증거가 없고 설득력 없는 추측에 불과하다.

그러나 케임브리지의 대학에서는 뉴턴이 살던 시대 무렵부터 2세기 후인 1882년까지 펠로우의 결혼을 허락하지 않았다. 이 사실이 그가 독신으로 살아간

뉴턴의 어머니와 목사가 재혼하여 살았던 교회.

네덜란드의 화가. 레오나르도 다 빈치와 함께 17세기 유럽 회화사상 최대의 화가이다. 특유의 명암법과 마음속에 자리한 인간애 정신으로 그의 작품에는 한없이 따뜻한 애정이 그대로 나타나 있다.

청교도
[淸敎徒, Puritan]
16~17세기 영국 및 미국 뉴잉글랜드에서 칼뱅주의의 흐름을 이어받은 프로테스탄트 개혁파를 일컫는 말. '퓨리턴'이라고도 한다. 로마 가톨릭의 제도·의식의 일체를 배척하며, 엄격한 도덕, 신성한 주일 엄수, 향락의 제한을 주창하였다. 점차로 절대왕정에 대한 정치적 요구와 결부하여 의회에서 유력해지고, 1642년에 일어난 청교도혁명의 주체가 되었다.

왕권신수설
[王權神授說, divine right of kings]
절대주의 국가에서 왕권은 신으로부터 주어진 것으로, 왕은 신에 대해서만 책임을 지며, 인민은 저항권 없이 왕에게 절대 복종하여야 한다는 정치 이론.

크롬웰
[Cromwell, Oliver. 1599~1658]
영국의 정치가. 청교도혁명 당시 국왕 찰스 1세에 맞선 의회 진영의 장군.

이유를 충분히 설명한다고 생각된다. 그후에도 기혼자는 대학 내에서 거주할 수 없다는 방침을 고수하였는데, 아직까지도 펠로우들은 평생 독신으로 지내거나 아니면 늦게 결혼한다. 뉴턴이 독신이었다는 것은 케임브리지라는 장소를 고려하면 어느 정도 이해가 될 것이다.

학교에서 가장 중요한 과목은 라틴어 문법이었고(이때문에 문법학교라고 부른다) 그밖에 영어, 역사, 산술 등이 있었다. 당시 유럽에서는 학술 저서 대부분이 라틴어로 씌어 있어 라틴어가 기초교양 과목으로 중요했다.

작은 체구에 말수가 적은 촌뜨기, 운동이나 성적에서도 별로 뛰어나지 못했던 뉴턴은 동료들로부터 자주 괴롭힘을 당했다. 그러던 어느 날 뉴턴이 울분을 터뜨려 그동안 자신을 괴롭히던 학생을 때려 눕히고 그의 얼굴을 교회의 벽에 문질렀다. 15세 때의 일이었는데, 뉴턴은 이 일로 자신감을 얻었는지 이 무렵부터 성적도 부쩍 올랐다고 한다. 아이들의 싸움은 말리지 않는 편이 좋을지도 모르겠다.

17세 때 일단 고향으로 돌아온 뉴턴은 어머니를 도와 농사를 지었다. 하지만 독서에 빠져 지키던 양떼를 잃어버리기도 했고, 시장 보러 가는 중에 담에 기대 서서 수학 문제를 풀기도 하였다. 평범한 농부로는 만족할 수 없었던 것이다. 케임브리지 출신의 목사였던 외삼촌과 뉴턴의 비범함을 눈여겨보았던 문법학교 교장의 강력한 권유로 뉴턴은 1년 후 그랜섬으로 돌아왔다. 그리고 교장의 집에서 하숙을 하면서 케임브리지 대학 입학시험을 준비하기 시작했다.

이듬해 18세 때 케임브리지 대학의 칼리지 중에 가장 유명한 트리니티 칼리지에 입학한 뉴턴은 준장학생으로, 교수의 심부름을 하거나 구두 닦기, 식당 급사 생활을 하면서 공부했다. 노동의 대가로 수업료나 기숙사비가 경감되었는데, 왜 이렇게까지 해야만 했는지는 명확하지 않다. 당시 학생 수는 180명이었고, 이중 준장학생이나 장학생은 13명에 불과했다. 뉴턴의 집은 학비를 보낼 수 있을 정도의 재산이 충분했다.

뉴턴의 노트: 케임브리지 대학 입학시험 준비를 할 무렵부터 기록하기 시작했는데, 오른쪽 페이지에는 울즈소프에서 케임브리지까지 가는 여비가 계산되어 있다.

아리스토텔레스
[Aristoteles. BC 384~BC 322]
고대 그리스 최고의 철학자. 플라톤의 학원(아카데미아)에 들어가, 스승이 죽을 때까지 거기에 머물렀다. 스승 플라톤이 초감각적인 이데아의 세계를 존중한 것에 대해, 아리스토텔레스는 인간에게 가까운, 감각되는 자연물을 존중하고 이를 지배하는 원인들의 인식을 구하는 현실주의 입장을 취하였다.

시골의 문법학교 출신으로 준장학생이었던 뉴턴은 퍼블릭 스쿨(명문사립학교) 출신의 좋은 가문의 학생들에게 열등감을 느꼈을 것이다. 중년이 되어서 상류 계급과의 교제를 좋아했던 것도 출신 성분에 대한 열등감이 잠재의식 속에 있었기 때문일 것이다.

당시 케임브리지 대학은 성직자를 양성하는 것이 주목적이었으므로 신학이나 고전, 법률, 의학 등이 주요 과목이었고, 수학이나 과학은 교육 과정 속에 없었다. 남아 있는 철학 노트를 보면, 그의 지적 성장의 흔적을 더듬어볼 수 있다. 처음에는 *아리스토텔레스 철학을 중심으로 한 중세적인 스콜라 철학, 특히 논리학과 윤리학 및 변론술 등을 공부했다. 이때문인지는 모르지만 그는 인생 후반부에 유독 상대방을 넘어뜨리려는 논쟁에 강했다.

학년이 올라갈수록 뉴턴의 관심은 자연철학(지금의 자연과학) 쪽으로 옮겨졌다. 2학년이었을 때 헨리 루카스라는 독지가의 후원으로 루카스 강좌가 케임브리지에서 시작되었는데, 이것이 처음으로 개설된 수학 강좌였다. 이때 수학과 광학 분야에서 유명했던 아이작 배로가 초대교수로서 부임해 온 것이 큰 계기가 되었다. 배로는 당대 유일한 그리스어 학자였고, 영국 국교 최고의 성직자이기도 했다.

보일
[Boyle, Robert. 1627~1691]
영국의 화학자·물리학자.
R.훅과 더불어 『공기의 탄력과 무게에 관한 학설의 옹호』(1662)를 저술함으로써 유명한 '보일의 법칙'을 발표하였다.

케플러
[Kepler, Johannes. 1571~1630]
독일의 천문학자.
행성의 운동에 관한 제1법칙인 '타원궤도의 법칙'과 제2법칙인 '면적속도 일정의 법칙'을 발표하여 코페르니쿠스의 태양중심설을 수정·발전시켰다. 『굴절광학』을 저술하여 케플러식 망원경의 원리를 설명했다.

유클리드
[Euclid]
BC300년경에 활약한 그리스의 수학자. 그리스 기하학, 즉 '유클리드 기하학'의 대성자이다. 『원론』은 플라톤의 수학론을 기초로 한 것으로, 그 이전의 수학(기하학)의 업적을 집성함과 동시에 계통을 부여하여 상당히 엄밀한 이론 체계를 구성하였다. 기하학에 있어서의 경전적 지위를 확보함으로써 '유클리드'라 하면 기하학과 동의어로 통용되는 정도에 이르고 있다.

월리스
[Wallis, John. 1616~1703]
영국의 수학자. 극한의 개념을 수학적으로 다룬 한편, 미적분법에의 길을 연 『무한소산술』(1655)을 펴내고, 교묘한 귀납법으로 원주율 π를 무한곱으로 전개하는 등의 성과를 거두었다. 또 원뿔곡선을 좌표에 의하여 해석적으로 논한 『원뿔곡선에 대하여』(1655)를 발표하기도 했으나

생애 커다란 업적을 남긴 사람을 보면 대부분 좋은 인연이 계기가 된 경우가 많다. 태어나서 처음으로 만난 일류 수학자 배로의 영향으로, 뉴턴은 데카르트의 『굴절광학』이나 *보일의 『색에 관한 실험과 고찰』, 갈릴레오나 *케플러의 저서 등을 탐독했다. 철학 노트에 쓰기 시작했던 '몇 가지 철학적인 의문'에는 독자로서의 의문 외에도 새로운 착상이나 실험 결과 등을 기록하고 있다. 대선배들이 기술한 책의 내용을 그대로 베낀 것이 아니라, 자신이 수행한 실험이나 관찰의 결과를 덧붙였다는 것은 보통사람 수준 이상이었음을 보여준다. 더욱이 이 단계에서 그는 나중에 꽃피울 이론의 일부를 통찰하고 있었다.

수학 영역에서는 호기심으로 구입한 점성술에 관한 책을 이해하기 위하여 삼각법이 필요했고, 삼각법을 이해하기 위해 *유클리드의 『원론』을 읽었다고 한다. 이어 데카르트의 『기하학』이나 *월리스의 저서도 정독했을 것이다. 이미 '분수로 된 거듭제곱의 수(멱수)'인 이항전개를 발견한 바 있다.

이렇게 뉴턴은 엄청난 노력으로 2년이 채 지나지 않은 짧은 기간 동안 독학으로 과학과 수학을 익힐 수 있었다. 이러한 노력을 인정받아 졸업 전에 특대생으로 선발되었고, 준장학생의 의무에서 해방되자마자 4년 동안 대학에서의 생활비가 포함된 연구생활을 보장받게 되었다.

2. 최고의 집중력과 지속력

뉴턴이 졸업한 1665년 여름에 대학이 잠시 폐쇄되었다. 전해부터

런던에서 맹위를 떨친 페스트가 런던 인구 4분의 1의 목숨을 앗아갔고, 드디어 80킬로미터 떨어진 케임브리지까지 퍼지고 있었기 때문이다. 이 페스트의 무시무시한 위력에 대해서는 유명한 *사뮤엘 피프스가 남긴 일기에서 짐작할 수 있다.

"웨스트민스터에 의사는 한 사람도 없었으며, 약방에 단지 한 사람이 남아 있을 뿐이었고, 다른 모든 사람이 죽고 말았다."

할 수 없이 고향으로 돌아온 뉴턴은 도중에 3개월 동안 케임브리지에 머문 것을 제외하고, 1년 반 남짓 울즈소프에 있었다.

전해보다 미분이나 적분의 핵심에 거의 도달해 있던 뉴턴은 울즈소프로 돌아온 지 얼마 지나지 않아 달의 운동을 해명하는 연구를 시작했다. 당시 아직도 지배적이었던 아리스토텔레스의 자연철학에 의하면 세계는 달을 기준으로 상하의 두 영역으로 나누어져 있고, 각각의 세계는 서로 다른 원리로 운동하고 있다고 여겨지고 있었다.

뉴턴은 케플러가 엄청난 관측 자료를 이용하여 발견한 특이한 법칙 중 하나였던 '행성의 주기는 궤도 중심에서부터 거리의 2분의 3 제곱에 비례한다'고 하는 수수께끼와 같은 법칙에 눈을 돌렸다. 그리고 이 법칙이 성립하기 위해서는 인력의 크기가 거리의 제곱에 반비례한다는, 즉 거리가 2배가 되면 인력은 4분의 1, 3배가 되면 9분의 1이 된다는 것을 수학적으로 증명했던 것이다. 또한 뉴턴은 지구가 사과를 잡아당기는 힘과 지구가 달을 잡아당기는 힘이 같다는 만유인력의 법칙을 발견했다.

이어 뉴턴은 광학 실험에 몰두했다. 자기 방에 검은 커튼을 달아 암실처럼 만들고 그곳에서 렌즈, 프리즘, 거울, 망원경, 현미경, 여러 가지 모양의 유리 용기 등을 배열하여, 당시로서는 최고 수준의 광학 실험실을 만들었다. 널문에 바깥으로 통하는 작은 구멍을 뚫은

며, 무한대에 대해 ∞의 기호를 처음으로 사용했다.

피프스
[Pepys, Samuel. 1633~1703] 영국의 저작가・행정가. 왕정복고 이후 정계에서 활약했다. 1660년 1월 1일부터 1669년 5월 31일까지의 『일기』(9권)에는 왕정복고 시절의 궁정의 분위기, 항해 사정뿐만 아니라 관극・사교・여성 관계 등도 솔직히 기술되어 있어, 당시의 풍속을 연구하는 좋은 자료가 되고 있다.

케인즈

[Keynes, John Maynard. 1883~1946]
영국의 경제학자. 여러 방면에서 많은 활약을 하였으며 철학·고전·사상 및 수학에도 조예가 깊었다. 경제학에 관한 초기의 관심은 주로 화폐와 외환 문제에 있었으나, 제차 세계대전 후부터는 자본주의 사회에 있어서의 고용 및 생산수준을 결정하는 요인에 관하여 종래의 경제 이론을 재검토하게 되었다.

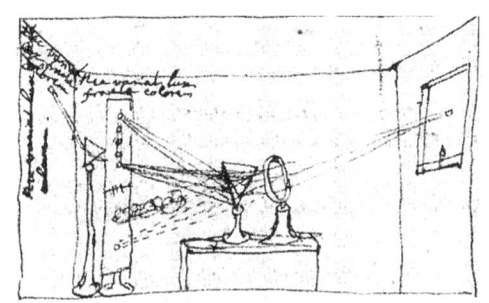

뉴턴의 프리즘 실험 스케치
(「Let Newton Be!」, Oxford University Press).

다음 한 다발의 광선을 프리즘으로 굴절시켜 반대쪽의 흰색 벽에 비추었다. 아름다운 스펙트럼(색띠)이 만들어지는 것이나 빛이 굴절한다는 법칙은 이미 알려져 있었지만, 빛이나 색깔이 무엇으로 이루어졌는지는 알지 못하던 상황이었다.

아리스토텔레스 이후부터 근대 광학의 아버지인 데카르트에 이르기까지, 순수한 광선은 원래부터 백색광이고, 그것이 어떠한 원인으로 변해서 빨강이나 파랑 등의 색이 만들어진다고 생각되고 있었다. 뉴턴은 여러 개의 프리즘을 교묘하게 조합시킨 실험을 통해서 빨간 빛이나 파란 빛이 먼저 존재하는 것이고, 그것들을 섞으면 백색광이 된다고 주장했으며, 그러한 사실을 수학적으로 증명했다.

청년 뉴턴은 20대 전반부의 1년 반 동안 지냈던 고향에서 놀랍게도 미적분법, 만유인력의 법칙, 빛과 색에 관한 이론이라고 하는 3가지 위대한 이론의 단서를 발견했던 것이다.

자연과학에 몰두한 지 3년 정도 만에 이같은 단계에까지 도달한 것에 대해 경제학자 *케인즈는 "순수한 사고에 관해서 인간에게 주어진 것으로는 최상의 집중력과 지속력의 결과였다"고 평가하였다.

사변적으로 자연현상을 고찰하는 것은 아리스토텔레스 이후의 전통이었다. 실험적인 고찰도 트리니티 칼리지의 대선배였던 프랜시스 베이컨 등이 제창한 것이었다. 그러나 현상에 대해 수학적으로 증명을 보임으로써 이론의 확실성을 높인 것이 바로 뉴턴이 창시한 방법이었다. 예술이나 마술의 일종이라고 생각되던 수학이 과학에 도움이 되는 것임을 증명한 것이다. 신앙심이 깊은 뉴턴으로서는 자연은 수학의 언어로 씌어진 『성서』였던 것이다.

뉴턴은 울즈소프에서 발견했던 이론에 대해서 배로 교수에게 구두로 대략적인 내용을 보고한 것 이외에는 조금도 입밖에 내지 않았으나 경탄한 배로는 즉각 뉴턴을 트리니티 칼리지의 교수로 만들었다.

그후 일부분의 내용을 말하거나 편지를 이용하여 한정된 몇몇 사람에게 전달했지만, 역학에 대한 내용은 20년이 지난 다음에야 『프린키피아』에 모든 내용을 분명하게 밝혔다. 수학과 광학에 관한 내용은 38년이 지난 후 처음으로 발표했는데, 최고의 수학자가 처음으로 수학 논문을 발표한 이때의 나이가 61세였다.

다만 1668년에 *메르카토르가 뉴턴과 같은 방법을 자신의 저서에 언급했을 때 뉴턴은 동요했다. 공표는 하지 않으면서도 선취권에는 집착하던 뉴턴의 기묘한 성격이 여기에서도 나타나는데, 그는 보다 일반적인 내용을 포함한 논문을 급하게 정리하여 배로에게 넘겼다. 배로는 이 논문을 매우 칭찬했으며 몇몇 수학자들에게 알렸다. 배로도 대단히 우수한 수학자였지만, 이 젊은 천재가 눈에 들어오자 명예로운 루카스 교수직을 이듬해 당시 26세였던 뉴턴에게 넘겼다. 현재 루카스 교수는 휠체어를 탄 우주물리학자로 유명한 *스티븐 호킹이 양자물리학자인 *디랙의 뒤를 이어 맡고 있다.

한편, 자연과학에서 연금술로 관심을 돌린 뉴턴은 트리니티의 교회에 접한 작은 목조 건물에서 비밀리에 실험을 계속했다. 실험 목적에 대해서는 조수에게조차 분명하게 말하지 않았는데, 금속의 변환, 특히 철이나 구리를 금이나 은으로 변환시키는 것을 목적으로

메르카토르
[Mercator, Gerardus. 1512~1594]
네덜란드의 지리학자. 근대 지도학의 시조로 일컬어진다. 1538년 처음으로 세계도를, 1541년에는 지구의를 제작하였다. 1552년 독일의 뒤스부르크에 연구소를 설립하여 지도 제작에 반생을 바쳤다. 1554년에 15장으로 된 대 유럽 지도를, 1564년에는 8장으로 된 영국 지도를, 1569년에는 세계지도를 완성하였다. 메르카토르 도법의 창안자로, 이를 항해도에 처음 사용했다.

호킹
[Hawking, Stephen William. 1942~]
영국의 우주물리학자. '특이점 정리' '블랙홀 증발' '양자우주론' 등 현대 물리학에 세 가지 혁명적 이론을 제시했다.

디랙
[Dirac, Paul Adrien Maurice. 1902~1984]
영국의 이론물리학자. 주요 업적은 양자역학과 전자스핀 연구이다. 모순이 있는 것처럼 보이는 상대성이론과 양자론과의 통합 문제에 따라 전자론(1928)과 구멍이론(1930)을 잇달아 발표, 디랙방정식이라는 상대론적 파동방정식을 세워 상대론적 양자역학을 개척하였다. 양자역학 연구의 업적으로 1933년 E.슈뢰딩거와 함께 노벨 물리학상을 받았다.

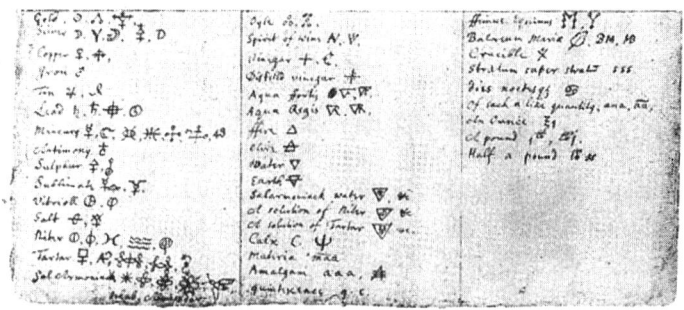
연금술의 기호를 해독하기 위해 만들어진 리스트.

한 연금술은 당시에도 점성술이나 마술과 같은 범주로 여겨졌기 때문이다.

그는 30년 가까이 연금술에 몰두했으며, 신비하고 난해한 백 권 이상의 책에 대하여 직접 실험하고 검증하면서 해독해 나갔고, 5천 개 이상의 항목을 포함한 『화학색인』을 작성했다. 연금술에 대해 뉴턴이 손으로 쓴 1천 페이지 이상의 원고는, 나중에 조폐국 감사로 임명되어 런던으로 떠나게 되자 조심스럽게 나무상자 속에 감추어지게 된다. 금화 제조나 위조범을 적발하는 책임자에게 연금술은 어울리지 않는다고 생각했던 것 같다.

1936년 경매에서 이 원고를 입수하여 읽은 케인즈는 뉴턴을 '마지막 마술사'라고 하면서 그에 대한 기존의 인식을 깨뜨렸다. 연금술에 대한 자세한 내용은 전해지고 있지 않기 때문에, 이 원고를 분석하는 데에는 상당한 어려움이 따를 것으로 보인다. 최근에는 뉴턴의 만유인력의 법칙이 연금술 실험 중에 미립자 사이의 상호작용을 관찰하면서 떠오른 것이라는 새로운 학설까지 제기되고 있다.

한편 뉴턴은 연금술과 함께 정력적으로 『성서』를 연구했다. 특히 「다니엘서」와 「묵시록」을 독자적인 방법으로 해석했고, 그 예언을 역사상의 사건에 대응시켜 정확하게 증명하려 했다. 그리고 기독교 교회의 타락은 『성서』를 임의로 뜯어고쳐 삼위일체론을 도입하면서 시작되었다고 주장했다. 예를 들면 요한 일서 5장 7절에서 8절에 '증거하는 이는 성령이시니 성령은 진리이니라. 증거하는 이가 셋이니 성령과 물과 피라. 또한 이 셋이 합하여 하나이니라'라는 구절은 5세기에 *히에로니무스가 헤브라이어 성서에서 라틴어로 번역할 때에 자신의 생각을 삽입한 것이라는 주장이었다.

신, 성령, 예수를 동일시하는 삼위일체를 믿지 않는 것은 예전이나 지금의 상황에서나 이단이다. 서기 325년의 니케아 공의회에서 신과 예수가 동일하다는 것을 인정받았고, 381년의 콘스탄티노플 공의회에서는 삼위일체가 정통으로 인정되었다. 영국 국교도 마찬가지였다. 더욱이 트리니티(삼위일체) 칼리지에 삼위일체설을 믿지 않았던 뉴턴이 근무했다는 것은 역설이라 할 수 있겠다.

뉴턴은 자신의 신조를 겉으로 드러내지는 않았지만, 1675년이 되자 케임브리지를 떠날 수밖에 없는 상황에 처했다. 트리니티 칼리지에서 일정 기간 교수로 지낸 사람에게는 반드시 성직자가 되어야 할 의무가 있었기 때문이다. 그러나 다행스럽게도 2년 전 트리니티 학장이던 배로가 찰스 2세에게 청원하여 '루카스 교수를 성직 의무에서 면제한다'는 칙령을 받아냈고 이로써 뉴턴은 아슬아슬하게 이 위기를 피할 수 있었다. 그 자신도 천재였던 배로는 법을 개정하면서까지 세기적 천재 뉴턴을 보호해야 한다고 생각했던 것이다.

히에로니무스
[Hieronymus, Eusebius. 345~419]
라틴 교부・성서학자・성인(축일 9월 30일). 영어 이름은 Jerome. 필명은 Sophronius. 교황 다마수스의 비서였으며, 교황이 죽자 베들레헴으로 가서 학문 연구에 전념하고 많은 저술을 남겼다. 암브로시우스・그레고리우스・아우구스티누스와 함께 4대 교부로 일컬어진다.

3. 지기 싫어하는 악착 같은 성격

가끔 수학이나 과학에 몰두하는 것 이외에는 주로 연금술이나

핼리
[Halley, Edmund. 1656~1742]
영국의 천문학자. 1682년 출현한 대혜성을 관찰하여 그것을 1531년과 1607년에도 출현하였던 혜성의 회귀라 주장하였고, 1705년 뉴턴의 역학을 적용하여 그 궤도를 산정하여 『혜성 천문학 총론』을 간행하였다. 그후 그 대혜성을 핼리혜성이라고 불렀다.

훅
[Hooke, Robert. 1635~1703]
영국의 화학자·물리학자·천문학자. T.윌리스의 화학실험 조수를 거쳐, R.보일의 배기펌프 실험 조수가 되어 기체법칙의 발견에 기여하였다. 현미경의 조명장치를 고안해서 개량한 현미경으로 동식물을 상세하게 관찰·연구하였다.

『성서』 연구에 몰두하고 있던 뉴턴은 41세였을 때 커다란 전환점을 맞았다. 핼리혜성의 발견자 *핼리가 케임브리지에 있는 뉴턴을 방문했던 것이다.

핼리는 수개월 전 런던의 커피하우스에서 용수철에 관한 훅의 법칙으로 유명한 *훅과 트리니티 도서관을 설계한 렌과 함께 당시 막 유행하기 시작했던 커피를 마시고 있었다. 영국 옥스퍼드에 첫 커피하우스가 생긴 직후였다. 당시 옥스퍼드 대학생이었던 훅이나 렌은 커피를 대단히 좋아했던 모양이다. 렌은 1666년 런던 대화재 직후의 부흥 계획에 앞장섰던 인물로 성 바울 성당과 켄싱턴 궁, 햄프턴코트 궁 등을 직접 설계하고 감독했는데 그래도 시간적 여유는 조금 있었던 것 같다.

커피를 마시던 핼리가 갑자기 말했다. "태양으로부터 거리의 제곱에 반비례하는 힘으로 태양에 끌려오는 행성은 필연적으로 타원 궤도를 그리는 걸까요?" 이에 렌은 "그것을 증명할 수 있는 사람에게는 영예뿐만 아니라 상금도 주겠소"라고 대답했고, 훅은 이 사실을 과장하여 널리 알렸다. "내가 이미 증명한 것이지요. 다만 여러 사람들이 시도했지만 모두 실패했으므로 한번 발표하겠습니다. 그러면 더욱 높은 평가를 받을 수 있겠지요."

이 문제에 대해 핼리는 뉴턴만이 수학적으로 해결할 수 있을 것이라고 생각하여 케임브리지를 방문했다. "인력이 거리의 제곱에 반비례할 때, 행성의 궤도는 어떤 모양입니까?" 뉴턴은 그 자리에서 "타원이지요"라고 대답했다. 놀란 핼리가 "어떻게 그렇게 됩니까?"라고 되묻자 "내가 전에 계산했지요"라고 대답했다. 핼리는 훅이 이 문제를 이미 증명했다고 공언하며 먼저 발표하겠다고 이야기한 것을 전하며 뉴턴에게 " 계산을 보여 주세요"라고 끈질기

교회의 타락은 『성서』를 임의로 뜯어고쳐 삼위일체론을 도입하면서 시작되었다고 주장했다. 예를 들면 요한 일서 5장 7절에서 8절에 '증거하는 이는 성령이시니 성령은 진리이니라. 증거하는 이가 셋이니 성령과 물과 피라. 또한 이 셋이 합하여 하나이니라'라는 구절은 5세기에 *히에로니무스가 헤브라이어 성서에서 라틴어로 번역할 때에 자신의 생각을 삽입한 것이라는 주장이었다.

신, 성령, 예수를 동일시하는 삼위일체를 믿지 않는 것은 예전이나 지금의 상황에서나 이단이다. 서기 325년의 니케아 공의회에서 신과 예수가 동일하다는 것을 인정받았고, 381년의 콘스탄티노플 공의회에서는 삼위일체가 정통으로 인정되었다. 영국 국교도 마찬가지였다. 더욱이 트리니티(삼위일체) 칼리지에 삼위일체설을 믿지 않았던 뉴턴이 근무했다는 것은 역설이라 할 수 있겠다.

뉴턴은 자신의 신조를 겉으로 드러내지는 않았지만, 1675년이 되자 케임브리지를 떠날 수밖에 없는 상황에 처했다. 트리니티 칼리지에서 일정 기간 교수로 지낸 사람에게는 반드시 성직자가 되어야 할 의무가 있었기 때문이다. 그러나 다행스럽게도 2년 전 트리니티 학장이던 배로가 찰스 2세에게 청원하여 '루카스 교수를 성직 의무에서 면제한다'는 칙령을 받아냈고 이로써 뉴턴은 아슬아슬하게 이 위기를 피할 수 있었다. 그 자신도 천재였던 배로는 법을 개정하면서까지 세기적 천재 뉴턴을 보호해야 한다고 생각했던 것이다.

히에로니무스

[Hieronymus, Eusebius. 345~419]
라틴 교부·성서학자·성인(축일 9월 30일). 영어 이름은 Jerome. 필명은 Sophronius. 교황 다마수스의 비서였으며, 교황이 죽자 베들레헴으로 가서 학문 연구에 전념하고 많은 저술을 남겼다. 암브로시우스·그레고리우스·아우구스티누스와 함께 4대 교부로 일컬어진다.

3. 지기 싫어하는 악착 같은 성격

가끔 수학이나 과학에 몰두하는 것 이외에는 주로 연금술이나

핼리
[Halley, Edmund. 1656~1742]
영국의 천문학자. 1682년 출현한 대혜성을 관찰하여 그것이 1531년과 1607년에도 출현하였던 혜성의 회귀라 주장하였고, 1705년 뉴턴의 역학을 적용하여 그 궤도를 산정하여 『혜성 천문학 총론』을 간행하였다. 그후 그 대혜성을 핼리혜성이라고 불렀다.

훅
[Hooke, Robert. 1635~1703]
영국의 화학자·물리학자·천문학자. T.윌리스의 화학실험 조수를 거쳐, R.보일의 배기펌프 실험 조수가 되어 기체법칙의 발견에 기여하였다. 현미경의 조명장치를 고안해서 개량한 현미경으로 동식물을 상세하게 관찰·연구하였다.

『성서』 연구에 몰두하고 있던 뉴턴은 41세였을 때 커다란 전환점을 맞았다. 핼리혜성의 발견자 *핼리가 케임브리지에 있는 뉴턴을 방문했던 것이다.

핼리는 수개월 전 런던의 커피하우스에서 용수철에 관한 훅의 법칙으로 유명한 *훅과 트리니티 도서관을 설계한 렌과 함께 당시 막 유행하기 시작했던 커피를 마시고 있었다. 영국 옥스퍼드에 첫 커피하우스가 생긴 직후였다. 당시 옥스퍼드 대학생이었던 훅이나 렌은 커피를 대단히 좋아했던 모양이다. 렌은 1666년 런던 대화재 직후의 부흥 계획에 앞장섰던 인물로 성 바울 성당과 켄싱턴 궁, 햄프턴코트 궁 등을 직접 설계하고 감독했는데 그래도 시간적 여유는 조금 있었던 것 같다.

커피를 마시던 핼리가 갑자기 말했다. "태양으로부터 거리의 제곱에 반비례하는 힘으로 태양에 끌려오는 행성은 필연적으로 타원 궤도를 그리는 걸까요?" 이에 렌은 "그것을 증명할 수 있는 사람에게는 영예뿐만 아니라 상금도 주겠소"라고 대답했고, 훅은 이 사실을 과장하여 널리 알렸다. "내가 이미 증명한 것이지요. 다만 여러 사람들이 시도했지만 모두 실패했으므로 한번 발표하겠습니다. 그러면 더욱 높은 평가를 받을 수 있겠지요."

이 문제에 대해 핼리는 뉴턴만이 수학적으로 해결할 수 있을 것이라고 생각하여 케임브리지를 방문했다. "인력이 거리의 제곱에 반비례할 때, 행성의 궤도는 어떤 모양입니까?" 뉴턴은 그 자리에서 "타원이지요"라고 대답했다. 놀란 핼리가 "어떻게 그렇게 됩니까?"라고 되묻자 "내가 전에 계산했지요"라고 대답했다. 핼리는 훅이 이 문제를 이미 증명했다고 공언하며 먼저 발표하겠다고 이야기한 것을 전하며 뉴턴에게 "계산을 보여 주세요"라고 끈질기

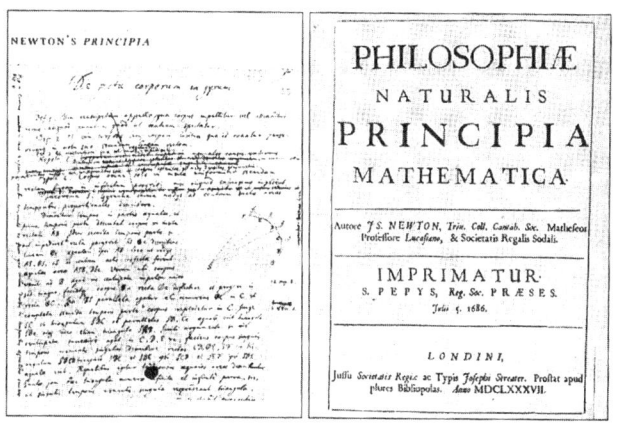

오른쪽은 1687년 간행한 『프린키피아』의 초판본, 왼쪽은 「물체의 운동에 대하여」의 초고로 이것들은 나중에 『프린키피아』에서 완성되었다.

게 요구했다. 뉴턴은 좁은 장소에 가득 찬 엄청난 서류더미를 뒤지기 시작했다. 한참을 찾던 뉴턴은 "새롭게 작성해서 보내지요"라고 약속했다.

지기 싫어하는 성격의 소유자인 뉴턴은 이러한 상황을 아주 불쾌하게 생각하여 훅이 자신에게 도전하는 것으로 생각했다. 그때까지 훅은 뉴턴의 빛과 색깔의 이론에 대해서 신랄한 비판을 하고 있었다. 훅 역시 천재였지만 이상할 정도로 질투심이 강했고, 유달리 눈에 띄는 발견에 대해서는 자기의 선취권을 주장했으며 항상 신랄한 공격을 하곤 했다. 핼리의 방문은 뉴턴을 자연과학으로 다시 돌리는 계기가 되었으며, 영국 과학계를 대표하는 세 사람의 합작품이라고 할 수 있을 것이다.

이후 뉴턴의 생활은 급변했다. 그로부터 1년 반 동안 수학, 역학, 천문학 등을 연구하는 격랑 속에 파묻혔다. 강의 시간 이외에는 자기 방에 틀어박힌 채, 휴식도 없이 연구에 몰두했다. 식사할 시간도 매번 잊어버렸으며 조수가 밥을 차려놓고 재촉해도 한두 숟가락 뜨

프톨레마이오스
[Ptolemaeos, Klaudios. 85(?)~165(?)]
그리스의 천문학자·지리학자. 127~145년경 이집트의 알렉산드리아에서 천체를 관측하면서 대기에 의한 빛의 굴절작용을 발견하고, 달의 운동이 비등속운동임을 발견했다. 천문학 지식을 모은 저서 『천문학 집대성』은 아랍어 역본인 『알마게스트』로서 더 유명하다.

코페르니쿠스
[Copernicus, Nicolaus. 1473~1543]
폴란드의 천문학자. 지동설을 처음 주장하였으나, 지구의 공전과 자전의 증거를 하나도 밝혀내지 못했다.

다 말 정도였다. 이 무렵 조수는 "선생님께서는 5년 동안 한 번밖에 웃지 않았다"고 기록하고 있다. 3개월 후에 핼리에게 보내진 것은 편지라기보다는 논문에 가까웠다. 질문에 대한 답만이 아니라 케플러의 제3법칙까지 수학적으로 증명한 것이었다.

이 무렵 뉴턴은 터무니없는 실험으로 관심을 돌렸다. 역학과 천문학을 하나의 체계로 만든다는 웅대한 연구 문제에 모든 에너지를 소모했던 것이다. 그래서 1년 반이 지난 1686년, 공표하지 않으려는 뉴턴을 어르고 달랜 핼리 덕분에, 이러한 내용을 주로 한 『자연철학의 수학적 원리』(보통 『프린키피아』라고 부름)를 더딘 진행 끝에 완성했고 왕립학회에 제출하여 이듬해에 책이 나왔다. 핼리는 "너무 흥분한 나머지 쓰러지지 않은 것이 행운"이라고 말했다. 마무리를 했고, 뉴턴을 격려했으며, 책을 간행하는 비용까지 후원했던 핼리의 공은 참으로 컸다.

4. 역학, 물리학, 천문학을 다시 쓰게 한 『프린키피아』

자연과학의 역사에서 『프린키피아』의 출간만큼 중대한 사건은 없다. 아리스토텔레스, *프톨레마이오스, *코페르니쿠스, 갈릴레오, 케플러, 데카르트와 인류가 쌓아올린 역학, 물리학, 천문학이 한꺼번에 변했기 때문이다.

기초공사는 끝났다. 바닥 재료, 벽 재료, 지붕의 재료도 어수선하지만 준비되었다. 청사진은 20년 전에 울즈소프에서 그려놓았던 것이었다. 지구 반경을 포함한 새로운 천문 관측 자료도 정비되었다. 무기가 되는 미적분도 이미 습득하고 있었다. 바야흐로 뉴턴의 시대가 도래한 것이다.

마치 "뉴턴 선생은 세상에 나오시오"라는 계시라도 받은 듯 신의 보호를 받는 뉴턴은 혼신의 힘을 다해 단번에 웅대한 궁전을 완성시켰다. 사람들에게는 1687년의 어느 날 갑자기, 우주가 돌변한 것처럼 보이게 되었다.

그렇지만 훅은 여전히 뉴턴을 비판하고 있었다. 중력이 거리의 제곱에 반비례한다는 법칙도 자신이 이미 오래전에 언급했다고 주장했다. 훅은 『프린키피아』의 내용이 표절이라고 비난하면서 자신의 원고를 왕립학회에 제출했다. 분명히 훅은 그 이전에 뉴턴에게 보낸 편지에서 이 법칙에 대해 언급한 적이 있었다. 울즈소프에서의 1년 반 동안의 상황을 알지 못했던 훅으로서는 당연한 이야기였을 것이다.

매우 뛰어난 직관력을 가진 훅은 『프린키피아』에 서술된 내용들을 이전부터 알고 있었으나 수학적 재능이 부족하여 그것을 완성하지 못했을지도 모른다. 훅의 이야기를 예측했던 핼리는 훅의 공로에 대해서 『프린키피아』의 서문에 언급할 것을 충고했지만, 뉴턴은 과거의 원한 때문에 거부했다. 그것이 훅이 가진 분노에 기름을 끼얹는 사태로 번졌다. 훅의 비난은 매우 거셌으며, 집요했고 악의에 가득 차 있었다. 이 무렵 뉴턴이 아끼던 조카딸이 사망한 사건도 뉴턴의 정신 상태에 심각한 영향을 끼쳤을 것이다.

아무리 천재라 해도 무에서 유를 만드는 것은 불가능하다. 반드시 그 본보기가 있게 마련인 것이다. 인류 최고의 지식인이었던 뉴턴도 마찬가지였다. 미분법에서는 *페르마, 적분법에선 월리스, 양자의 관계에 대해서는 배로라는 본보기가 있었다. 운동에 대한 세 가지 법칙 중 두 가지는 갈릴레이가 시작한 것이었고, 천문학 영역에서는 22년 동안 초인적인 노력으로 관측 자료를 통해 발견한 케플러

페르마
[Fermat, Pierre de. 1601~1665]
프랑스의 수학자. 17세기 최고의 수학자로 손꼽힌다. 근대의 정수 이론 및 확률론의 창시자로 알려져 있고, 좌표기하학을 확립하는 데도 크게 기여했으며 나중에 뉴턴이 미적분학에 응용하였던 극대값과 극소값을 결정하는 여러 가지 방법을 창안하였다. 극대극소의 문제를 연구하고, 이를 광학에 응용하여 '최단 시간의 원리(페르마의 원리)'를 발견하였다.

의 세 가지 법칙이 찬란하게 빛나고 있었다.

독립적인 세 분야 즉 미적분학, 역학, 천문학의 각 영역에서의 모든 성과를 완전무결하게 하나의 유기체로서 통일시킨 것이 바로 『프린키피아』였다. 만일 훅이 그것을 표절이라고 주장한다면, 인류의 지성들의 성과는 모두 표절이 될 것이다.

뉴턴은 분개했으며 두세 차례 지독한 반격을 가했다.

"발견하여 해결하고, 모든 것을 이루어낸 수학자는 남루한 계산실의 노동자란 말인가! 발견한 척하는 것밖에 할 수 없는 사람에게 발견한 공적을 빼앗기는구나! 대단한 세상이로구나!"

상당히 공격적인 말이다. 그는 바닥을 깔 재료와 벽을 쌓을 재료 그리고 분명한 청사진을 가지고 있었다. 궁전을 지을 수 있었으므로 승패는 분명한 것이었다.

'창조인' 뉴턴은 『프린키피아』에 최선을 다했다. 이때가 44세였으며 이후 인생 후반은 '영광 속의 인물'로 살았다.

출간 2년 후, 뉴턴은 대학 선출 국회의원이 되었다(케임브리지 대학은 1948년까지 이 권리를 누렸다). 뉴턴이 출석한 국회는 1688년 명예혁명 후의 첫 국회로, '권리장전'이 제정되는 중요한 회의였다. 또한 이 국회에서 영국 국교뿐만 아니라 가톨릭 이외의 기독교도에게도 신앙의 자유가 인정되었는데, 그것이 뉴턴의 출석과 관계가 있었는지는 알 수 없다.

뉴턴은 런던 생활이 마음에 들었지만 국회의원 재선에 실패했으며 취직도 뜻대로 되지 않았다. 설상가상으로 사랑하는 어머니마저 유명을 달리하고 말았다. 위대한 책을 완성하고 난 허탈감도 있었을지 모른다. 만 50세가 되었을 무렵, 뉴턴은 심각한 우울증에 걸리고 말았다.

로크 앞으로 보낸 편지에는 "당신은 내가 여자 문제에 휩싸였다고 믿고 있을 겁니다. 그래서 누군가 내 병이 치료되기 어렵다고 말했을 때, 그런 놈은 뒈져도 좋다고 말했습니다. 여하튼 그러한 냉정함을 용서해 주십시오. 당신이 나에게 관직을 팔려고 했다는 등의 말도 용서해 주시기 바랍니다"라는 내용이 담겨 있다. 이 내용으로 미루어 보아 뉴턴은 정신병적인 의심과 환상 때문에 고통을 받고 있었던 것 같다. 또 그는 전 왕립학회장인 피프스에게 다음과 같은 편지를 보냈다.

"저는 착란 증세로 고통을 받고 있습니다. 12개월 동안 제대로 먹지 못했으며 잠도 잘 자지 못했고 이전의 정신력을 잃어버리고 말았습니다. 귀하와의 교제를 그만둘 것이며 앞으로는 어떤 친구도 만나지 않겠습니다. 이해해 주시기 바랍니다."

최근 들어 뉴턴의 정신착란은 오랜 연금술 실험으로 인한 수은 중독 때문이라는 설이 제기되었다. 그러나 남아 있던 뉴턴의 머리카락에서 대량의 수은이 검출되었다는 사실만으로는 설득력이 부족하다. 수은 중독이 사실이라면 착란 증세가 오래 계속되었을 텐데, 그가 병을 앓은 기간은 1년 남짓이었다. 증세가 시작될 무렵 뉴턴이 젊은 스위스인 수학자 파시오와 비정상적인 관계를 가졌다는 이야기도 전해진다. 뉴턴은 유능한 이 젊은이에게 각별한 호의를 베풀었다고 하는데, 오늘날까지도 케임브리지에 남아 있다는 플라토닉한 동성애일 수도 있지만, 시기적으로 보아 정신착란 중에 일어난 상황 같다.

지금까지의 여러 설들은 실제 원인이라기보다는 유추한 것에 지나지 않는다. 주된 원인은 수학자 세계에서 가끔 볼 수 있는 갱년기 장애라고 생각된다. 젊었을 때부터 진리 탐구에 최고의 가치를 두고 최선을 다해 연구에 매진해온 학자들은 50대 이후 갱년기 장애와 비슷한 증상을 보인다. 정신이 산만해지며 심할 경우 뉴턴처럼 착란 증세까지 보이는 것이다.

그 나이가 되면 일이 생각처럼 진행되지 않는다. 독창력도 떨어지지만 체력도 저하되고 끈기도 없어진다. 어려운 수학 문제를 해결하려면 몇 주일 또는 몇 개월 동안 집중하지 않으면 안 된다. 눈을 뜨고 있는 동안은 물론 자는 시간까지도 모두 바쳐 연구하지 않으면 문제의 본질에 도달하기 어렵다. 체력적인 끈기는 정신적인 끈기와 뗄래야 뗄 수 없는 관계이기 때문에, 체력이 따라주지 않는 그 나이가 되면 체념도 쉬워진다. 또 나이가 들면서 나타나는 여러 증상도 집중을 방해한다. 고혈압, 당뇨, 콜레스테롤, 심장병, 통풍 등으로 몸의 상태가 좋지 않으면 오랜 시간 동안 집중할 수 없으며 기억력 감퇴로 새로운 것을 익히는 것도 어렵다. 아마 뉴턴은 이와 같은 노년의 장애에 시달렸을 것이다.

수학이 젊은이의 학문이라고 불리는 것도 다 이같은 이유 때문이다. 사실 수학의 역사를 돌이켜 볼 때, 50세 이후에는 커다란 발견이 이루어진 경우가 거의 없었다.

예전에 비해서 연구가 잘 진행되지 않으면 초조감에 사로잡히게 되고, 이어 최고의 가치를 발견하고 완성하고 발표했던 자신의 변해버린 현재 모습에 대해 혐오감을 느낀다. 적절히 자신의 가치관을 나이에 맞게 수정하고, 후진 육성이나 공적 활동 또는 취미 등으로 관심을 돌리는 사람이라면 수월하게 이 시기를 넘길 수 있지만, 그렇지 못한 사람은 피해망상에 휩싸이거나 사소한 일에 매달리고, 때로 타인을 탓하거나 공격하기도 한다. 온화한 성격이었던 사람이 어느 날 갑자기 화를 내거나, 양식 있는 사람이라고 평가받던 사람이 억지 주장을 하면서 양보하지 않을 때, 주위 사람들은 그들의 갑작스런 변화에 놀란다.

더군다나 뉴턴처럼 취미도 친구도 없이 평생 연구에만 매달려온 사람이라면 이러한 갱년기 장애를 피하기 어려웠을 것이다. 따라서 필자는 뉴턴의 정신적인 장애가 모든 정열을 바친 위대한 저서를 탈고한 다음의 허탈감, 런던에서 새로운 세계를 접하면서 일어난 심적 동요, 쉽게 직장을 구하지 못했던 불안, 아꼈던 제자 파시오와의 갈등 등이 모두 어우러져 일어난 것이라고 생각한다.

그러나 정신이상을 극복한 뉴턴은 53세에 수도원 같은 대학에서의 연구 생활을 끝내고 조폐국 감사로 취임했으며, 3년 후에는 국장이 되었다. 관료로서 최고의 급료를 받았으며, 60세에는 왕립학회 회장으로 선출되어 이후 84세로 죽을 때까지 이 두 직위를 유지했다. 그는 부를 누리는 동시에 과학계에서도 군림하였다. 천문대장 *플램스티드와의 다툼, 미적분 발견을 둘러싼 라이프니츠와의 성과 없는 논쟁이 있었지만, 왕실을 비롯하여 전 국민, 전 유럽의 사람들로부터 존경받았고 평온한 만년을 보냈다.

플램스티드
[Flamsteed, John. 1646~1719]
영국의 천문학자. 그리니치 천문대 초대 대장 겸 왕실 천문학자였다. 다량의 관측 결과는 뉴턴과 핼리의 만유인력 법칙을 검증하는 자료로서 제공되었는데, 세심한 성격의 플램스티드는 관측 결과를 출판하는 문제로 그들과 물의를 빚기도 하였다.

5. 뉴턴의 사과나무와 위대한 천재의 발자취

케임브리지에서 렌터카를 빌렸다.

한 시간 정도 넓은 국도를 달려 노이스 비잠에서 지방도로로 들어섰다. 커브가 심한 좁은 도로는 포장만 벗기면 뉴턴이 살았던 당시의 길 그대로라는 생각이 들 정도였다. 열 채 가량의 집이 있는 한적한 마을에 자리잡은 하나뿐인 교회를 방문했다. 뉴턴의 어머니는

뉴턴이 도서관 벽에 새겨놓은 서명.

이곳에 살던 부자 목사와 재혼했다. 흰 석재로 만들어진 멋진 교회로, 작은 마을에는 어울리지 않는 외관이었다. 묵직한 사각의 탑 위에 화려한 장식을 한 첨탑이 푸른 하늘을 향해 뻗어 있었다. 교회 앞에 살고 있는 부인에게 말을 걸어 보았지만 그녀는 아무것도 알지 못했다. 교회와 뉴턴의 관계를 설명하자 눈을 크게 뜨면서 "내가 그런 유명한 곳에 살고 있었네요"라고 말했다.

마을 사정을 가장 잘 안다는 한 여성을 소개받았다. 하지만 이 노부인 역시 뉴턴에 대해서는 그다지 아는 것이 없었다. 그러나 순박한 그녀가 좁은 응접실에서 가져온 교회의 역사가 기록된 두꺼운 책 한 권에서 뉴턴의 의붓아버지 바나바스 스미스의 이름을 찾을 수 있었다. 그는 울즈소프의 한나 에이스코프와 결혼하여 세 아이를 낳았다고 기록되어 있었다. 결혼 당시 목사의 나이가 63세였고, 재혼이 전처가 사망한 지 반 년 만이었다는 것이 조금 놀라웠다.

뉴턴의 생가가 있는 울즈소프 마을은 이 교회에서 직선으로 2킬로미터 정도 떨어진 곳으로, 생가는 오후에만 개방되고 있었다.

10킬로미터 북쪽에 있는 그랜섬으로 이동했다. 이곳은 대처 수상의 출신지이기도 하다.

뉴턴이 다녔던 문법학교(그래머 스쿨)는 12세기에 세워진 웅장한 울프람 교회 앞에 있었다. 이 교회는 뉴턴의 마음속에 오래도록 남아 있던 곳으로, 생가의 벽에도 직접 그린 이 교회의 그림이 걸려 있다. 친절한 관리인이 학교 안을 안내해 주었다. 뉴턴이 다녔을 무렵의 건물은 한 채만 남아 있는데, 석회암으로 지어진 작은 강당 같은 건물이었다. 복도에서 스쳐 지나가는 뉴턴의 귀여운 후배들은 자랑스러운 검은 교복을 입고 있었다.

내부의 칸막이가 어느 시대부터인지 없어졌고, 넓은 공간은 도서관으로 변했다. 높은 아치형 천장에 검은색의 마름질한 나무가 아름다웠다. 이 학교 학생들에게는 졸업 전에 자신의 이름을 새기는 전통이 있다고 한다. 건물 여러 곳에서 무수히 많은 이름을 볼 수 있었다. 비서가 창가에 남아 있는 뉴턴의 낙서를 보여주었는데 'I. Newton'이라고 씌어진 이 서명에도 't'자의 가로획은 없었다.

이 오래된 건물을 철근을 넣은 고층 빌딩으로 개축하지 않고 350년 이상 유지시킨 것은 칭찬할 만하다. 이처럼 옛것을 소중하게 지키는 영국이 뉴턴이나 맥스웰(전자기학), 다윈(진화론), 케인즈(근대경제학) 등 최고의 독창적인 인물들을 다수 배출한 것은 의외라 할 수 있다.

그랜섬에서 울즈소프로 돌아오던 중 생가에서 1킬로미터 정도 떨어진 콜스타우스 교회를 방문했다. 이곳은 미숙아이던 뉴턴이 생후 일주일만에 유아세례를 받았던 장소이다.

뉴턴이 아니었더라도 누군가는 『프린키피아』의 내용을 발견했을 것이다. 하지만 아마도 50년 이상 늦어졌을 것이다. 근대 문명은 뉴턴의 역학에 의존하여 발전해왔다고 해도 과언이 아니다. 따라서 뉴턴이 없었다면 문명의 발달은 적어도 50년 이상 늦어졌을 것이다. 과학의 영향이란 바로 이와 같은 것이다. 한 사람의 천재 과학자의 힘은 실로 엄청나다.

콜스타우스 교회는 방문자가 거의 없는 한적한 시골 교회였다. 묘지를 둘러보았지만, 세계적인 과학자의 아버지가 되리라고는 상상도 못한 채 결혼한 지 반 년 만에 죽은 뉴턴 친부의 묘지는 발견하

내셔널 트러스트
[National Trust]
1985년 영국에서 시작한 자연보호와 사적 보존을 위한 민간단체. 약칭은 NT이다. 시민들의 자발적인 모금이나 기부·증여를 통해 보존가치가 있는 자연자원과 문화자산을 확보하여 시민 주도로 영구히 보전·관리하는 시민환경운동 단체이다. 미국, 일본, 뉴질랜드 등 24개국에서 내셔널 트러스트가 활동하고 있다.

만유인력의 법칙을 발견하는 계기가 되었다고 전해지는 생가의 사과나무.

지 못했다.

생가는 *내셔널 트러스트의 관리를 받고 있으며, 충분한 보호를 받고 있었다. 옅은 베이지색의 2층짜리 석조 건물로, 단순한 모양의 삼각 지붕 양끝에는 굴뚝이 있다. 당시의 스케치와 비교해 보면, 지붕에 있던 3개의 채광창이 모두 없어졌다. 아마도 이 창문들은 창의 면적으로 개인의 고정자산세를 정했던 시대에 사라졌을 것이다. 영국의 오래된 주택에는 가끔 칠로 메운 듯한 창문의 흔적이 남아 있다.

현관 위쪽에 있는 2개의 뼈를 X자 모양으로 교차시킨 문장은 뉴턴이 어렸을 때는 없었던 것이다. 나중에 기사 작위를 받았을 때, 자기 가문을 조사한 뉴턴이 불명확한 근거에 기초하여 이와 같이 악취미의 문장을 사용한 것으로 보인다. 런던의 부유한 상류층과 교제하면서 자작농 출신인 자신에 대해 열등감을 느낀 뉴턴이 중상류층이 사용하는 가문의 문장을 스스로 고안해낸 것이다.

2층의 서재는 20평 정도의 넓이였는데 창이 닫혀 있어 어두컴컴했다. 서재의 문은 높이 170센티미터 정도였고, 천장이 2미터 정도로 낮았다. 하지만 160센티미터의 뉴턴에게는 충분한 높이였을 것이다. 이 작은 공간에서 우주의 신비를 풀어낸 것이라고 생각되자 숙연한 기분이 들었다.

천 평 정도로 보이는 뜰에는 사과나무 몇 그루가 있었다. 관리인 여성에게 유명한 뉴턴의 사과나무가 어느 것이냐고 물었더니, 한 그루의 구부러진 노목을 가리켰다.

나는 관리인에게 부탁하여 붉은 빛이 도는 푸르스름한 사과 한 개를 얻었다. 만유인력의 고향에서 난 사과라서 그런지 눈에 띄게 상처가 많고 울퉁불퉁했다. 조금 깨물어 보았는데 맛이 떨떠름했다. 요리용으로나 쓰일 사과였다.

나는 뜰을 거닐면서 뉴턴의 어머니가 살았던 교회의 첨탑을 바라보았다. 아름다운 첨탑이었지만 뉴턴에게는 원망스러운 광경이었을 것이다. 트리니티 칼리지로부터 추방당할 위험을 무릅쓰고도 성직자의 길을 거절한 것도, 교회의 십자가나 성인 유품 등을 우상숭배하는 것을 비판한 것도, 삼위일체를 『성서』 위조라고 주장한 것도, 모두 저 첨탑에 원인이 있었던 것이 아닐까. 나는 사과를 만지작거리면서 생각에 빠졌다.

첨탑이 타락을 상징한다고 보았기 때문에 신을 찾는 뉴턴의 시선은 인류가 타락하기 전인 고대로 향했다. 『성서』, 고대사나 연금술을 체계적으로 연구한 것도, 신의 진리가 비유나 은유를 사용한 그것들 속에 암호로 표현되어 있다고 믿었기 때문이다.

『프린키피아』를 유클리드의 『원론』을 모방해서 서술한 것도, 자신이 개발한 미적분을 증명에 이용하지 않은 것도, 지루함을 무릅쓰고 고전기하학에 집착한 것도, 모두 고대의 재생을 의식한 것이 아니었을까? 빨강에서 보라까지 연속한 색의 띠를 7가지 색으로 분류한 것도 7개의 음계가 연상되며, 피타고라스처럼 '천상의 화음'으로 생각했을 것이다.

뉴턴에게는 우주 역시 첨탑을 통하지 않고 직접 신의 목소리를

화산
[和算]
수판을 써서 하는 일본 재래의 셈법.

듣는 장소였다.

"신이 스스로 만드신 우주이므로, 신의 소리가 그 설계 속에 있으며, 아름다운 조화로서 존재하고 있음에 틀림없다."

이렇듯 강한 선입관을 기본으로 뉴턴은 우주가 수학의 언어로 씌어졌다고 확신했을 것이다. 그리고 신이 하시는 일을 아는 것이야말로 신에게 영광을 더해주는 것이라고 굳게 믿고 더욱 연구에 매진했을 것이다. 기독교의 승리였다. 뉴턴의 발견과 비슷한 내용의 수학은 일본의 *화산가들도 발견했지만 『프린키피아』만큼은 몇백 년이 지난 후까지 그 누구도 발견하지 못한 것이었다.

『성서』에서는 사도의 말을 통해서, 역사서나 연금술 연구에서는 고대나 중세 현인의 지혜를 통해서, 자연 연구에서는 우주의 짜임새를 통해 뉴턴은 신의 목소리를 갈구했다. 그는 최후의 연금술사가 아니라 초지일관 논리적인 인생을 살았다. 어린 뉴턴은 어머니에 대한 사랑을 대신 채우기 위해 신의 목소리를 찾을 수밖에 없었다. 가족과 가깝게 지내지 못하고, 친한 친구마저 없었던 뉴턴은 고독을 이기기 위해서 신을 갈구했을 것이다.

나는 그 모든 것들의 시작이던 첨탑을 바라보았다. 2킬로미터 정도의 가까운 거리였지만, 땅의 기복으로 선명하게 보이지는 않았다. 나는 안도의 한숨을 내쉬었다. 사과나무가 가을볕에 반짝이고 있었다.

수학자가 남긴 한마디

"내 눈 앞에는 아직도 밝혀지지 않은 진리를 안고 있는 커다란 바다가 펼쳐져 있다."

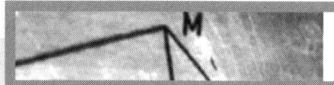
쉬어가는 페이지

고양이 출입문
뉴턴은 고양이를 좋아하여 연구실에서 길렀다. 고양이가 들락거릴 때마다 문을 열어주어야 했던 뉴턴은 생각 끝에 문에 구멍을 뚫었다. 고양이가 나가고 싶을 때 언제든지 나갈 수 있도록 한 것이다. 하지만 뉴턴은 바로 고민에 빠졌다. 나가는 구멍은 만들었지만, 들어올 때는 어쩌란 말인가! 뉴턴은 바로 옆에 또 하나의 구멍을 만들었다. 그리고 나서 편안한 마음으로 다시 연구에 몰두했다. 수학자답게 문제의 필요, 충분조건을 연상했던 것일까?

건망증
뉴턴은 친구를 초대하여 함께 닭요리를 먹기로 했다. 친구가 도착했을 때 뉴턴은 외출 중이었고 식탁에는 닭요리가 놓여 있었다. 하지만 저녁 약속을 잊어버린 뉴턴은 늦게까지 돌아오지 않았고, 배가 고파진 친구는 닭요리를 먹고 뼈를 접시 위에 남겨두었다. 한참 후에 집으로 돌아온 뉴턴은 친구와 인사하고 식탁에 앉았는데 접시 위에는 뼈만 수북하게 남아 있었다. 뉴턴은 난처한 표정을 지으며 "아참, 우리가 이미 저녁을 다 먹었다는 것을 잊었군" 하고 말했다.

에바리스트 갈루아

파리의 혼돈에 불타다

업적

· 기하학과 대수학을 통일시킨 군이론 창시

Evariste Galois(1811~1832)

'군이론'이라는 새로운 수학 분야를 열었다. 군이론은 기하학과 대수학을 통일시키는 역할을 했는데, 현재 이 이론은 핵물리학이나 유전공학의 토대가 되고 있다. 또한 '갈루아 정리'는 광디스크 매체의 에러방정식에 응용되는 등 현대에 이르러서도 매우 중요한 이론이 되고 있다.

약력

1811	프랑스 파리 근교의 지식인 집안에서 태어남.
1823	리세 루이르그랑에 기숙사 학생으로 입학(12세).
1828	'순환 연분수에 관한 정리의 증명'을 해내고, 소수차 대수 방정식에 관한 논문을 당대 최고의 수학자 코시에게 제출했으나 분실(17세).
1829	에콜 노르말에 입학, 방정식에 관한 논문을 과학아카데미에 제출했으나 심사위원이던 푸리에의 사망으로 논문 다시 분실(18세).
1830	과학아카데미의 요청으로 수감 중에 잃어버린 논문을 재작성하여 제출(19세).
1831	공화군 동조자로 정치적 선동에 참가해 투옥(20세).
1832	사망(21세).

3월 중순에 파리에 도착했다. 드골 공항에서 시내의 호텔까지는 2킬로미터 남짓이라고 했다. 영어가 통하지 않는 택시 운전사에게 억지로 불어 작문을 하지 않아도 되니 정말 다행이라고 생각하면서 밖을 보았는데 추적추적 비가 내리고 있었다.

여행 중에는 늘 별 두 개짜리 호텔에 묵었는데 이번에는 특별히 루브르 박물관 옆의 별 세 개짜리 호텔에 들었다. 별 세 개짜리 호텔이라도 그다지 기대되지는 않았다. 이전에 읽었던 *조지 오웰의 『파리·런던 방랑기』의 내용이 머릿속에 남아 있었기 때문이다. 오웰은 1920년대에 파리의 일류 호텔에서 접시닦이를 한 적이 있었는데, 당시의 경험을 살려 호텔이 얼마나 더러운 곳인지, 종업원이 얼마나 무례하고 불친절한지 상세하게 묘사했다. 조리실 바닥에 떨어졌던 토스트가 손님 식탁에 오르기도 하고, 얼굴에서 흘러내린 땀이 음식물에 떨어지는 일도 다반사라고 했다. 이리 뛰고 저리 뛰는 바쁜 종업원들이 심한 욕설을 하고 화내며 다투는 곳이 호텔이며, 표면상의 청결함이나 우아함과는 완전히 다르다는 것이 오웰의 감상이었다. 호텔 밖의 세상도 야비하고 난잡하지만, 영국 신사 오웰의 눈에 비친 파리의 호텔은 믿을 수 없을 정도의 혼란 상태였다.

세느 강변에 있는 오르세 미술관을 찾았다. 1900년 파리박람회 당시 역으로 만들어진 곳이었는데 1986년 이 공간을 그대로 살리면서 미술관으로 새롭게 꾸몄다고 한다. 미술관의 가장 위층에는 마네, 모네, 드가, 고흐 등 프랑스 인상파 거장들의 작품이 전시되어 있었는데 한마디로 그 위용에 압도되었다. 부도덕과 혼란의 소용돌이 같은 과거의 파리에서 어떻게 해서 이렇게 경탄할 만한 예술이 태어날 수 있었을까. 그 엄청난 저력이 어디에서 온 것일까. 파리는 모든 것

조지 오웰
[Orwell, George. 1903~1950] 영국의 소설가. 불황 속의 파리 빈민가와 런던의 부랑자 체험을 바탕으로 한 처녀작 르포르타주 『파리·런던 방랑기』로 알려졌으며 좌익 내부의 당파 싸움에 대한 기록인 『카탈루냐 찬가』, 정치우화 『동물농장』, 현대 사회의 전체주의적 경향이 도달하게 될 종말을 기묘하게 묘사한 미래소설 『1984년』 등이 대표작이다.

으로부터 자유롭고, 모든 것들이 서로 노골적으로 격돌하는 곳이다. 이 지역에서 뛰어난 문학 작품과 예술 작품들이 무수히 쏟아져 나온 것은 아마도 이러한 에너지의 분출 때문일 것이다.

오후 늦게 소르본 대학을 방문했으나 안으로는 들어갈 수 없었다. 할 수 없이 대학 밖을 한바퀴 돌아보기 위해 걷기 시작했는데, 낡았지만 어딘지 모르게 지적인 분위기가 풍기는 건물이 눈에 띄었다. 길에서 약간 떨어진 방향에 있었는데, 리세 루이르그랑(리세는 '고등학교' 임)이라는 팻말이 있었다. 뜻밖의 발견이었다. 이곳은 21세에 요절한 천재 수학자 갈루아가 졸업한 학교였다.

두근거리는 가슴을 진정시키며 두꺼운 나무문을 밀었는데 스르르 열렸다. 학교 경비원에게 갈루아에 대해 질문했으나 영어를 알아듣지 못했다. 마침 그 옆을 지나던 학생에게 물었다. 경비원과는 달리 유창한 영어 실력이었다.

"나는 일본에서 온 수학자인데요, 이곳이 유명한 수학자 갈루아가 졸업한 학교가 맞습니까?"

총명해 보이는 눈을 반짝이면서 청년이 고개를 끄덕였다.

"당시의 건물 그대로입니까?"

"바뀐 곳도 있지만, 이 건물은 옛날 그대로입니다."

갈루아가 서 있던 곳이라고 생각되자 마치 공중에 붕 떠 있는 기분이 들었다.

청년은 "루이르그랑은 15세에서 18세까지의 고등학생과 그랑제코르 이공과학대학을 목표로 하는 18세에서 20세까지의 수험생이 다니는 학교입니다. 그랑제코르 이공과학대학 입학률만 보아도 이 학교가 프랑스 최고의 명문인 걸 알 수 있지요"라고 자랑스럽게 말했다. 고등전문학교인 그랑제코르 이공과학대학은 에콜 노르말(고등사범학교)이나 에콜 폴리테크니크(고등이공과학대학), 에나(국립행정학원) 등에 학생을 입학시키기 위해 만들어진 엘리트 교육기관으로, 종합대학보다 상위의 대학이다.

"이 학교의 학생들이 2백 년 전의 학생이던 갈루아를 자랑스럽게 생각하고 있습니까?"

"물론이에요. 갈루아뿐만 아니라 *빅토르 위고나 *몰리에르, *보들레르도 모두 선배님인걸요."

내가 "갈루아가 더 위대하지요"라고 농담삼아 말하자 청년은 바로 "선생님이 수학자시니까 그렇죠"라고 프랑스인다운 반론을 펼쳤다.

어두컴컴한 복도를 지나 안쪽 정원으로 나왔다. 오래된 회색 건물을 빙 둘러싼 콘크리트 안의 정원은 잠시 숨을 돌릴 수 있는 휴식 공간인 동시에 운동장처럼 보였으며, 한쪽에는 배구장도 있었다. 건물은 3층까지가 교실이고, 4층과 옥상은 주거지로 보였다. 아치가 있는 복도가 2백 년의 유구한 전통과 프랑스의 지성을 키워낸 곳이라는 사실을 자부하는 것처럼 보였다.

1. 수학에 대한 광기어린 열정

에바리스트 갈루아는 1811년 10월 25일 파리에서 남쪽으로 8킬로미터 정도 떨어진 작은 마을 브루 라 레누에서 태어났다. 아버지는 공립학교 교장이었는데, 왕이나 교회의 권위를 인정하지 않고 이성을 중시한 계몽사상에 심취했으며, 한편으로는 즉흥적으로 3행시를 짓는 것이 특기인 문학가이기도 했다. 어머니는 갈루아 집안과

위고
[Victor Hugo. 1802~1885]
프랑스의 소설가·시인·극작가. 19세기 프랑스 낭만주의 문학의 거장으로 고전주의를 반대하고 낭만주의를 이끌었다. 나폴레옹 3세의 쿠데타에 반대하여 망명생활을 하였으며 인도주의와 자유주의, 인류의 진보를 역설하여 국민적인 시인으로 추앙받는다. 대표작으로 「레미제라블」, 「파리의 노트르담」 등이 있다.

몰리에르
[Jean-Baptiste Poquelin. 1622~1673]
프랑스의 희극 작가·풍자시인·배우. 과장된 연기나 어릿광대짓으로 웃음을 자아내던 종래의 희극 형식에서 벗어나 세태를 날카롭게 관찰하여 풍자하고, 심리에 바탕을 둔 성격희극의 틀을 잡았다.

보들레르
[Baudelaire, Charles-Pierre. 1821~1867]
프랑스의 시인·미술평론가. 미술평론·문예비평·시·단편소설 등을 잇달아 발표하고, E.A.포의 작품을 번역·소개하는 등 다방면으로 활동하였다.

길 하나 떨어진 곳에 살던 파리 대학 법학부 교수의 딸이었다.

갈루아는 12세까지 자유주의자인 아버지와 금욕적인 어머니 사이에서 사이좋은 누이, 남동생과 함께 밝은 어린 시절을 보냈다. 아이들 교육은 모두 총명한 어머니가 도맡았다. 그리스어, 라틴어 등 고전이 중심이었을 것이다.

당시 프랑스는 혼란 속에 있었다. 1789년 왕정의 부패 정치에 분개한 민중은 바스티유 감옥을 습격하여 프랑스혁명의 막을 열었으며, 1792년에 반혁명을 기도한 루이 16세의 왕국을 점령하여 공화정을 세웠다. 다음해에는 왕과 왕비 마리 앙투아네트가 길로틴에서 처형되었다.

혁명이 퍼지는 것을 두려워한 주변 국가들은 반불동맹을 결성했으며, 공포정치로 흔들리고 있던 프랑스를 침공할 기회를 엿보고 있었다. 이러한 상황에서 등장한 나폴레옹 보나파르트는 자유·평등·박애를 내걸고, 거꾸로 외국으로 군대를 보내어 연전연승했으며, 1799년에는 군사 쿠데타를 일으켜 대통령이 되었고, 이어 1804년에는 로마 교황의 입회 아래 황제로 즉위했다. 프랑스혁명의 정신을 이어나가겠다고 선서한 황제 나폴레옹은 국민들로부터 열렬히 환영받았다.

나폴레옹은 '나폴레옹 법전'이라고 부르는 법 체계를 만들고 교육과 군대 제도를 정비했지만, 전 유럽으로부터 고립되어 있었기 때문에 끊임없이 전쟁에 휘말렸다. 오스트리아·러시아·프러시아 등을 상대로 연승하던 군대도 마침내 그 힘이 다하여 약해졌으며, 갈루아가 태어난 다음해인 1812년에는 러시아 원정에서 졌고, 그 다음해에는 프러시아·오스트리아·러시아 동맹군에게 라이프치히에서 패하고 말았다. 동맹군은 그대로 진격하여 1814년에는 파리를 함락시켰으며, 나폴레옹은 지중해의 엘바 섬으로 유배되었다.

길로틴에서 처형된 루이 16세의 동생은 망명했던 영국에서 돌아와 루이 18세로 즉위했다. 평화와 질서를 바라던 국민은 일단 왕정복고를 받아들였지만, 국왕의 신성불가침이나 가톨릭의 국교회 부활에 대해서는 크게 반대했다. 이에 또다시 사회가 불안정해지기 시작했다. 나폴레옹 이후 유럽의 새로운 질서를 세우기 위해 빈 회의가 열렸으나 이마저 각국의 이해 충돌로 결렬되자, 1815년 나폴레옹은 다시 나와 "병사들이여, 여기에 있는 사람은 그대들의 황제이다. 누구를 공격할 것인가!"라고 하면서 병사들을 귀순시켰다고 한다. 프랑스 민중은 "황제 만세!"를 부르면서 환호했고, 나폴레옹은 파리로 입성했다.

그러나 나폴레옹의 군대는 3개월 후 영국과 프로이센의 연합군에게 워털루에서 크게 패했고, 그는 또다시 대서양의 외딴섬인 세인트헬레나로 유배되었다. 이른바 백일천하였다.

민중의 환호를 받던 애국주의자 나폴레옹이 넘어지고, 다시 부활하고, 마침내 막막한 바다의 외딴섬에 유배되기까지의 일은 모두 갈루아가 태어나서부터 3년 남짓한 기간에 있었던 일이다. 프랑스는 루이 18세 및 그의 동생 샤를 10세에 의해 왕정복고의 시대로 들어섰다.

소년 갈루아는 1823년 12세의 나이에 명문 루이르그랑에 입학했다. 당시 이 학교는 6년제 중·고등학교였으며, 갈루아는 이 학교의 기숙사에서 생활했다.

대혁명 이후 30년 가까이 프랑스는 루이 18세가 집정한 왕정복고의 시대였다. 예수회와 손을 잡고 완전 복권을 노리던 부르봉 가

르장드르

[Adrien-Marie Legendre. 1752~1833]
프랑스의 수학자. 파리의 육군사관학교 교수, 에콜 폴리테크니크의 시험관 및 측지감독관 등을 지냈다. 『정수론』, 『최소제곱법에 관하여』, 『타원함수론』 등의 저서가 있으며, 19세기에 있어서의 타원함수론 발전의 선구가 되었다.

교체되기 전의 리세 루이르그랑.

문과 대혁명의 부활을 주장하던 공화주의자와 자유주의자들이 맞서던 프랑스는 정쟁으로 늘 시끄러웠다.

루이 16세를 단두대로 보냈던 로베스피에르가 졸업한 학교인 루이르그랑에 대해서도 반발이 있었다. 학교 당국이 국왕과 성직자들의 대변자 역할을 했던 것이다. 반발로 인해 수십 명의 학생이 퇴학을 당하는 사태까지 있었다. 그런 와중에도 갈루아는 라틴어로 최우수상, 그리스어로 우등상을 받으면서 진학했다. 특히 갈루아의 고전어 실력은 어머니의 개인교습 덕분에 매우 뛰어났던 것으로 보인다. 하지만 갈루아도 14세 무렵부터 학교 당국의 기만에 환멸을 느끼게 되면서 공부에 대한 흥미를 잃어버리고 말았다. 이때부터 성적은 계속 곤두박질쳤고, 결국 15세 때 낙제까지 하게 되었다.

당시 갈루아는 운명의 손짓인지 우연하게도 *르장드르가 저술한 『기하학의 기초』를 만나게 된다. 낙제 때문에 시간적인 여유도 충분했고, 한 학년을 뛰어넘어 자연계의 수학 수업을 들을 수 있는 기회도 얻게 되었다. 이때 그는 교과서에 나오는 2년 과정을 이틀 만에 독파했다고 한다. 수학의 정리를 읽는 동시에 증명해 냈던 것이다. 산수밖에 모르던 갈루아가 낙제한 이 시기에 처음 수학을 접한 것은 운명 같은 일이었고, 이 수학책이 르장드르라는 위대한 수학자가 쓴 책이었다는 것도 행운이다. 단순한 교과서라 할지라도 대수학자가 저술한 책과 일반 수학자가 저술한 것에는 분명 차이가 있다.

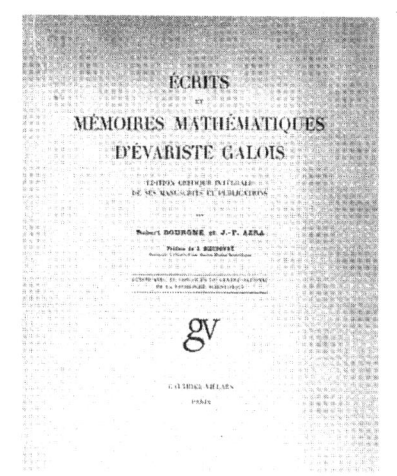

갈루아의 「수학적 유고」의 표지

라그랑주
[Lagrange, Joseph Louis. 1736~1813]
프랑스의 수학자·천문학자. 19세 때 이탈리아 토리노의 왕립육군학교 수학 교수가 되었다. 1766년 L.오일러의 후임으로 베를린 과학아카데미 수학부장에 취임했다. 정수론·타원함수론·천체역학 등에 관해 많은 연구 업적이 있으며, 해석역학을 해명하여 역학의 새로운 발전을 가져왔다.

수학에 눈을 뜬 갈루아는 자나 깨나 수학만을 생각했다. 당시 갈루아를 곁에서 지켜보았던 선생님들은 다음과 같이 기록하였다.

"수학에 대한 광기가 이 소년을 사로잡았다. 학교에서는 시간을 낭비하고 선생들을 괴롭히며, 이로 인해 끊임없이 꾸중을 듣게 되었다." "독창적이지만 아주 엉뚱한 토론을 좋아하는 학생"이자 "자랑할 수밖에 없을 정도로 독창적이고, 예를 찾을 수 없을 정도로 높은 자부심을 가진 학생이다."

낙제로 인한 좌절감에 대한 반작용으로써 소년은 오만한 우월감을 가지게 된 듯하다. 우월감과 열등감은 동전의 양면과도 같은 것이다. 당연하게도, 갈루아는 이 학교에서 한 사람의 친구도 사귈 수 없었다.

*라그랑주의 『수치방정식의 해법』 등을 읽고, 5차방정식의 연구에 착수했던 16세의 갈루아는 방해받지 않고 수학에 몰두하기 위해

에르미트
[Hermite, Charles.
1822~1901]
프랑스의 수학자. 19세기 후반의 프랑스 수학계를 이끈 거장으로서, 대수학·해석학 분야에서 큰 공헌을 남겼고, 수론·불변식론·공변식론·정적분론·방정식론·타원함수론 등에 많은 업적을 남겼다. 아벨함수에 관한 이론을 진척시킨 '에르미트 형식'의 연구는 후에 물리학, 특히 양자역학에서 중요한 역할을 하게 되었으며 그의 대수적 불변식론은 최고의 업적으로 평가된다.

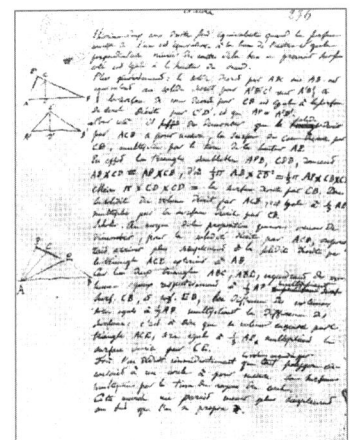

루이르그랑의 리샤르 선생의 수업에 제출했던 논문, 이 기하학 논문은 두 회전체의 면적과 체적의 관계를 서술한 것이다.

에콜 폴리테크니크의 입학시험을 보았지만 떨어지고 말았다. 나폴레옹의 부국강병 정책 중 하나로 설립된 이 학교는 수학이나 물리학 등 기초 학문을 육성하기 위해 프랑스 최고의 엘리트들을 가르치고 있었다. 졸업 후 출세가 보장되었으므로, 당연한 일이지만 당시 가장 들어가기 어려운 학교였다. 나폴레옹 제정시대 말기에 프랑스군이 전장에서 밀리고 있다는 소식이 알려지자 나폴레옹을 존경하던 이 학교의 학생들이 스스로 군에 지원했다. 당시 나폴레옹은 "황금알을 품은 암탉을 죽일 수 없다"고 단호히 거부했다는 일화도 전해진다. 이처럼 자유주의와 애국주의가 깃든 학교 분위기도 갈루아에게는 큰 매력이었을 것이다. 갈루아와 그의 천재성을 인정했던 주변 사람들은 당시의 불합격이 무능한 시험관 때문이었다고 주장한다. 하지만 갈루아의 기초실력이 충분하지 않았던 것이 아닐까 한다.

17세가 된 갈루아는 수학자 *에르미트를 길러낸 실력 있는 수학 선생인 리샤르의 학급에 들어갔다. 리샤르는 갈루아가 어떤 학생인지 금세 알아보았고 그를 격려해 주었다. 갈루아는 처음으로 자신의 진가를 알아주는 선생님을 만나 감격했다.

갈루아는 이때 '순환 연분수에 관한 정리의 증명'을 해냈고, '루이르그랑 학교 학생'이라고 소속을 밝혀서 전문지에 발표했다. 이 첫 논문은 소수차 대수 방정식에 관한 논문으로 완성되었다. 이 뛰어난 논문에 놀란 리샤르는 그것을 과학아카데미에 제출해 보라고 권했다. 그러나 투고한 논문은 불행하게도 대수학자 *코시가 잃어버리고 말았다.

코시는 당시 프랑스 수학계의 최고 권위자였다. 과학아카데미 회의에 거의 매주 출석했으며 그때마다 새로운 논문을 발표하여 엄청난 논문 수를 자랑하는 수학자였다. 가톨릭 교도이자 왕당파의 완고한 보수주의자였던 그는 에콜 폴리테크니크의 교수였지만, 학교나 과학아카데미로부터 외떨어진 사람이었다. 또한 그 자신은 독창적이었지만, 젊은이의 독창성을 인정하지 않는 편협한 사고방식을 가지고 있었다. 그의 성향 때문에 실망한 천재 수학자는 갈루아말고도 *아벨이나 *퐁슬레 등이 있었다.

2. 위험한 청년 공화주의자의 끝없는 불행

갈루아의 아버지는 백일천하의 시기에 부르 라 레느의 읍장으로 있었다. 당시 이 지역은 자유주의자들의 세력이 강했던 곳으로, 갈루아의 아버지는 인망 높은 지역 인사였다. 왕정복고 시대가 되어서도 주민의 압도적인 지지 아래 그는 계속 읍장직을 맡았다.

하지만 불만을 가진 소수파가 새로 부임한 젊은 신부들과 모의하여 갈루아의 아버지를 쫓아냈다. 신부는 즉흥시를 잘 쓰는 읍장의 문체를 모방하여 멋대로 시를 만들어냈고, 이를 읍장이 지은 시라며 퍼뜨렸다. 그중에는 근친상간과 같은 파렴치한 내용의 시도 있었다. 읍장은 이러한 비방에 깊은 상처를 받아 신경쇠약에 걸렸고, 결국 루이르그랑 학교 근처의 아파트에서 스스로 목숨을 끊고 말았다.

코시
[Cauchy, Baron Augustin Louis. 1789~1857]
프랑스의 수학자. 16세 때 에콜 폴리테크니크에 입학하여 수석으로 졸업하였다. 토목기사를 거쳐 1815년 에콜 폴리테크니크의 교수가 되었고, 이듬해에 과학아카데미 회원이 되었다. 1848년 소르본 대학 교수가 되어 평생 이 교수직에 있었으며 주요 업적으로 복소변수함수론과 해석학에서의 엄밀성을 주장한 것을 들 수 있다. 미분방정식의 풀이에 관하여 최초의 존재증명을 하였다.

아벨
[Abel, Niels Henrik. 1802~1829]
노르웨이의 수학자. 19세 당시 그때까지 약 3세기 동안 수학상의 어려운 문제로 남아 있던 5차방정식의 대수적일반해법을 연구하여 그 불가해성을 증명했고, 이후 '아벨의 정리'를 포함한 타원함수론 등 타원함수론에 관한 우수한 논문들을 발표했다. 그의 이름은 '아벨의 적분', '아벨의 정리', '아벨방정식' 등 오늘날 사용되고 있는 많은 수학용어 속에 살아 있어, 수학계 불후의 인물로 기억되고 있다.

퐁슬레
[Poncelet, Jean Victor. 1788~1867]
프랑스의 수학자·기계공학자. 근세 종합기하학 창립자의 한 사람으로 사영기하학을 수립하였다. 기계 연구를 시작하여 터빈의 이론을 개척하고 '퐁슬레 수차'를 설계하는 등 많은 연구를 발표하였고, 1826년에는 『기계에 이용한 역학』을 저술하였다.

그의 시신은 읍 바깥까지 그를 배웅하던 주민들이 직접 부르 라 레느로 운반하였다. 매장할 때 읍장을 가엾게 여긴 한 주민이 신부에게 욕설을 내뱉으며 돌을 던져 신부가 피를 흘리는 소동까지 일어났다. 갈루아는 사상적으로도 감정적으로도 어머니보다는 아버지와 가까웠다. 이 현장을 목격한 갈루아의 마음속에서는 가톨릭이나 왕정에 대한 격렬한 증오심이 생겨났고, 가장 사랑하는 아버지를 여읜 허탈감 등이 이후의 그를 지배하게 되었다.

아버지의 장례가 끝나고 며칠 후 갈루아는 두 번째 에콜 폴리테크니크 입학시험을 보았으나 또다시 낙방하고 말았다. 구술시험에서 대수에 관한 시시한 질문이 나오자 화를 내면서 시험문제 풀이를 거부했다는 이야기, 또는 그의 수학 능력을 의심하는 시험관에게 칠판지우개를 던졌다는 등의 이야기가 전해오나 모두 근거 없는 이야기들이다. 실제로는 아버지의 죽음으로 인한 마음의 동요가 원인이었을 것이다.

에콜 폴리테크니크에는 입학시험에 두 번 낙방하면 다시 응시할 수 없다는 규칙이 있다. 갈루아가 가진 엘리트의 꿈은 산산조각나고 말았다. 18세의 갈루아는 이제 한 가정의 생계를 짊어져야 했다. 결국 자신의 뜻과는 무관하게 에콜 노르말에 입학하게 되었다. 오늘날에 와서는 에콜 폴리테크니크나 에콜 노르말 슈페류르(에콜 노르말의 후신)가 동등한 수준이 되었지만, 당시에는 무시 못할 큰 격차가 있었다.

하지만 갈루아는 용기를 내어 다시 연구에 몰두하였고, 코시가 잃어버린 예전의 논문을 다시 정리하여 과학아카데미에 제출했다. 이 논문은 당시 수학자에게 주어지는 최고의 상이던 수학대상을 받을 만한 것이었다. 그러나 갈루아의 불운은 아직 다 끝난 게 아니었다. 아카데미의 간사였던 대수학자 *푸리에가 자택으로 논문을 가지고 갔으나 들여다볼 새도 없이 갑자기 세상을 떠나고 만 것이다.

왕정복고를 이루어냈던 루이 18세가 병사한 다음, 동생 샤를 10세가 왕위를 이어받았는데, 그는 왕정의 절대적인 정통성과 헌법이 필요하다고 믿는 사람으로, 이전 왕을 능가하는 보수주의자였다. 샤를 10세의 전제정치에 대한 불만은 날이 갈수록 높아져만 갔다. 마침내 국왕이 수상을 경질하고 의회를 해산했으며, 언론탄압의 명령을 내린 것을 계기로 1830년 7월 27일 파리 시민은 봉기했다. 격심한 시가전 끝에 시민군이 승리하여 혁명을 성공으로 이끌었다. 이것이 바로 7월 혁명이다.

공화제는 실현되지 못했지만 새로운 왕으로 오를레앙 공 루이 필리프가 추대되었다. 그는 스스로를 '프랑스의 왕이 아닌 프랑스인의 왕'이라고 칭했다. 헌법을 개정하고 그 헌법에 따라 성직자와 귀족들 중심의 정치를 펼쳤는데, 정치에는 부유한 자만이 참가할 수 있었으며, 이들은 전체 국민의 1퍼센트에도 미치지 못했다.

갈루아 역시 모든 상황이 불만이었다. 7월 혁명 때는 시가전에 참가할 수도 없었다. 에콜 폴리테크니크의 교장은 오히려 학생들에게 시가전 참가를 권하기까지 했으나, 에콜 노르말의 교장은 모든 교문을 굳게 폐쇄시켜버렸기 때문이다. 담을 뛰어넘으려고 했지만 실행으로 옮기지는 못했다. 그는 국왕 루이 필리프에게도 불만을 가졌다. 바리케이트를 쌓고 함께 싸웠던 일반 시민에게 참정권을 주지 않는 것은 용서할 수 없는 일이라고 생각했다.

이 무렵부터 갈루아는 분명한 정치적 주장을 펼치기 시작했다. 혁명이라는 수단을 사용해서라도 공화제를 수립하려던 급진적인

푸리에
[Fourier, Jean Baptiste Joseph, Baron de. 1768~1830]
프랑스의 수학자·수리과학자. 열전도론을 연구하여 1807년 '열의 해석적 이론'을 제출하였고, 1812년 프랑스 학사원의 대상을 획득하였다. 1822년 완성된 이 이론에는 '푸리에의 정리'가 포함되어 있으며, '푸리에 급수'의 전개에 따라서 그후의 수리물리학 발전에 크게 공헌했다.

동생 알프레드가 그린 초상화(1848).

정치단체 '민중의 친구 모임'에도 참가했다. 7월 혁명 이후 여름방학에 고향으로 돌아온 갈루아를 본 친척들은 그의 변한 모습에 사뭇 놀랐다. 자유주의의 신봉자로 상위 1퍼센트에 포함되어 있던 갈루아 가문의 사람들은 공화주의자로 변모한 갈루아에게서 심한 이질감을 느끼고 격한 언쟁을 벌였을지도 모른다. 당시 갈루아는 "민중을 봉기시키기 위해 주검이 필요하다면, 내가 그 주검이 되어도 좋다"고까지 말했다고 한다.

갈루아는 그해 말 학교신문에 교장의 기만을 고발하는 글을 투고했다. 교장이 혁명 당시에 교문을 폐쇄하고, 거리로 뛰쳐나가려는 학생들에게 군대를 불러 강제 저지하겠다고 협박했던 장본인이라고 폭로한 것이다. 46명의 에콜 노르말 학생 전원이 자신의 주장의 진위를 증언해 줄 것이라는 말도 덧붙였다. 기사가 나자마자 교장은 갈루아의 짓이라고 확신했다. 격분한 그는 학생들을 불러 조사했다. 교장의 노여움을 사면 앞날이 위험해질지도 모른다는 두려움 때문에 대부분의 학생들은 거짓으로 증언했고, 자신은 그 현장에 있지 않았다고 하면서 도망간 학생들도 있었다. 이 사건으로 갈루아는 퇴학을 당했다. 배반했던 동료 중 한 명은 "갈루아가 그만 떠나겠다고 이별을 고했을 때 너무나 괴로웠다"라고 당시의 심정을 기록한 바 있다.

갈루아는 아버지의 자살, 두 차례의 입시 실패와 논문 분실 사건 그리고 퇴학이라는 설상가상의 불운들을 모두 공정하지 못한 사회

제도 때문이라고 생각했다. 학교에 대한 반발심에서 출발했던 그의 정치활동은 단번에 공화주의에서 과격주의로 바뀌었다.

천재들은 단순해서 일순간에 깊은 생각으로 빠져든다. 부드러운 감성과 이상주의적인 야망을 가졌던 청년 갈루아는 어느 날 갑자기 이 세상을 부조리로 가득 찬 것으로 보았고, 분노의 대상으로 삼게 되었다.

푸아송
[Simon Denis Poisson. 1781~1840]
프랑스의 수학자·물리학자. 수학과 응용수학의 넓은 분야에 걸쳐 업적이 있으며, 정적분·미분방정식론을 연구하여 1813년 퍼텐셜 개념을 도입하였는데, 이와 관련된 '푸아송방정식'은 잘 알려져 있다.

3. 시대를 앞서간 선구적인 이론

과격주의자로 친구들이나 치안당국의 주목을 받게 되었지만 갈루아는 수학 연구를 멈추지 않았다. 19세 때 그는 잃어버린 논문을 다시 작성하여 「방정식의 모든 해에 대하여」라는 제목으로 과학아카데미에 제출한다. 두 번이나 논문을 분실했던 과학아카데미가, 마침내 책임을 느끼고 세 번째 제출을 요청했던 것이다. 이 논문의 내용은 현재 '갈루아 이론'으로 알려진 것으로, 당시 심사위원은 응용수학자 *푸아송이었다.

요청을 받고 다시 제출한 논문의 심사 결과가 몇 개월을 기다려도 나오지 않자, 갈루아는 궁금한 나머지 과학아카데미에 그 결과를 재촉했다. 하지만 아무런 답변도 들을 수 없었다. 이에 더욱 마음의 상처를 받게 된 갈루아는 갈수록 황폐해졌다. 과학아카데미의 방청석에 앉아 강연자에게 욕설을 퍼붓기까지 했다.

한편 '민중의 친구 모임'이 불법단체로 규정되자 갈루아는 숨어서 지하활동을 계속했다. 그러던 중 1831년 구속되었던 친구가 무죄 판결을 받고 풀려난 것을 축하하는 모임에서 '루이 필리프를 위하여

뒤마

[Dumas, Alexandre. 1824~1895]
프랑스의 극작가·소설가. 작은 뒤마라고도 한다. 『몽테크리스토 백작』의 작가인 뒤마와 벨기에 부인 사이에서 사생아로 태어났다. 창녀의 순애를 그린 『춘희』로 문단에 데뷔하여 대단한 호평을 받았으며 그 후로는 극작가로 맹활약하였다.

건배'라고 알려진 사건을 일으켰다. 한 식당에서 열린 이 모임에는 '민중의 친구 모임' 회원뿐 아니라 *알렉상드르 뒤마와 같은 저명인사도 참가하고 있었다. 그들은 "혁명 만세", "공화제 만세" 등을 외치면서 축배를 들고 있었는데 이때 한 젊은이가 돌연 "루이 필리프를 위하여"라고 일어나 소리쳤던 것이다.

7월 혁명을 무시했던 루이 필리프는 그들의 적이었다. 이때 모든 사람의 눈에 들어온 것은 왼손에 잔을 들고 오른손에 칼을 든 갈루아의 모습이었다. 루이 필리프를 죽이겠다는 의미였다. 순간 한바탕 소동이 일어났다. 뒤마는 이날의 일을 『추억의 기록』에서 회상하면서 "그 사건은 공화주의자인 나의 한계를 분명하게 보여주는 것이었다. 나는 창문을 넘어서 정원으로 나왔다"라고 서술하고 있다.

혼란 속에 축하연이 끝난 다음 날 갈루아는 체포되었고 상트 페라지 감옥에 수감되었다. 축하연을 위해 모인 사람 가운데 경찰의 끄나풀이 있었던 것 같다. 공판에서 갈루아는 변호사의 충고대로 "루이 필리프를 위하여! 만일 그가 배신한다면……"이라고 말하려 했으나 주위의 시끄러운 소음 때문에 들리지 않은 것이라고 말해 간신히 무죄로 풀려났다.

그러나 갈루아는 곧바로 다시 체포되었다. 건국 기념일 행렬에 군인도 아니면서 군복을 입고 무장까지 한 상태로 공화주의자들의 선두에 서 있었기 때문이다. 경찰 4명이 달려들어 붙잡았으나 그는 이미 평정을 잃고 있었다. 일종의 예방 차원의 구금이었지만, 이번에는 공판도 없이 9개월의 금고형이 내려졌다. 같은 죄목으로 붙잡힌 다른 사람은 3개월 형에 그쳤지만, 갈루아에게는 이미 위험분자라는 낙인이 찍혀 있었던 것 같다.

감옥에서의 갈루아에 대해서는 같은 시기에 복역했던 식물학자로 나중에 정치가가 된 공화주의자 라스파유가 많은 편지 속에서 다루었다. 오늘날 파리의 거리에 이름을 남긴 라스파유는 자기 나이의 절반 정도밖에 되지 않은 갈루아에게 호의를 느꼈으며, 그에게 동정심과 존경심을 가졌다. 갈루아가 10대의 어린 나이에 이미 전문지에 논문을 서너 편 투고한 것도 알고 있었다.

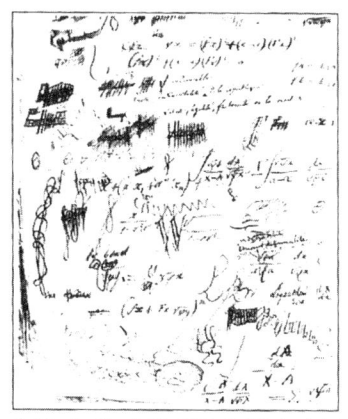

손으로 쓴 원고 "자유·평등·박애인가 아니면 죽음인가". 열렬한 공화주의자로서의 갈루아의 정서를 볼 수 있다.

"그는 소심하지만 위엄 있는 사람이다. 과학 공부를 한 기간이 3년밖에 되지 않지만, 마치 60년 넘게 깊은 사색을 한 사람처럼 얼굴은 주름살로 가득하다. 그를 살려야 한다. 앞으로 2년 후가 되면 에바리스트 갈루아는 분명 위대한 과학자가 될 것이다."

"그는 잔뜩 찌푸린 얼굴로 깊은 사색에 빠져 정원을 거닐고 있었다. 마치 사색하지 않고는 이 세상을 살아갈 수 없는 사람처럼 보였다. 고약한 죄수들이 소리쳤다. '야, 이 자식아. 스무살밖에 되지 않은 놈이 늙은이 같기는……, 이 술이나 한번 마셔봐라. 무섭지?' 갈루아는 말이 끝나기가 무섭게 그 남자에게 다가가서는 술병을 잡고 단숨에 마셔버렸다. 마치 이제 죽어도 좋다는 것 같았다."

"갈루아는 내게 '선생님은 저의 부족한 점을 알고 있습니까? 선생님한테는 솔직하게 말하고 싶습니다. 제겐 마음속 깊이 사랑할 수 있는 사람이 필요해요. 아버지가 돌아가시고 나니 제 곁엔 아무도 없군요'라고 말했다."

아버지를 여의고 나서 2년이라는 세월이 흘렀지만 갈루아의 마음속은 여전히 공허함으로 가득 차 있었던 것 같다.

수감되어 있는 동안 그의 동생들이 여러 번 감옥을 방문했다. 갈루아가 좋아하는 음식을 들고 면회를 왔던 여동생은 투옥 후 약 4개월의 시간이 흐른 후에 쓴 일기에서 다음과 같이 썼다.

"신선한 공기도 없는 곳에서 앞으로 5개월을 더 보내야 하다니! 건강이 더욱 악화될 것이다. 아무런 의욕도 없이 마치 우울증에 빠진 늙은이처럼 보였다. 얼핏 50대와 비슷해 보였다."

어머니는 한 번도 오지 않았다. 공화주의자가 되고 난 후부터 어머니와의 관계가 멀어졌는데, 거의 의절한 상태였을 것이다.

수감 중에 그는 드디어 과학아카데미로부터 회신을 받았다. 에콜 노르말 1학년 때 갈루아의 유일한 친구였던 오거스트 슈발리에 덕분이었다. 당시 슈발리에는 『지구』라는 신문에 20세의 천재수학자 갈루아가 과학아카데미로부터 어떻게 무시당했는가를 폭로하는 기사를 썼다. 두 차례나 논문을 분실했고, 요청해서 다시 접수한 세 번째 논문에 대해서도 답변하지 않는다고 하면서 책임자의 이름까지 거론한 것이다. 갈루아의 사정에 대해서 알고 있던 유일한 친구 덕분에 갈루아의 문제는 공개적인 것으로 변했고, 사태를 파악한 과학아카데미도 움직이기 시작했다.

"갈루아씨의 증명을 이해하려고 많이 노력했습니다. 그러나 추론은 만족할 만큼 분명하지 않았으며 더 이상 앞으로 나아갈 수가 없었습니다. 귀하가 투고한 이 논문은 풍부하게 응용할 수 있는 일반적인 이론의 일부로 보입니다. 따라서 귀하께서 보다 완전한 전모를 공표하기 전까지 우리들의 의견은 공백으로 남겨두도록 하겠습니다."

그러나 이와 같은 과학아카데미의 답변을 요약하면 논문은 기각된 것이었다. 그의 이론은 시대를 상당히 뛰어넘었던 것으로 보인다.

4 실연의 상처와 죽음을 부른 결투

인도에서 발생한 콜레라가 전 유럽으로 전파되었다. 독일의 헤겔이 이 전염병으로 사망하였고, 1832년 3월 프랑스에까지 유행했다. 파리에 콜레라가 만연하게 되자 갈루아는 한 달 정도 형기를 남긴 상태에서 이웃한 요양소로 옮겨졌다. 이곳에서 갈루아는 그의 생애에서 유일하게 연애 감정을 경험한다. 상대는 요양소 의사의 딸인 스테파니였다.

갈루아는 항상 불행한 사람이었다. 순진한 갈루아는 성급하게 구애했고 스테파니는 그의 사랑을 거부했다. "아무 일도 없었을 때처럼 당신을 대하려고 노력할 생각입니다"라는 스테파니의 편지 사본이 아직까지도 남아 있다. 이 사본은 절교의 편지를 읽은 갈루아가 직접 베껴 쓴 것이었다. 그는 슈발리에에게 보내는 편지에 자신이 받은 상처에 대해 썼다.

"이 한 달 동안, 인생에서 가장 아름다운 행복의 샘물이 모두 말라버렸고, 내 인생은 행복도 희망도 없는 말라 비틀어진 몸처럼 되어버렸다. 어떻게 내 자신을 위로할 수 있겠는가."

그것으로 그의 연애 감정은 끝이 나고 말았다. 이후 갈루아는 결투에 휘말리게 되었다. 갑작스런 결투는 1832년 5월 30일 새벽에 있었다. 전날 밤 그는 세 통의 편지를 썼다.

한 통은 "모든 공화주의자에게"로 시작하는 것이었다.

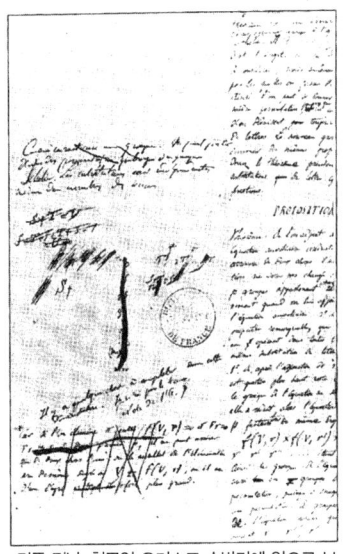

결투 전날, 친구인 오거스트 슈발리에 앞으로 보낸 편지. 이 편지 속에는 갈루아 방정식의 해석 가능성에 관한 내용이 있다.

"나의 동료이며 애국자인 여러분. 나의 죽음이 조국 때문이 아니라는 사실로 나를 비난하지 말았으면 합니다. 나는 바람난 여자와 그녀를 유혹한 두 남자들에게 희생될 것입니다. 하찮은 가십으로 사라지는 것이고 경멸을 받을 만한 일이겠지만, 나는 신에게 맹세할 수 있습니다. 나는 도발을 뿌리치기 위해 만 가지 책략을 세웠고, 냉정하게 듣지 않는 사람들에게 엄하게 진실을 고백하고 만 것을 후회합니다. 나는 깨끗한 양심과 정직함, 애국자의 피가 흐르는 묘지로 갑니다. 안녕히 계십시오. 나를 죽인 자를 용서할 것입니다. 올바른 신조를 가진 사람들이니까요."

또 한 통은 공화주의자였던 두 동료 앞으로 보낸 것이었다.

"나는 두 애국자를 화나게 만들었다. (그들과의 결투를) 거부할 수 없었다. 미처 알리지 못했음을 용서하길 바란다. 상대인 두 사람과 아무에게도 알리지 않겠다고 명예를 걸고 맹세했기 때문이다. 자네들이 무엇을 알고 싶어하는지 알고 있다. 나는 화해를 위한 모든 방법을 찾아보려 했지만 결국 스스로의 의지와는 반대로 결투를 하게 되었다. 내가 거짓말하는 인간이 아니라는 사실을 모두에게 보여주고 싶다. 부디 나를 잊지 말길. 나의 조국이 나를 기억할 수 있도록 만들고 싶었지만, 가혹한 운명은 내게 충분한 시간을 주지 않았다.

너희들의 동료인 나는 이제 곧 죽게 될 것이다."

세 번째가 유일한 친구인 슈발리에 앞으로 보낸 편지이다.

"나는 해석 분야에서 몇 가지 새로운 성과를 올렸다. 그 가운데 방정식론과 기타 적분함수에 관한 것이 있다'로 시작하는 긴 편지는 그가 그때까지 얻었던 수학적 아이디어에 대해서 서술한 것이었다. 내용은 오늘날 '갈루아 이론'과 *리만면'의 맹아라 할 만한 이론이었다. 마지막에는 이렇게 썼다.

"이 정리가 옳은지에 대해서, 또 그 중요성에 대해서는 *야코비나 *가우스에게 공개적으로 물어보길 바란다. 그렇게 한다면, 여기에 씌어진 몇 가지 알기 어려운 문장을 해독해서 이익을 얻는 사람도 나타날 것이라고 생각한다. 안녕. 1832년 5월 29일. 에바리스트 갈루아."

촛불 아래 밤을 새워 쓴 수학적인 유서였다. 시간에 쫓긴 듯 급히 써내려간 이 장문의 편지에서 "너무 시간이 없다"고 날려 쓴 문장을 볼 수 있다.

결투의 원인에 대해서는 여러 설이 있는 것 같다. 그중 하나가 스테파니가 경찰의 스파이였다는 설이다. 그녀가 요양소에 출입한 것 자체가 갈루아를 제거하기 위한 경찰의 음모였다는 것이다. 이밖에도 여러 이야기가 있지만, 사랑을 거절당한 갈루아가 이성을 잃고 스테파니에게 폭언을 퍼부었던 것으로 보인다. 갈루아의 거친 태도에 놀란 스테파니가 연인 혹은 남자친구에게 이야기를 전했고, 그것 때문에 결투에 휘말리게 된 것이다. 이 남자들은 갈루아의 동지라 할 수 있는 공화주의자였고, 그는 이것 때문에 결투를 거절할 수 없었다. 갈루아가 편지 속에서 미리 자신의 죽음을 확신했다는 것이

리만
[Riemann, Georg Friedrich Bernhard. 1826~1866]
독일의 수학자. 1851년 괴팅겐 대학에서 학위를 받고, 1851년 같은 대학 강사, 1857년 조교수, 1859년 디리클레의 후임으로 교수가 되었다. 짧은 일생을 통해 발표한 논문의 수는 비교적 적지만, 수학의 각 분야에서 획기적인 업적을 남겼다. 1957년의 아벨함수에 관한 논문을 펴냈으며, 위상수학적 고찰을 해석학으로 도입한 리만 면(面)의 개념을 유도했다.

야코비
[Jacobi, Carl Gustav Jacob. 1804~1851]
독일의 수학자. 타원함수의 이론을 전개하여, 이것으로부터 삼각법의 sin, cos, tan과 아주 비슷한 함수 sn x, cn x, dn x의 기초를 닦았다. 오늘날 야코비안이라고 불리는 함수행렬식은 그의 연구에 대해서 J.실베스터가 이름 붙인 것이다. '해밀턴야코비의 편미분방정식'을 도입하였으며, 이 방정식은 양자역학의 이론적 기초가 되었다.

가우스
[Gauss, Karl Friedrich. 1777~1855]
독일의 수학자. 대수학·해석학·기하학 등 여러 방면에 걸쳐서 뛰어난 업적을 남겨, 19세기 최대의 수학자라고 일컬어진다. 수학에 이른바 수학적 엄밀성과 완전성을 도입하여, 수리물리학으로부터 독립된 순수수학의 길을 개척하여 근대수학을 확립하였다. 한편 물리학, 특히 전자기학·천체역학·중력론·측지학 등에도 큰 공헌을 하였으며 '괴팅겐의 거인(巨人)'으로 불렸다.

푸슈킨
[Pushkin, Aleksandr Sergeevich. 1799~1837]
러시아의 국민적 시인. 러시아 리얼리즘 문학의 확립자이다. 1820년 최초의 서사시 《루슬란과 류드밀라 Ruslan i Ljudmila》를 완성하였고, 낭만주의의 특질이 강한 많은 작품을 썼다.

조르당
[Jordan, Marie Ennemond Camille. 1838~1922]
프랑스의 수학자. 19세기에 서서히 진보해온 군론을 수학의 넓은 분야에 전개, 진일보한 발전을 이룩하였다. '조르당의 정리'는 고차원의 정다면체론과 결부되어 고차원공간 안에서의 이산유한군의 고찰로 발전하였으며, 또한 대수함수를 해답으로 가지는 선형 미분방정식의 이론과 리만 면의 이론에 도입되었다.

이상하지만, 아마도 이들의 뛰어난 총 솜씨를 예전부터 익히 알고 있었기 때문이 아닐까.

당시 유럽에서 결투는 예사로운 일이었다. 독일에서는 학생이나 군인 사이에서 결투가 자주 일어났으며, 러시아에서도 푸슈킨이 결투로 죽었다. 아일랜드에서는 하루에 23회 이상 결투가 일어난 적도 있으며, 파리의 신문에서는 그날의 결투를 알려주기까지 했다.

5. 파리의 혼돈 속에 사라진 우울한 천재

갈루아의 연구는 시대를 훨씬 뛰어넘는 것이었기 때문에 그의 이론을 충분히 이해하는 데에는 많은 시간이 걸렸다. 과학아카데미에서 기각된 논문은 갈루아가 죽은 지 40년이 지난 후에야 빛을 보았다. 그의 이론을 성공적으로 판명해낸 리우빌은 그 내용을 전문지에 발표했다. 마찬가지로 40년 후 *조르당은 『치환론』에서 자신이 한 일은 갈루아의 여러 논문을 주석한 것에 불과하다고 말했다. 65년이 지난 후 『갈루아 전집』이 발간되었고, 1백 년 후에는 그의 이론이 양자역학에 응용되었다.

갈루아가 대수방정식의 해석 가능성과 관련하여 도입한 군의 개념은 그후 그가 예견한 대로 여러 방면에서 중요한 사고의 방식이 되었다. 치환군에서부터 변환군, 연속군, 불연속군으로 발전했으며, 오늘날에는 그 자신이 한 분야를 이룬 것뿐만 아니라 수학 전반부를 넓힌 기본 개념이 되었다. 또한 갈루아의 생각을 훨씬 뛰어넘어, 군에 의한 불변성은 소립자물리학에서 중심 원리가 되었다.

편지를 쓰던 펜을 책상에 내려놓고 마차에 올라탄 갈루아는 그라시에르의 정원에서 단총 결투에 임했다. 스물다섯 발자국 떨어진 곳에서 발사된 상대방의 총탄이 갈루아의 배를 관통했다. 쓰러진 그대로 방치된 그는 인근의 농부에게 발견되어 병원으로 이송되었다. 소식을 듣고 급히 달려온 동생에게 그는 "울지 마. 스무살에 죽는다는 것은 정말 용기 있는 일이야"라고 위로했다고 한다. 그는 죽기 직전에 행해지는 가톨릭 신부의 임종의식조차 거절했다. 결국 다음 날 아침 복막염으로 절명했고 그의 시신은 2천 명이 넘는 참례자와 함께 몽파르나스의 공동묘지에 묻혔다.

부르 라 레누에 있는 갈루아의 생가는 이미 사라지고 없다. 갈루아 거리는 15년 동안 읍장을 역임했던 갈루아의 아버지를 기념하는 것이다. 몽파르나스 묘지에도 사르트르, 보부아르, 모파상의 이름은 있었지만 갈루아는 없었다. 리우빌이 편집한 단 60쪽의 전집만이 파리의 혼돈 속에서 불타올랐던 천재의 존재를 영원히 증명하고 있다.

수학자가 남긴 한마디

"제겐 마음속 깊이 사랑할 수 있는 사람이 필요해요.
아버지가 돌아가시고 나니 제 곁엔 아무도 없군요."

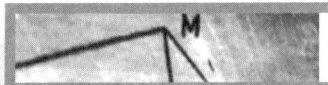

쉬어가는 페이지

기묘한 날짜 표기

장난기 많기로 유명했던 수학자 아벨은 중학교 시절의 은사에게 띄우는 편지에 날짜 대신 $\sqrt[3]{606432129}$ 이라는 묘한 수식을 써서 보냈다. 은사는 아벨이 수학에 대해 정열을 키울 수 있도록 해준 수학 선생님이었다. 이 묘한 식을 전개해 보면 다음과 같다.

'1823.5908275······' 여기서 1823은 서력 기원수로 1823년이라는 것이다. 그 다음 소수점 이하는 1년의 소수이므로 날로 고치면 365×0.5908275······=216.652······일이 되어 1월 1일부터 216일째 날인 8월 4일이 된다. 즉, 아벨은 1823년 8월 4일 대신 위와 같은 세제곱근의 식을 쓴 것이다.

윌리엄 해밀턴
아일랜드의 정열

업적
- 광선계 이론 증명
- 쌍축 결정의 굴절광학에 대한 특별한 현상 예언

William R. Hamilton(1805~1865)

수학을 광학 분야에 응용한 '광선계의 이론'을 밝히고, 광선의 경로를 결정하는 것 이외에도 획기적인 특성함수를 처음으로 도입했다. 던싱크 천문대장 겸 천문학 교수로 재직하면서 앞서 발견한 광학 이론을 완성했고, 쌍축 결정의 굴절광학에 관한 특별한 현상을 예언했다.

약력

1805	아일랜드 더블린에서 태어남.
1815	10개 국어에 통달하여 주위를 놀라게 함.
	유클리드의 『기하학원론』을 읽음(10세).
1817	뉴턴의 『프린키피아』를 읽고 천문학에 매료됨(12세).
1820	트리니티 칼리지의 교수 보이턴에게 소개됨(15세).
1821	라플라스의 『천체역학』의 오류를 발견.
	'제2의 뉴턴'이라는 별칭을 얻음(16세).
1823	트리니티 칼리지에 수석 입학(18세).
1826	던싱크 천문대장 및 대학교 천문학 교수에 만장일치로 임명됨(21세).
1832	헬렌과 결혼(27세).
1835	기사 작위를 받음(30세).
1837	아일랜드 학사원장으로 취임(32세).
1865	사망(60세).

영국에 가도 아일랜드까지 가보는 사람은 거의 없다. 아일랜드는 오랜 기간 영국의 속국이었기 때문에 중요한 볼거리가 있을 법한데, 영국 이상의 것은 없는 듯하다. '대니 보이', '정원의 꽃들', 라푸카디오 한, 케네디나 레이건 두 미국 대통령의 집안이라면 일부러 갈지도 모르겠다.

아일랜드 사람을 비하하는 농담도 상당히 많다.

영국 농담에서 영국 사람은 모두 선량하며 범죄가 일어났다면 범인은 반드시 아일랜드인 아니면 외국인이라는 식이다.

아일랜드인이 역에 갔다.
아일랜드인: 왕복표를 주세요.
역원: 어디까지 가십니까?
아일랜드인: 물론, 여기까지지요.

아일랜드인이 고속도로에서 운전을 하고 있었는데 라디오에서 "고속도로에서 자동차 한 대가 거꾸로 달리고 있으니 주의하세요"라는 방송이 나왔다. 아일랜드인은 고개를 갸웃거리며 중얼거렸다 "한 대라니! 모두 반대로 달리고 있는데."

이러한 차별적인 농담이 미묘한 영향을 주는 것인지, 영국에 사는 사람들조차 바로 이웃한 아일랜드를 별로 찾지 않는다. 나 역시 영국에서 살았지만 아일랜드에는 가보지 못했다. 귀국하고 나니 왠지 후회스럽고 미안한 생각이 들었고, 여러 해 동안 아쉬움으로 남았다. 훌륭한 아일랜드인을 친구로 두고 있어서 그렇기도 했고, 귀국 후에 알게 된 아일랜드의 역사에 깊은 동정심을 느꼈기 때문이기

스위프트
[Swift, Jonathan. 1667~1745]
아일랜드의 풍자작가 · 정치평론가. 주요 작품으로 『걸리버 여행기』가 있다.

와일드
[Oscar Fingal Olahertie Wills Wilde. 1854~1900]
아일랜드의 시인 · 소설가 · 극작가 · 평론가. '예술을 위한 예술'을 표어로 하는 탐미주의를 주창하였고 그 지도자가 되었다. 동화집 『행복한 왕자』, 장편소설 『도리언 그레이의 초상』 등이 있다.

쇼
[Shaw, George Bernard. 1856~1950]
아일랜드의 극작가 · 소설가 · 비평가. 『홀아비의 집』, 『워렌 부인의 직업』, 『캔디다』, 『시저와 클레오파트라』, 『인간과 초인』 등 많은 희곡 작품으로 세계적인 극작가로 알려졌다. 1925년에 노벨 문학상을 받았다.

예이츠
[Yeats, William Butler. 1865~1939]
아일랜드의 시인 · 극작가. 자연(자아)의 세계와 자연 부정(예술)의 세계의 상극을 극복하려는 그의 고뇌는 현대시의 과제로 이어지는 것이었다. 시집 『오이진의 방랑기』, 산문집 『환상』 등이 있다. 1923년 노벨 문학상을 수상하였다.

조이스
[Joyce, James Augustine Aloysius. 1882~1941]
아일랜드의 소설가 · 시인. 빈곤과 고독 속에서 눈병에 시달리면서, 왕

도 했다. 그래서 천재 수학자 해밀턴이 태어난 나라 아일랜드를 방문하기로 결심하게 된 것이다.

1. 더블린의 빛나는 별들

9월 초순에 찾은 아일랜드는 한낮에도 섭씨 15도 정도로 쌀쌀했다. 추위 때문에 껴입을 스웨터를 샀을 정도였다. 아일랜드는 제2차 세계대전 때 중립을 선포하여 폭격의 피해에서 안전할 수 있었다. 이 나라의 멋진 거리에는 오래된 건물이 고스란히 남아 있다.

더블린은 유명한 문인들을 많이 배출한 곳으로 유명하다. 태어난 연도별로 꼽아 보더라도 『걸리버 여행기』의 *조나단 스위프트(1667년), 리처드 슈리당(1751년), *오스카 와일드(1854년), *버나드 쇼(1856년), *윌리엄 예이츠(1865년), 존 싱어(1871년), *제임스 조이스(1882년), *사무엘 베케트(1906년)로 이어진다. 대부분 이 작가들을 영국 출신이라고 생각하지만, 실제로는 아일랜드가 배출한 작가들이다.

통계에 따르면 잉글랜드의 인구는 350만 명에 지나지 않는데, 이 작은 나라에서 이렇게 걸출한 문인들이 다수 배출되었다는 사실이 놀랍다. 더욱 놀라운 것은 이 문인들이 모두 인구 55만 정도의 더블린에서 태어났다는 점이다. 믿기 어려운 일이다.

더블린 출신의 작가들을 헤아리면서 10킬로미터 이상을 걸었다. 흐리고 어두운 날씨, 딱딱하고 촌스러운 사람들의 표정은 영국에서 흔히 보는 풍경과 다름없었다. 다만 한 가지 차이가 있다면, 이곳 사람들이 쓰는 영어가 영국 본토인들보다 훨씬 아름답다는 것이다.

아일랜드는 원래 켈트국이었다. 켈트족은 카이사르(율리우스 시저)의 『갈리아 전기』에 나오는 바와 같이 일찍부터 유럽 대륙의 넓은 지역에 살고 있었지만, 로마제국이 강대해짐에 따라 쫓겨나와 그다지 크지 않은 면적의 이 섬까지 오게 되었고, 기원전 2세기경에는 이 섬의 주 세력이 되었다. 그후 1세기에 로마군의 침입을 받았고, 8세기에 바이킹의 습격을 받았으나 용맹스럽게 무찔렀다. 그러나 12세기에 쳐들어왔던 노르망 잉글리스에게는 국토의 반 이상을 정복당했으며 이때부터 상당한 혼혈이 이루어졌다고 한다. 그후에도 영국의 지배는 단속적이지만 계속되었으므로 켈트국이라고 해도 앵글로색슨의 피가 상당히 섞여 있다. 그러므로 영국 사람들은 스스로를 앵글로색슨이라고 말하지만, 웨일즈나 스코틀랜드 등 켈트족을 포함한 혼혈이 있으므로 겉모습으로 식별해내기는 어렵다.

모습은 식별하기 어렵지만 두 나라의 문화는 매우 다르다. 그것은 오래된 카페 '뷰리즈'에 들어섰을 때도 느낄 수 있었다. 이 유서 깊은 카페에는 검은 제복에 흰색의 앞치마를 두른 웨이트리스가 있다. 높은 천장에 알데코 식의 테이블이 있는 고풍적인 모습과는 상반되게 밝은 표정으로 담소하는 사람들의 시끌시끌한 소리가 넘쳐흐른다. 옆자리의 전혀 알지 못하는 사람들에게 이야기를 거는 이도 심심찮게 보인다. 영국에서는 이러한 분위기의 카페를 찾아볼 수 없다.

자연미로 유명한 서부를 보기 위해서 다음 날 아침 렌터카를 빌려 아일랜드 제3의 도시인 골웨이로 향했다. 간선도로임에도 불구하고 편도 1차선의 시골길이었다. 도로는 비어 있었고, 드문드문 몇 분 만에 다른 차 한 대를 추월할 정도였다. 평균 80킬로미터의 속도로 달려 대서양에 접한 골웨이에 도착했다. 골웨이까지 대략 2백 킬

성한 집필활동을 펼쳤다. 『젊은 예술가의 초상』, 『율리시스』, 『피네건스 웨이크』 등 의식의 흐름 기법을 사용한 난해하고도 실험적인 작품으로 20세기 문학에 커다란 변혁을 초래한 세계적인 작가로 평가된다.

베케트
[Beckett, Samuel Barclay. 1906~1989]
아일랜드 출생의 프랑스 소설가·극작가. 1938년 이후 프랑스에 정착하여 전위적 소설·희곡을 발표하였다. 희곡 『고도를 기다리며』, 소설 『몰로이』 등이 있다. 1969년 노벨문학상을 받았다.

로미터였으므로 약 3시간 만에 아일랜드를 횡단한 셈이었다.

도로 표지는 영어와 게일어(Gaelic; 아일랜드의 고어)가 병기되어 있어 번거로웠는데, 게일어는 이 나라의 제1공용어인 켈트어이다. 영국 지배 당시 민족어 탄압으로 인해 무식하고 교양 없고 가난한 사람들이 이용하는 말처럼 되어버렸지만, 20세기 말부터 국민의식이 성장하면서 부활되었고, 현재 초등학교에서 게일어를 가르치고 있다. 그럼에도 현재 이 게일어를 할 줄 아는 사람은 소수에 불과하다고 한다.

중세의 항구이자 시인 예이츠 등이 주도한 아일랜드 문예부흥운동의 중심지였던 골웨이는 활기차고 흥미로운 도시였다. 점심식사를 하기 위해 예약한 숙소가 있는 크리프텐으로 향했다. 해안을 따라 잠시 달려서 내륙으로 들어갔다. 황막한 땅이었다. 밭은 전혀 볼 수 없었으며 나무 하나 없는 산과 들에는 하얀색 바위가 눈에 띄었다. 빙하기가 끝났을 무렵에 빙하가 이동하면서 땅을 깎아냈다고 한다. 석회암 조각을 1미터 정도 높이에서 쌓아올린 돌담에 생기를 잃은 풀이 드문드문 나 있어 황량한 땅을 구분하고 있었다. 양이 매우 적은 흙이 바람에 날리지 않도록 하기 위해 고안된 것이다. 폭정을 일으켜 이곳까지 온 크롬웰이 "사람을 매달 나무도 목을 매달 나무도 없으며, 사람을 묻을 만한 흙도 없다"고 푸념한 장소였.

16세기에 영국 왕 헨리 8세가 스스로 아일랜드의 왕을 겸임한다고 선언한 이래 아일랜드는 영국에게 처참하게 유린되었다. 헨리 8세의 딸 엘리자베스 1세는 식민지 지배를 강화했고, 17세기 청교도 혁명에서 찰스 1세의 목을 자르고 공화국을 성립시킨 세력이었던 크롬웰 군대가 가톨릭 국가인 아일랜드에 상륙했다. 영국 내외의 반혁명세력이 여기에서 결집하는 것을 염려하여 가톨릭교도를 대량

학살하는 등 철저한 탄압이 이루어졌다. 더욱이 군자금 회수를 위해 가톨릭 소유의 땅과 자산을 대량으로 몰수했으므로 대부분이 가톨릭이었던 아일랜드 사람들은 이후 빈민층이 되고 말았다. 성전이라는 이름을 빌린 약탈이었다. 19세기 중엽에 자작농이 소유한 토지는 불과 3퍼센트에 불과했다. 1801년 병합 이래 영국은 아일랜드를 소작지화하여 엄청난 착취를 시작했고, 많은 사람들을 기근으로 굶어죽게 만들었다. 특히 1845년부터 4년 동안 감자 흉년이 들었을 때에는 많은 이들이 대기근으로 굶어죽거나 미국으로 이민을 떠났다. 이때 아일랜드는 총인구의 20퍼센트인 백만 명 이상을 잃었다. 그러나 사실 농민의 주식이었던 감자는 흉작이었지만 밀은 오히려 풍작이었다. 당시 밀은 유제품 등과 함께 영국으로 대량으로 수송되었던 것이다.

영국은 본국의 번영을 위해 아일랜드의 농업뿐 아니라 공업 발전 역시 가로막는 훼방꾼이었으며, 서부의 항구를 봉쇄하는 등 무역 활동까지 방해했다. 또 각종 차별적인 법률을 적용하여 교육과 노동의 기회마저 빼앗으면서 그들을 어리석고 무기력한 우민으로 만들려고 했다. 결국 자국의 자본주의 발전을 위해 식민지 아일랜드를 빈민의 섬으로 만든 것이다. 19세기에 인구가 감소한 나라는 전세계적으로 유일하게 아일랜드뿐이라고 한다.

작은 마을의 폐허 같은 돌담 옆으로 난 울퉁불퉁한 비포장도로로 접어들었다. 옛날에는 소나 말이 짐차를 끌었겠지만 오랜 세월이 흐르면서 바퀴자국마저 지워지고 말았다. 이곳에 있었을 민가나 사람들의 흔적도, 이곳에 번성했을 탄생, 사랑, 결혼, 출산, 죽음의 순환도 자취를 감추었으며 사람들의 기억에서조차 사라지고 말았다. 텅 빈 땅에 남아 있는 보잘것없는 잡초만이 존재하는 생명의 전부였다. 적막하고 쓸쓸한 마음이 들어 나도 모르게 큰 한숨을 내쉬었다.

황량한 주변을 바라보면서 적막한 도로를 지나는데 1미터 정도 높이로 쌓여 있는 말똥무덤 같은 것들이 보였다. 무엇인지 알아보려던 차에 길 끝에서 이 무덤의 것들을 수레에 싣고 있는 한 남자와 마주쳤다. 이 길에서 만난 유일한 사람이었다. 얼룩진 더러운 검은 바지에 흰색 셔츠를 입은 남자는 그것이 노천에서 채굴한 이탄이며 이 이탄은 이곳의 유일한 연료라고 했다. 나는 이 남자에게서 기념물로 이탄을 조금 얻어 일본으로 가지고 돌아가 난로에 태워볼 생각을 해 보았다. 남자는 몇 세기에 걸친 빈곤 탓인지 왜소한 체격이었다. 양을 기르며 근근이 살아가고 있는 그의 남루한 삶이 느껴지는 것 같았다.

2. 총명하고 건강한 미소년

더블린으로 돌아온 다음 날 아침, 트리니티 칼리지로 향했다. 약 4백 년 전에 세워진 아일랜드를 대표하는 이 대학은 해밀턴 이외에 작가인 조나단 스위프트나 사무엘 베케트 등이 공부한 장소이기도 했다.

번화가인 그래프턴 거리와 연결된 문으로 들어서자 중앙은 별천지처럼 조용했으며 전통을 그대로 보여주는 듯한 건물이 커다란 안뜰에 둘러싸여 정연하게 나란히 서 있었다. 이 주변의 모든 건물이 1800년까지 완성된 것이므로 해밀턴도 여기에 있는 학교 건물에서 공부하고 가르쳤을 것이다.

윌리엄 해밀턴은 1805년 더블린 시내에서 법률사무소를 경영하는 아버지의 아홉 자녀 중 넷째로 태어났다. 세 살이었을 때 더블린 근교인 트림으로 이사했고, 보조목사였던 작은 아버지 제임스에게 맡겨졌다. 아버지가 동생인 제임스에게 자식을

트리니티 칼리지는 1592년에 영국의 엘리자베스 1세에 의해 세워진 아일랜드에서 가장 오랜 역사를 가진 대학이다.

웰링턴
[Wellington, Arthur Wellesley. 1769~1852]
영국의 군인·정치가. 1814년 이후로는 군인보다도 오히려 정치가로서 활약하였고, 외교사절로서 여러 나라에 부임한 뒤, 1828년 보수당의 총리가 되었다.

맡긴 이유는 사업이 잘되지 않아 가계가 궁핍해졌던 이유도 있었지만, 트리니티 칼리지를 우등으로 졸업한 동생이 자신의 아들에게 최선의 교육을 해줄 것이라고 생각했기 때문이다. 더욱이 제임스는 커다란 대지가 있는 학교의 교장으로 있었고, 그곳에 어머니와 독신이었던 여동생들이 살고 있었으므로 안심하고 아들을 맡길 수 있었다. 보인 강에 인접한 이 트림교구학교(초·중·고를 일관한 작은 규모의 학교)는 오래전에 창립되었으며 워털루 전투에서 나폴레옹을 이긴 *웰링턴 장군도 여기에서 공부한 적이 있다.

소년 해밀턴은 아일랜드에서 가장 역사적 유적이 많다는 보인 강변의 아름다운 거리 트림에서 자랐다.

독특한 교육관과 고전에 대한 해박한 지식, 능숙한 어학 능력을 가진 작은아버지 밑에서 해밀턴은 일찍부터 재능을 키울 수 있었다. 그는 5세의 어린 나이에 영어와 라틴어, 그리스어, 헤브라이어까지 읽을 수 있었다고 한다. 신동이라는 소문은 곧 작은 마을에 널리 퍼졌고 이를 신기해하는 어른들 앞에서 해밀턴은 헤브라이어로 『성서』를 읽고 그리스어로 『호메로스』를 읽는 모습을 보여주었다. 10세 무렵에는 이태리어, 프랑스어, 독일어, 아랍어, 산스크리트어, 페르

라플라스

[Laplace, Pierre Simon de. 1749~1827]
프랑스의 천문학자·수학자. 오일러와 라그랑주 이래 미해결 문제로 남아 있던 목성과 토성의 상호섭동에 의한 궤도의 이심률과 경사각은 오랫동안 변화하지 않고 장주기변동을 한다는 사실을 증명하였으며, 이와 같은 획기적 성과를 체계화하여 1799~1825년 『천체역학』(전5권)을 출판하였다.

시아어까지 섭렵했다. 아름다운 경치를 감상하면서 즉흥시를 짓곤 했는데 영어로는 부족하여 라틴어로 시를 짓기도 했다. 아버지는 10세의 어린 나이에 10개 국어를 하는 아들을 무척이나 자랑스러워했으며, 작은아버지 제임스의 학교 선전 책자에도 소년 해밀턴이 소개되었다.

해밀턴의 재능과 관심은 한 방면으로만 치우친 것이 아니었다. 그는 암산의 천재로도 이름을 날렸고, 10세에 유클리드의 『기하학원론』을 읽었으며 12세에 뉴턴의 『프린키피아』를 읽으며 천문학에 흠뻑 빠지기도 했다.

제임스의 지도 방침은 확고했다. 그는 우선 국어, 고전어, 외국어를 완전히 몸에 익힌 다음에 야산에서 신체를 단련시키도록 했고, 이후에는 수학, 물리학, 역사학, 신학 등을 조금씩 가르쳤다. 이렇게 작은아버지의 지도 아래 성장했던 해밀턴이 15세가 되었을 때 전환점이 왔다. 트리니티 칼리지의 교수였던 보이턴에게 소개된 것이다. 그는 해밀턴에게 수학 선진국 프랑스의 수학책을 빌려주었다. 라그랑주나 *라플라스를 읽은 해밀턴은 수학에 완전히 매료되었다. 그리고 16세 때에는 당시 권위를 인정받고 있던 라플라스의 『천체역학』의 오류를 발견하여 전문가들을 놀라게 했다. 천문대장 브링클리는 그를 제2의 뉴턴이라고 극찬했다. 공식적인 학교를 다닌 적도 없으며 모든 기초교육을 작은아버지의 지도와 독학으로 마쳤던 해밀턴은 18세 때 트리니티 칼리지에 수석 입학했다. 당시 입학생의 평균 연령이 17세였던 데 비해 1년 가량 늦은 셈이었다. 작은아버지 제임스는 15세에 입학했다. 해밀턴이 1년 늦게 입학한 것은 수석을 노렸기 때문인 것 같다. 어쨌든 해밀턴이 수학을 본격적으로 공부하기 시작한 것이 15세 때이고 대학 입학도 남들보다 1년 늦었다는 사실은, 수학은 가능한 한 빨리 배워야 한다는 신화를 반증하는 사례라 할 수 있다.

대학에 입학한 다음부터 그는 더욱 눈에 띄는 학생이 되었다. 모든 시험에서 1등을 도맡아 했을 뿐 아니라, 20년 동안 수상자가 나오지 않았던 수학과 고전 영역에서 대상을 받았고, 영어에서도 두 번이나 학장상을 받았다. 과연 천재다웠다.

1학년 학생이 대상을 받는 전대미문의 쾌거가 더블린 전체에 알려졌고, 이후 해밀턴은 중상류계급의 모임에 종종 초대를 받아 참석하였다. 적당한 중간 키에 수영과 체조로 단련된 넓고 탄탄한 가슴, 총명하게 반짝이는 파란 눈, 밝은 미소와 재치, 해밀턴은 어린 나이에도 불구하고 사교계에서 가장 인기 있는 사람이 되었다. 그도 그러한 분위기를 즐겼을 것이다. 아버지에게 물려받은 단순한 성격 때문인지 해밀턴은 칭찬받는 것을 매우 좋아했다.

해맑은 표정을 한 해밀턴이 방안으로 들어서기만 해도 주변이 환해졌다. 그가 이 무렵에 사귄 사람 중에는 유명 작가 머라이어 에디우스도 있었다. 그녀는 해밀턴보다 서른여덟 살이나 연상이었지만, 해밀턴의 뛰어난 지성과 문학적 소양을 눈여겨보았고, 그후로 오랜 기간 동안 교류를 지속했다.

3. 불타오른 사랑과 불행했던 결혼생활

타고난 천재성으로 무엇이든지 순조로웠던 해밀턴이 19세가 되었을 무렵이었다. 그는 더블린 교외의 유명한 대저택에 살고 있던 18세 소녀 캐서린 디즈니를 짝사랑하게 되었다. 갈색 머리에 사랑스러운 푸른 눈을 가진 소녀에게 한눈에 반한 것이다. 처음 만난 날 저녁 모임에서 해밀턴은 다른 사람에게는 한마디도 하지 않고, 오로지 캐서린과의 대화에만 몰두하는 실례를 범했다. 식사 후에도 가늘고 하얀 손으로 하프를 연주하는 캐서린에게서 눈을 떼지 못했다. 이후 그는 같은 트리니티 칼리지를 다니던 캐서린의 오빠와 친구가 되었고, 공부를 도와준다는 명목으로 캐서린과 여러 번 만났다. 점차 두 사람은 사랑에 빠졌고, 캐서린의 어머니도 이들의 관계를 축복해 주었다.

해밀턴은 너무나 기뻤다. 누가 뭐라 해도 두 사람의 교제는 당시의 계급에 잘 어울리는 것이었지만 둘은 서로 키스를 나눈 적도 없었으며, 수줍은 해밀턴은 제대로 사랑 고백도 하지 못했다. 다만 자신의 여동생 이라이저에게만은 캐서린에 대한 마음을 털어놓았다. 이라이저가 디즈니 집안의 자매들과 친했기 때문에 아마 자기 생각을 전달해 줄 것이라고 생각했을 것이다. 다른 면에서는 언제나 자신만만했던 해밀턴이 유독 연인 캐서린에게만은 수줍어한 것이다.

그러나 마음속으로 오빠를 짝사랑해왔던 이라이저는 자신의 미묘한 감정 때문에 이 두 사람의 중간 역할을 하지 않았다.

수개월 후 해밀턴은 직접 쓴 사랑의 연시를 캐서린에게 보낸다.

용서해 주세요
더할 수 없는 이 기쁨을
가슴 벅찬 이 공상을.
그것은 단 하나뿐인 빛나는 모습
깨어나서 바라던 꿈을 상상하세요.
그것은 단 하나뿐인 희망의 모습
운명 속에서라도 함께 있고 싶습니다.

하지만 사랑의 시는 캐서린에게 닿기 전에 그녀의 아버지 손에 쥐어졌고, 결국 생각지 않던 방향으로 일이 전개되고 말았다. 경제력 없는 학생과의 교제에 대해 탐탁치 않게 여겨왔던 아버지는 딸을 중년의 부자 목사와 강제로 약혼시키고 말았다. 해밀턴은 그녀의 어머니로부터 갑자기 이 소식을 전해들었다. 그는 30년이 지난 후에야 다음과 같이 고백했다.

"따님의 연인이던 저에게 결혼 소식을 전할 수밖에 없었던 어머니의 표정이 잊혀지지 않았습니다. 따님을 진심으로 사랑해 온 저에 대한 동정, 눈물을 흘리면서 결혼을 파기해 달라고 애원하는 따님에 대한 연민 때문이었겠지요. 제 마음은 온통 비통함으로 가득했습니다."

19세이던 해밀턴은 큰 충격으로 절망한 나머지 병에 걸렸고, 오랫동안 우울증에 빠져 지냈다. 자살 충동까지 느낄 정도였으므로 이 1년 동안은 대학에서의 성적도 형편없었다. 결국 그는 실연의 상처로 인한 어두운 그림자를 지닌 채 살아가게 되었다.

겨우 실연의 아픔을 극복해 낸 해밀턴은 타고난 인생의 에너지를 수학과 물리학 그리고 시를 짓는 데 소모했다. 21세 때에는 수학을 광학 분야에 응용한 '광선계의 이론'을 논문으로 제출했고, 광선의 경로를 결정하는 것 이외에도 획기적인 특성함수를 처음으로 도입했다. 그것은 대단한 평판을 받았다.

탁월한 업적을 인정받은 그는 대학 4학년 때 케임브리지 대학 교수를 비롯한 여러 유력한 후보자 중에서 던싱크 천문대장 겸 천문학 교수로 추천되었다. 학부 학생이 교수로 발탁된 것은 전대미문의 일이었다. 해밀턴은 칼리지의 펠로우로 남을 것인가 아니면 수학 교

1865년경의 던싱크 천문대.

수의 길을 갈 것인가를 두고 고민했다. 대학의 과중한 수업 부담이나 인간관계로 인한 스트레스는 자유로운 연구를 방해할 것이었다. 또 한 가지 걸림돌은 칼리지에서 펠로우의 결혼을 허락하지 않는다는 사실이었다. 9형제 중 일찍 세상을 뜬 4명을 제외하고는 아무도 결혼한 사람이 없었다. 14세 때 이미 양친을 여읜 그는 가족 중에 유일한 남자였고, 가족을 돌보아야 하는 책임을 느꼈다. 그는 천문대장에게 넓은 저택이 제공된다는 점에 매력을 느꼈던 것 같다. 결국 천문대장직을 수락한 그는 가족과 함께 이곳에 모여 살았다.

젊은 천문대장은 수학계의 권위자이기도 했지만 동시에 장난을 좋아하는 젊은이였다. 방문한 손님들 앞에서 테라스의 가장자리를 걸어 보였고, 어떤 때에는 위험한 싸움까지 했다고 한다.

해밀턴은 본래 임무인 천체 관측은 조수에게 맡기고 자료 정리는 누이들에게 넘긴 채, 최우선적으로 수학 연구에 몰두했다. 앞서 발견한 광학 이론을 완성했고, 그것에 기초하여 쌍축 결정의 굴절광학에 관한 특별한 현상을 예언했다. 수학이 가진 예언의 힘은 특별하다. 해밀턴의 광학 이론은 맥스웰의 전자기파 존재 예언으로 이어졌고, 아인슈타인은 중력장을 이용하여 빛의 굴절 현상을 예언했다. 하지만 수학 이론으로 의외의 자연현상을 예언한다는 것은 당시로서는 이상한 일이었다. 따라서 이것이 나중에 실험으로 확인되자 커다란 센세이션이 일어났다.

마침내 해밀턴은 광학 이론을 역학 이론으로 확장시켰으며 특성 함수의 위력을 보여주었다. 그것은 오늘날에도 '해밀토니안'이라고 불리는 것이다. 한편 야코비의 업적과 합쳐진 '해밀턴 야코비 방정식'은 해석역학의 기본 방정식이 되었다. 또한 그가 생각하는 방법은 양자역학에도 도입되었다.

　　천문대장이 되고 얼마 지나지 않은 22세 때 그는 영국의 호수 지방에 사는 시인 *윌리엄 워즈워드를 방문했는데, 서른다섯 살 연상인 이 대시인과는 각별한 사이가 되었다. '수학과 시는 모두 상상력으로 얻는 것이며, 수학이 목표로 하는 진리와 시가 목표로 하는 아름다움은 같은 물체의 양면'이라고 믿었던 해밀턴은 직접 시를 짓기도 했다.

　　두 윌리엄은 서로의 재능을 존경했으며 인생의 친구가 되었다. 시 창작에도 일가견이 있었던 해밀턴은 자신의 시를 워즈워드에게 보여주었다. 아일랜드인을 비하하는 대개의 영국인들의 입장에서는 눈살을 찌푸릴 만한 일이었다. 하지만 해밀턴은 젊고 천진난만했기에 이런 행동이 가능했을 것이다. 한편 해밀턴의 보기 드문 재주에 열등감을 느낄 정도이던 워즈워드였지만, 그의 시에 대해서만큼은 높이 평가하지 않았다. 워즈워드는 다음과 같은 편지로 답했다.

　　"개인적으로 볼 때 귀하의 시에는 진실한 시 정신과 강한 감동이 넘치고 있습니다. 특히 6연과 7연이 매우 훌륭한데, 소리내어 읽으니 눈과 머리가 뜨거워지고 목소리가 떨릴 정도였습니다. 단, 제 의견에 그다지 신경 쓰지 않기를 바라며 한 말씀 드린다면, 기술적으로는 아직 많이 부족합니다. 6연과 7연도 기술적으로 완벽하지는 않습니다."

　　시인이 되겠다는 야망을 포기하도록 완곡하게 돌려 말한 것이

워즈워드
[Wordsworth, William. 1770~1850]
영국의 낭만파 시인. 콜리지와 공동으로 『서정가요집』을 출판하면서 영문학사상 낭만주의 부활의 한 시기를 결정지었다.

다. 그럼에도 워즈워드는 해밀턴의 뛰어난 지성에 반했고, 더블린 근교에 사는 그의 집을 세 차례나 방문했다고 한다. 최초의 방문에 대해서 여동생인 이라이저가 적고 있다.

"길 저편에서 윌리엄과 키가 큰 백발의 신사가 걸어왔다. 신사는 갈색 코트에 면으로 된 남쪽 지방의 바지를 입고 있어 눈에 띄었다. 집에서 기르던 그레이하운드가 반갑게 꼬리를 흔들며 뛰어들었다. 그는 '이곳에 넘쳐흐르는 야성과 우수가 마음을 적시네'라고 말했다. 워즈워드가 아니고서는 할 수 없는 표현이라고 생각했다. 시인의 말은 온통 시적인 표현뿐이어서 자연스럽게 느껴지진 않았지만, 당연하다고 생각했다."

워즈워드는 자신의 시를 해밀턴에게 읽어주었고 문학과 과학, 철학, 신학에 관해 깊은 대화를 나누었다고 한다. 해밀턴은 워즈워드와의 만남을 통해 자신의 목표가 최고의 시인이 되는 것만이 아니라는 것을 느꼈으며, 자신이 가장 노력해야 할 분야가 과학이라는 사실을 확실하게 알았다고 한다. 그렇다고 시 쓰는 것을 그만두어야 할 이유는 없었다. 그는 이후에도 과학에 대한 글을 쓰거나 대화할 때 시를 인용하거나 시적 표현을 즐겨 사용했다.

많은 나이 차와 몰두하던 분야의 차이를 넘어선 두 사람의 우정은 얼핏 보면 기이하게 생각될지도 모르지만, 워즈워드는 "해밀턴과 코르릿지는 내가 만났던 사람 가운데 가장 매력적인 인물이다"라고 말했다고 한다.

해밀턴은 27세가 되자 동정과 애정을 혼동했는지 두 살 위인 헬렌과 별다른 애정도 없이 결혼했다. 정직하다는 것말고는 별다를 게 없었던 평범한 헬렌을 반대했던 누이들은 결국 천문대의 저택을 나오고 말았다. 누이들이 걱정했던 대로 헬렌은 결혼할 때부터 건강하지 못하고 시름시름 앓으면서 해밀턴을 내조하기는커녕 평생 무거운 짐이 되고 말았다. 그녀는 남편과 지적인 대화를 나눌 정도의 교양도 없었으며, 허약한 몸 때문에 자주 친정으로 가 있었다. 또한 집안일에도 요령이 없어 하인들을 잘 부리지 못했

1855년경의 헬렌 해밀턴.

고, 하인들은 걸핏하면 도망가기 일쑤였다. 따라서 해밀턴의 서재는 늘 노트와 원고, 맥주병과 접시 등으로 어질러져 있었다. 해밀턴은 연구에 집중하면 식사도 잊은 채 열 시간 이상을 걸어다니곤 했는데, 남편의 습관을 이해하지도 배려하지도 못했던 헬렌은 그저 고기 한 조각과 흑맥주만을 식사 때마다 서재 입구에 놓아두었다고 한다.

그러나 헬렌만을 탓할 수는 없다. 그녀에게도 나름의 이유는 있었던 것이다. 헬렌은 남편으로부터 직접 그가 겪은 과거의 아픈 실연에 대한 이야기를 여러 번 들어야 했다. 그녀는 지참금도, 아무런 재주도 없는 노처녀인 자신을 받아들인 이 고명한 학자가 원한 것이 과거의 상처를 잊으려는 것이었다고 생각했을 것이다. 더군다나 믿고 의지하던 남편 해밀턴은 이 무렵 캐서린을 그리워하면서 시까지 지었다.

"……기쁨보다는 고통을 안은 채, 슬픔으로 가득 찬 인생을 참아내면서, 은은한 마음으로 묘지를 기다린다."

그는 애정 없는 결혼 생활, 지울 수 없는 캐서린에 대한 추억, 지

속되는 연구의 긴장을 해소하기 위해 술을 자주 마셨다. 공식 연회나 학회 후에 열리는 모임 등 장소를 불문하고 기회가 있을 때마다 술을 마셨다. 술에 취한 그는 특유의 유창한 언변을 자랑했다고 한다.

그러던 그에게 영예로운 두 지위가 주어졌다. 30세 때 기사 작위를 받았고, 그로부터 2년 후 아일랜드 학사원장이 된 것이었다.

해밀턴은 차츰 대수학의 기초에 관심을 가지게 되었다. 동시에 시간과 공간을 인식의 2대 원천이라고 생각하는 칸트 철학에 의심을 품고, 기하학은 공간의 과학이고 대수학은 시간의 과학이라는 기묘한 생각을 하기 시작했다. 따라서 대수학의 확고한 기반은 시간의 개념과 밀접한 관계를 갖지 않으면 안 된다는 생각에 많은 시간을 소비했다.

그와 동시에 불분명했던 복소수를 실수에 대해서 이론적으로 재구성하는 것에 성공한다. 그는 복소수가 2차원임에 주목했고, 3차원으로의 일반화를 이끌려고 고심에 고심을 거듭했다. 10년 남짓 사색한 결과 3차원을 초월하는 4차원으로 유도되었지만, 드디어 1843년 10월 16일 산책을 하던 해밀턴은 부르움다리에 도착했을 때 4원수(四元數) 개념에 도달했다. 이것은 a 곱하기 b와 b 곱하기 a가 다르다고 하는 점에서 혁명적인 대수 체계였다. 해밀턴은 갑자기 떠오른 번쩍이는 자신의 아이디어에 스스로 놀라, 주머니칼로 다리 위에 4원수의 기본식을 새겨놓았다고 한다.

4. 술과 연구에만 매달리던 남루한 인생

트리니티 칼리지는 늦여름의 태양을 받아 빛나고 있었다. 현관 안내실에서 "약 2세기 전에 이 학교를 졸업한 과학자, 윌리엄 해밀턴에 대해서 알고 싶은데요"라고 말하자, 바로 동창회 사무실을 가르쳐주었다. 다행히 이 여성은 해밀턴이 누구인지 잘 알고 있었으며, 해밀턴에 대해 트리니티에서 가장 상세한 정보를 가진 사람이어서

현재의 던싱크 천문대.

그녀로부터 컴퓨터과학 교수를 소개받을 수 있었다. 뚱뚱한 몸매에 붉그스름한 얼굴의 교수는 낯을 가리는 영국 교수와 달리 친절하게 여러 가지 자료를 보여주었으며, 던싱크 천문대장에게 소개장을 써주었다.

해밀턴, 제임스 조이스 등도 자주 이용했다는 궁전과도 같은 중앙도서관을 견학하고 나서, 탄크시에서 천문대로 향했다. 인상 좋은 운전수는 해밀턴에 대해선 알지 못했지만, "유명한 작가나 예술가 외에 위대한 수학자까지 있었다니, 아일랜드도 대단한 나라지요"라고 기쁜 듯이 말했다.

차를 타고 10킬로미터 정도 교외를 달렸다. 도중에 두 번이나 길을 묻고 나서야 천문대에 도착할 수 있었다. 정문을 열고 들어서자 3백 평 정도의 널따란 잔디 정원이 펼쳐져 있었고, 건너편에는 상아로 지은 듯한 건물과 녹색의 돔이 있었다. 예전에 보았던 사진과 비교해도 별다른 변화가 없는 듯했다. 맞은편 왼쪽에는 천문대장의 서재가, 오른쪽에는 관측용 시설이 있었다. 영국의 대시인 워즈워드에게 달려들었다는 개는 어디에도 보이지 않았다. 벨을 누르자 천문부

『4원수의 기초』 속표지.

대장이 나와 오랜 친구를 만나는 것처럼 우리를 반겼다. 그는 천문대를 안내해 주었고 해밀턴에 관한 자료를 복사해 주었다.

인상적인 것은 해밀턴이 사용했던 독서대였다. 나무상자 같은 모양으로 책상 위에 두고 사용하던 것이었다. 여기에 글씨 자국이 어지럽게 남아 있었는데 손끝으로 만져보니 상처가 많이 나 있어서인지 매끄럽지 못하고 거친 감촉이 느껴졌다.

그것은 4원수 발견 이후의 고충을 말해주는 듯했다. 4원수는 처음의 예상보다 큰 반향을 불러일으키지는 못했다. 그는 이 발견이 뉴턴의 미적분 발견에 필적하는 것이라고 믿었으며, 물리 분야의 획기적인 응용을 도와줄 것이라고 생각하고 연구했지만 실패하고 말았다.

해밀턴은 1년 이상 집을 비웠고, 어머니나 누이동생 집에 머물면서 아내와의 관계는 더욱 냉랭해졌다. 4원수를 발견한 지 2년이 지난 해에 일어난 대기근에서 많은 친구들이 굶어 죽는 것을 방관한 채 추상적인 진리만을 추구했던 자신에 대해 회의가 들었는지도 모른다.

해밀턴은 술에 의존하면서도 수학 연구에 매진했다. 자신의 영광과 대기근으로 고통받는 조국을 위해 분투했던 것이다. 그가 죽은 후 서재에서는 가득히 쌓여 있었던 2백 권 이상의 책 사이에서 먹다 남은 고기 뼈와 먹을 수 없을 정도로 바짝 마른 고깃덩어리가 나왔다고 한다.

늙은 몸을 추스리면서 집념을 불태웠던 연구는 그야말로 지독한 것이었지만 독창적인 성과는 거두지 못했다. 고심 끝에 완성된 7백 페이지를 넘는 저서 『4원수 강의』는 너무 난해하여 아무도 이해할 수 없었다. 이를 알기 쉽게 간단히 요약해 달라는 수학자 *드 모르강이나 천문학자 *허셸의 요청에 따라 다시 『4원수의 기초』를 썼지만 8백 페이지를 넘는 방대한 분량 때문에 생전에 출간되지 못했다. 아무도 이해하지 못했기 때문에 토의할 상대도 없었으며, 모든 것을 하나하나 스스로 증명해 내야 했기 때문이다. 사소한 미로에 빠지는 일도 적지 않았다.

무엇보다 괴로웠던 것은 어느 누구에게서도 명예로운 말이나 격려를 듣지 못했다는 사실이다. 수학자가 학회나 심포지엄에 출석하는 것은 연구를 위한 교제나 새로운 지식을 습득하기 위한 것이다. 그도 연구자끼리 나누는 격의 없는 대화 속에서 칭찬 또는 격려의 말을 들으며 그들과 함께 연대감을 느끼길 바랐을 것이며 그것은 그의 고독한 연구를 이겨내게 해주었을 것이다. 그러나 4원수 발견에서부터 통풍과 기관지염으로 60세를 일기로 죽기까지 20년 이상의 이 기간은 해밀턴에게 너무나 쓰라린 시기였다.

이 좌절의 기간 동안에도 그의 마음을 위로해 준 것은 첫사랑 캐서린과의 추억이었을 것이다. 그는 평생 캐서린을 잊지 못했다. 캐서린은 불행한 결혼생활을 하고 있었으며, 그때까지도 여전히 해밀턴을 사랑하고 있었다. 친구인 그녀의 오빠로부터 이 말을 전해 들은 해밀턴은 더욱 마음이 아팠을 것이다.

45세 때 그는 지금은 폐가가 되어버린 캐서린을 처음 만났던 집을 방문하였다. 그윽한 황혼의 태양 빛 아래 선 해밀턴은 26년 전 캐

드 모르강
[de Morgan, Augustus. 1806~1871]
영국의 수학자·논리학자. '수학적 귀납법' 개념을 도입하여 경험과학과 수학적 증명에서의 귀납법의 차이점을 강조하고 근대적인 대수학을 개척했다.

허셸
[Herschel, William. 1738~1822]
독일 태생 영국의 천문학자. 1781년 최초로 천왕성을 발견하고, 1800년에는 적외선을 발견했다.

서린이 서 있던 마루에 조용히 입을 맞추었다.

천문대 지하실 문에 젊은 캐서린의 초상화가 걸려 있었다. 반소매의 흰 블라우스를 입은 캐서린은 아내인 헬렌과 완전히 달랐다. 부드러운 갈색 머리와 투명한 핑크빛 피부, 상냥하고 지적인 눈을 가진 사랑스러운 여성이었다.

해밀턴이 48세였을 때 캐서린이 오빠를 통해 선물을 보냈다. 상자 속에는 연필 케이스가 있었는데 겉에는 다음과 같이 적혀 있었다.

"그대가 잊어서는 안 될 사람, 냉정해져서도 안 될 사람, 그리고 그대를 다시 한 번 만날 수 있다면 너무 행복해 죽고 말 사람으로부터."

해밀턴은 즉시 그녀에게로 달려갔다.

캐서린은 죽어가고 있었다. 다른 이의 아내인 유부녀를 만나는 것이 죄라 할지라도 해밀턴에게는 문제가 되지 않았다. 그는 주위의 이목을 무시하고 용기를 내어 그녀를 문병했다. 해밀턴은 난로 옆 소파에 힘없이 누운 캐서린을 향해 무릎을 꿇고 "나의 생애를 건 작품입니다"라고 하면서 『4원수 강의』를 바쳤다. 서 있는 그의 손을 잡은 채 캐서린은 입을 꼭 다물었다. 두 사람은 태어나서 처음으로 입을 맞추었다.

2주 정도의 시간이 흐르고 결국 캐서린은 저세상 사람이 되었다. 그녀의 죽음을 전해 들은 해밀턴은 반미치광이가 되었다. 그는 캐서린의 오빠에게 그녀의 머리카락과 그녀가 쓴 시를 구해 달라고 말했다. 그녀는 해밀턴이 보낸 편지를 침대 밑에 감추어두고 있었다. 그는 캐서린의 초상화를 빌렸고, 그것을 더블린의 화가에게 그대로 베껴 그리게 했다. 지하실 문앞에 있는 초상화는 그 당시의 것

해밀턴이 4원수를 발견했던 부르움 다리에 서 있는 필자.   다리의 벽에 새겨진 비문.

인지도 모른다.

30년이나 지속된 사랑이었다. 만나는 것도 편지를 보내는 것도 마음대로 할 수 없었지만, 이처럼 긴 세월을 변함없이 그리워했다는 점에서 해밀턴의 진면목을 볼 수 있다.

그는 강한 인내와 집념을 가진 남자였다. 무엇이든 한 가지에 빠지면 쉽게 포기하지 못했으며 그런 지구력으로 수학을 연구했다. 스스로 발견했던 특성함수에 빠진 그는 10년 이상이나 그것에 집착했으며, 광학에서 역학의 전 분야로 연구 분야를 확장한 것도, 4원수의 극적 발견에 취해 있던 그가 20년 이상이나 그 응용에 정진한 것도 이러한 집념에서 나온 것이었다.

5. 부르움 다리에 새겨진 4원수의 기본식

평생 그리워할 수밖에 없는 사람, 보고 싶어도 멀리 떨어져 있어 만날 수 없는 사람을 생각하는 일편단심. 시린 가슴을 안은 채 천문대를 나와 택시에 올라탔다. 4원수 발견으로 유명한 부르움 다리로 향했다. 천문대에서 3킬로미터 정도 떨어진 곳에 있었는데, 전원을 가로지르는 운하 위에 돌로 만든 작은 다리였다. 역사적 발견이 이루어진 현장이라는 생각에 들떠 나도 모르게 흥분해서 달려갔다. 다리 옆으로 내려가서 아래쪽을 둘러보니 폭 5미터 정도의 작은 운하에 연결된 벽에 비문이 새겨져 있었다.

"1843년 10월 16일, 윌리엄 해밀턴은 천재적인 영감이 떠올라 4원수의 기본식을 발견하고 그것을 이 다리에 새겼다. $i^2=j^2=k^2=ijk=-1$"

해밀턴이 직접 새긴 식은 보이지 않았지만 비문에 살짝 손을 갖다 대자 그의 인생 최대의 환희가 손가락을 통해 전류처럼 내 가슴까지 전해져왔다.

해밀턴이 산책하던 운하에 연결되는 작은 길을 걸어보기로 했다. 이 길에서 해밀턴은 환희와 함께 눈물을 삼켰을 것이다. 영광과 비극의 작은 길은 해밀턴이 걸었던 길이요, 아일랜드가 걸어간 하나의 길이었다. 점점 다리가 무거워지는 것을 느꼈다.

얼마나 걸었을까? 택시 운전수가 다리 위에서 "괜찮으십니까?" 하고 물었다. 나는 조용히 고개를 끄덕였다. 그는 내 표정을 살피더니 조금 당황하면서 "그럼, 천천히 구경하세요" 하고는 다리 맞은편으로 사라졌다.

수학자가 남긴 한마디

"그대가 잊어서는 안 될 사람, 냉정해져서도 안 될 사람 그리고 그대를 다시 한 번 만날 수 있다면 너무 행복해 죽고 말 사람으로부터"   - 해밀턴이 평생 사랑했던 캐서린에게서 온 편지 중에서

쉬어가는 페이지

크레타의 역설

괴델의 불완전성 정리를 간단하고 일상적인 이야기로 설명할 수 있다. 이 이야기는 '크레타의 역설' 또는 '거짓말쟁이의 역설'로 알려져 있다.

크레타 섬에 살고 있는 에피메니데스는 어느 날 "나는 거짓말쟁이다!"라고 주장했다.

이 문장은 참인지 거짓인지를 판별하려고 하면 역설적인 결과를 낳게 된다.

먼저 이 문장은 참이라고 가정해 보자. 그렇다면 에피메니데스는 거짓말쟁이다. 그러나 우리는 그의 주장을 참이라고 가정했기 때문에 에피메니데스는 분명 사실을 말한 것이다. 즉 그는 거짓말쟁이가 아니다. 이것은 누가 봐도 모순된 결과이다.

이 문장을 거짓이라고 가정하면 에피메니데스는 거짓말쟁이가 아니다. 그런데 우리는 위 문장이 거짓이라고 가정했으므로 거짓말을 한 에피메니데스는 거짓말쟁이가 분명하다. 이 경우 역시 또 다른 모순이 생긴다.

결국 이 문장이 참이든 거짓이든 상관없이 우리는 항상 모순된 결과를 얻게 되는 것이다. 따라서 이 문장은 참도 거짓도 될 수 없다.

괴델은 위 문장을 수학적 언어로 표현함으로써 참이지만 증명할 수 없는 즉, 결정 불가능한 명제가 수학에 존재한다는 사실을 증명한 것이다.

소냐 코발레프스카야

영원한 진리, 한순간의 인생

업적
- 코시 코발레프스카야의 정리 증명
- 고정점을 둘러싼 강체의 회전 증명

Sonya W. Kowalewskaja(1850~1891)

편미분방정식의 핵심 이론인 '코시 코발레프스카야의 정리'를 증명했다. 초타원함수를 이용하여 '고정점을 둘러싼 강체의 회전'을 밝혔는데, 이 논문으로 프랑스 최고 과학상인 보르당상을 수상하였으며 파리 과학아카데미의 논문으로 채택되는 영예를 안았다.

약력

1850	러시아 모스크바의 귀족 집안에서 태어남. 외가 조부모 모두가 저명한 과학자였음.
1864	가정교사에게서 처음 수학을 접함(14세).
1868	코발레프스키와 위장결혼, 유학길에 올라 하이델베르크 대학에서 1년간 청강(18세).
1870	근대 해석학의 아버지 바이어슈트라스의 제자가 됨(20세).
1874	「편미분방정식의 정리에 대해서」라는 논문에서 '코시 코발레프스카야의 정리'를 증명, 박사 학위를 받음(24세).
1879	파리에서 빛의 굴절에 관한 수학적 연구에 매진(29세).
1888	논문 「고정점을 둘러싼 강체의 회전」이 프랑스 최고 과학상인 보르당상 수상, 파리 과학아카데미의 논문으로 채택(38세).
1891	사망(41세).

소냐 코발레프스카야는 헬싱키에서 스톡홀름으로 향하는 증기선 갑판 위의 뱃전에 몸을 기대고 서 있다. 오전 9시인데도 초겨울의 북쪽 나라는 여전히 어둡다. 바람 없는 잔잔한 바다로 미끄러지듯 나아가던 배가 서서히 속도를 늦추기 시작하자, 짙은 녹색의 울창한 섬들이 좌우로 펼쳐진다. 드디어 마스트와 하얀 돛대 너머로 스톡홀름 시내가 어렴풋하게 보이기 시작한다. 밀집한 건물들 사이에 녹색의 교회 첨탑들이 하늘을 찌를 듯 서 있다.

초대를 받고 처음 방문한 스톡홀름. 그녀는 가슴속에 정체 모를 아련함을 느낀다. 스톡홀름 대학의 강사로서 새로운 생활을 시작하게 된 것이다. 일이 잘 풀리면 1년 내에 세계 최초의 여성 교수가 될 예정이었다.

"이곳을 제2의 고향이라고 생각하고, 뼈를 깎는 고통을 주었던 *미타크 레플러 교수에게 보답하기 위해 최선을 다할 것이다."

고국 러시아에 비하면 이곳의 추위는 아무것도 아니었지만, 소냐는 부르르 몸을 떨었다.

레플러
[Magunus Gosta Mittag-Leffler, 1846~1927]
스웨덴의 수학자. 해석학 분야에서 선구적인 업적들을 남겼다.

1. 애정에 굶주린 소녀

소냐 코발레프스카야는 1850년 모스크바에서 태어났다. 아버지 크류코브스키는 귀족 출신의 포병 대령이었고 어머니는 러시아에 머물던 독일 명문가의 자제였으며, 외조부모는 모두 저명한 과학자였다.

아름다운 어머니는 피아노를 잘 쳤으며 외국어 실력도 뛰어났다. 첫 아이로 딸을 얻은 부부는 크류코브스키 가문을 빛내고 자신

소냐가 사용했던 유품.

들의 혈통을 이어줄 사내아이의 탄생을 기다렸다. 결혼한 지 6년째 되는 해에 둘째를 임신한 어머니는 귀여운 모자에 파란 리본을 장식하고 사내아이를 기다렸다. 하지만 산파에게서 넘겨받은 아이가 다시 딸이라는 사실을 안 그녀는 자신도 모르게 눈물을 흘렸다. 축복받지 못한 이 불행한 아이가 바로 소냐였다.

5세였을 때 소냐는 축복받지 못한 자신의 출생에 대해 우연히 듣게 된다. 아이가 막 잠들었다고 생각한 유모가 하인에게 귀엣말을 했던 것이다.

"저 조그마한 아이는 아무도 귀여워하지 않아. 아무도 돌보려 하지 않는다구. 아뉴다가 태어났을 때는 부모는 물론이고 친척들까지 모두 모여 큰 잔치를 벌였지. 언제나 아뉴다를 데리고 다녀서 내가 직접 돌볼 시간조차 없었어. 그것이 소냐하고 아주 다른 점이지. 사모님은 2년 후에 다시 아기를 낳을 때까지 계속 우울증에 빠져 계셨다니까."

소냐는 늘 칭찬을 받는 아름다운 언니 아뉴다를 생각했다. 책을 많이 읽는 언니 아뉴다는 재능과 기지가 풍부하고 유머가 뛰어나 언제나 손님들을 즐겁게 했다. 학예회에서도 항상 주인공을 도맡아 했다. 아뉴다는 너무나 자연스럽게 어머니의 품에 안겨들어 뽀뽀했지만, 소냐의 동작은 언제나 어색했으며, 가끔 냉정한 어머니의 무릎에 올라가기 위해 치마를 잡아당기다가 야단을 맞기도 했다. 소냐는 부엌 한구석에 서서 언니와 동생이 어머니에게 어리광을 피우는 모습을 쳐다보는 것으로 만족해야 했다. 이 무렵 소냐의 머릿속에는 "나는 귀엽지 않아"라는 강한 트라우마(trauma, 정신적 외상)가 각인되었고, 이 생각이 평생 그녀를 따라다녔다. '완벽한 사랑'에 대한 결핍과 그에 대한 갈망이 그녀의 인생을 지배하고 괴롭혔으며 종종 불행한 선택으로 몰아갔다.

8세였을 때 아버지가 포병 중령으로 퇴역하자 일가는 백러시아(현재의 벨라루시) 근처의 작은 마을 파리비노로 이주했다. 숲으로 둘러싸인 커다란 저택에서 소냐는 영국인 여자 가정교사의 엄격한 교육을 받았다. 아침 일찍 매일같이 냉수마찰을 하고, 산책과 독서, 피아노와 외국어를 공부했다. 상류 가정의 자녀로서 다른 서민 가정의 아이들과 함께 어울려 놀 수도 없었다.

소냐는 여자 교사에 이어 새로 들어온 남자 교사에게서 처음으로 수학을 배웠다. 가정교사로부터 소냐의 뛰어난 수학적 재능을 전해들은 아버지는 매우 기뻐하며 그녀를 크게 칭찬했다. 애정에 굶주려 있던 소냐는 아버지의 칭찬과 격려에 감격했고 더욱 수학 공부에 몰두하게 되었다. 14세 때의 일이었다.

2. 대문호 도스토예프스키를 짝사랑한 귀족의 딸

나는 지도에서도 찾을 수 없는 파리비노를 방문하는 일은 거의 불가능하다고 생각하여 오래전부터 체념하고 있었다. 그때 마침 벨라루시 과학아카데미의 벨니크 교수가 나를 민스크로 초대했다. 내가 "소냐 코발레프스카야가 자랐던 파리비노가 여기서 멉니까?"라고 묻자 그는 "대략 4백 킬로미터 정도되니 나와 같이 가봅시다. 나도 꼭 한번 가보고 싶었던 곳입니다"라고 대답했다.

그날 아침 벨니크 교수는 내가 머물고 있던 소박한 숙소로 정말 소박한 차를 가지고 왔다. 몇십 년 전에 나온 소련제 소형차였는데, 교수의 한 달 월급보다 약간 많은 150만 원 정도에 구입한 것이라고 했다. 4백 킬로미터나 떨어진 곳까지 어떻게 가야 할지 걱정하고 있었는데 운전석에서 벨니크 교수의 큰딸 와랴가 내렸다. 청바지를 입은 긴 다리의 미녀였다. 그녀는 "아버지 혼자 가시는 게 걱정돼서 같이 왔어요"라고 말하면서 동그란 눈으로 나를 쳐다보고는 생긋 웃었다. 멋진 여행이 될 것 같았다.

산은 없고 숲과 밭, 목장으로 이어지는 끝없는 평원이었다. 그 길 끝에 만난 농부들이 산더미같이 쌓인 사과를 바구니에 옮겨 담고 있었다. 아침식사를 하기 위해 차에서 내린 우리 일행은 사과를 사려고 농부들에게 다가갔다. 바구니에는 작은 사과가 20개 정도 들어 있었다. 4만 루블이라는 대답을 듣고 당황했지만, 루블을 달러로 계산하고 달러를 다시 바꿔 보자 겨우 몇백 원에 불과한 가격이었다. 모양도 제각각이고 벌레가 파먹은 것도 보였다. 맛도 그저 그런 시큼한 사과 맛 그대로였다. 교수는 빵 한 덩어리와 우유 1리터가 대략 백 원 정도이니, 돈이 별로 없어도 살아갈 수 있을 거라고 말했다.

샤갈이 태어난 빈테브스크에서 하룻밤을 묵은 다음 국경을 넘어 러시아로 들어갔다. 그곳에서 자동차로 1시간 정도 달려 파리비노 마을에 도착했다.

소냐가 어린 시절을 보낸 곳은 수만 평이나 되는 엄청난 부지 위에 지어진 수백 평 규모의 대저택이었다. 구소련 시절 고아원으로 사용되면서 실내가 많이 황폐해져 있었다.

저택 안으로 들어가 소냐의 방이라고 생각되는 곳에서 서너 장의 사진을 찍었다. 벽에 씌어 있을 것 같았던 수학 공식은 보이지 않았다. 벽을 다시 칠하면서 없어졌을 것이다. 부지 안에는 커다란 나무로 둘러싸인 산책길이 있었다. 소냐가 여자 가정교사와 매일 아침 걸었던 길이었다. 부모의 사랑에 목말라했던 소냐와 근엄한 영국인 가정교사의 딱딱한 표정이 보이는 듯했다.

파리비노에 있는 소냐가 살았던 대저택.

도스토예프스키

[Dostoevskii, Fyodor Mikhailovich, 1821~1881] 러시아의 소설가. 톨스토이와 함께 19세기 러시아 문학을 대표하는 세계적인 문호이다. 『카라마조프의 형제들』 등 그의 작품세계의 인물들은 한결같이 이 세상에서 사는 사람이 필연적으로 짊어져야 하는 '긍정과 부정'의 상극을 작가 자신과 더불어 체현시킨 것이다.

벨니크 교수가 저택 관리인에게 부탁하여 소냐의 유품을 모아둔 방에 들어가 볼 수 있었다. 소냐가 입었던 조끼, 오버코트, 구두 등이 있었다. 구두의 길이가 20센티미터 정도인 것으로 보아 소냐의 키는 150센티미터 남짓으로 작았던 것 같다. 귀족의 딸답게 가구나 장식품도 매우 훌륭했다. 부족했던 부모의 사랑을 제외한다면 소냐는 부족함 없는 넉넉한 환경에서 재능을 키우며 자란 셈이다.

이 무렵 크류코브스키 집안에 사건이 일어났다. 언니인 아뉴다에게 작가인 *도스토예프스키의 편지가 배달된 것이다. 아뉴다는 문예지 『시대』에 몰래 자신의 소설을 보냈는데, 이 잡지의 편집장이었던 도스토예프스키가 소설을 읽고 격찬하는 편지를 보낸 것이다. 아뉴다는 몸이 마비될 정도로 흥분했지만 소냐 이외의 가족에게는 비밀로 했다. 두 번째 작품도 『시대』에 게재되었다. 게재지가 도착할 때마다 자매는 손을 마주잡고 기뻐했다. 비밀을 지키기 위해 소설은 집안일을 돕던 일꾼의 이름으로 투고되었다. 어느 날, 하인 앞으로 온 이 우편물의 겉봉을 본 아버지가 아뉴다를 불러 그 앞에서 바로 개봉하도록 했다. 봉투 안에는 3백 루블 남짓한 원고료가 들어 있었다. 아버지는 불같이 화를 내며 말했다.

"아버지를 속이면서, 알지도 못하는 남자에게 편지를 받고, 심지어 돈까지 받는 네 장래가 어떻게 될지 모르겠구나! 비록 오늘은 작품을 팔았지만, 나중에는 몸을 팔게 될지도 몰라."

아버지는 한동안 아뉴다와 말도 하지 않았지만, 소설을 읽고 감동한 어머니의 중재로 겨우 화해할 수 있었다. 아뉴다가 자신의 소설을 낭독해도 좋다고 동의했던 것이다. 가족 모두가 모인 자리에서 아뉴다는 떨리는 목소리로 소설을 읽기 시작했다. 여주인공은 아뉴다 자신이었으며 모두들 귀를 쫑긋 세우고 소설 속으로 빠져들었다. 여주인공이 침대에서 죽어가면서 자신의 잃어버린 청춘을 탄식하는 마지막 장면에 이르자, 아뉴다의 목소리는 울먹거렸고 몇 번 끊기기도 했다. 끝까지 듣고 난 아버지가 눈물을 글썽이며 묵묵히 방을 나왔고, 그후 편지를 보여준다는 조건으로 도스토예프스키와의 편지 연락을 허락해 주었다.

15세이던 어느 겨울 소냐는 어머니, 언니와 함께 수도 페테르부르크(현재 상트 페테르부르크) 시로 갔다. 정월에 어머니의 고향을 방문하는 것은 늘 있는 일이었다. 이곳에 그들의 별장이 있었다. 에르미타슈 미술관에서 걸어서 15분 정도 되는 곳이었는데, 큰 대로변에 자리한 그 3층 건물은 오늘날까지도 그대로 남아 있다. 세 사람은 60킬로미터 떨어진 빈테브스크 역까지 6마리 말이 끄는 마차를 타고 가서 그곳에서 기차로 바꿔 타고 하루 밤낮을 달려갔다. 숲과 호수밖에 보이지 않는 넓은 벌판을 가로지르는 여정이었다.

페테르부르크에서는 도스토예프스키를 만났다. 아내와 형을 연달아 잃어 상심하고 있던 도스토예프스키는 젊고 총명한 아뉴다를 보고 한눈에 반했다. 늘씬한 외모에 섬세하고 아름다운 얼굴, 블론드색의 긴 머리카락, '옹디누의 눈동자와 같은 녹색'의 눈을 가진 아뉴다의 자태는 마흔을 갓 넘긴 이 위대한 작가를 황홀하게 만들어 버렸다.

도스토예프스키는 그녀가 머물던 별장에 자주 들렀는데, 아뉴다는 그를 존경하고 숭배했지만 사랑하지는 않았다. 대신 두 사람 사이의 논쟁은 끊이지 않았다. 도스토예프스키가 "요즘 젊은이들은 철이 없어. 그들은 푸슈킨보다 번쩍이는 가죽 구두를 더 소중하게 여기지"라고 말하면, 그가 푸슈킨을 존경한다는 사실을 알던 아뉴다는 "푸슈킨은 이미 우리들 세계에서는 시대에 뒤떨어진 사람이에요"라고 응수했다. 도스토예프스키는 화가 난 채 방을 나와버렸고, 이 광경을 목격한 소냐는 내심 기뻤다. 자신의 나이보다 3배 이상 연상이던 도스토예프스키에게 몰래 연정을 품고 있었기 때문이다.

어느 날 화가 난 도스토예프스키가 아뉴다에게 말했다.

"당신은 천박하고 너그럽지 못해. 소냐는 아주 어리지만 나를 잘 이해해 주지. 소냐는 순수한 영혼을 가지고 있어."

소냐는 너무 기쁜 나머지 얼굴이 빨개졌고 그에게 자신의 진심을 밝히고 싶다고 생각했다. 도스토예프스키는 언젠가 "당신의 여동생은 몇 가지 점에서 당신보다 아름다워. 표정도 풍부하고 그 눈 속에 집시 같은 눈빛이 살아 있지"라고 말한 적도 있었다.

그럼에도 불구하고 며칠 후 소냐는 깊은 좌절을 맛보았다. 소냐

코발레프스키
[Kovalevskii, Vladimir Onufrievich. 1842~1883]
러시아의 고생물학자. 동물학자 A.O. 코발레프스키의 동생이며, 수학자 소냐 코발레프스카야의 남편이다. 1880년 이후 모스크바 대학교 교수로 지냈으며, 포유류의 화석을 연구하였다. 후에 사업 실패로 자살했다.

는 음악을 좋아하는 도스토예프스키를 기쁘게 해주려고 언니와 그의 앞에서 베토벤의 소나타 〈비창〉을 연주했다. 열심히 피아노 연주를 끝내고 뒤를 돌아본 순간 두 사람이 보이지 않았다. 그때 모퉁이에 있는 작은 방에서 인기척이 들려왔다. 커튼이 내려진 어둠 속에서 두 사람의 낮은 목소리가 들려왔다. 둘은 긴 의자에 걸터앉아 있었고, 촛불을 켠 도스토예프스키가 긴장된 얼굴로 아뉴다의 손을 잡더니 정열적으로 그녀를 끌어안았다.

"처음 본 순간부터 당신을 사랑하고 있었소. 친구로서가 아니라 온 몸과 온 마음으로 사랑하고 있소."

소냐는 자기 방으로 들어와 눈물을 흘리며 쓰러졌다.

다음날 아뉴다는 소냐에게 말했다.

"그가 착하고 독창적인 천재라는 것은 인정해야겠어. 하지만 그의 아내가 되는 사람은 자신을 버리고 헌신적으로 노력해야 할 거야. 하지만 나는 나 자신을 위해서 살고 싶어."

소냐는 언니를 이해할 수 없었다. 왜 그와의 행복을 거부하는지 알 수 없었다. 그렇지만 소냐 자신이 그토록 동경했던 언니여서일까. 후에 소냐는 언니의 이런 태도를 그대로 물려받았다. 도스토예프스키는 이 해에 『죄와 벌』을 집필하기 시작했다.

3. 근대 해석학의 아버지 바이어슈트라스와의 만남

소냐는 18세 때 백러시아 귀족 출신으로 유명한 동물학자를 형으로 둔 *코발레프스키와 결혼했다. 화려한 결혼식이었지만 그것은 아뉴다와 소냐가 꾸민 위장결혼이었다.

당시 러시아의 젊은 인텔리 여성들 사이에는 제정 말기의 폐쇄적인 러시아를 탈출해서 외국의 대학으로 유학을 가는 것이 유행처럼 성행했다. 그녀들이 반대하는 부모를 설득하기 위해 생각한 방법이 바로 위장결혼이었다. 해외에 나가 공부하고자 하는 여성의 바람을 이해하는 남성과 위장결혼하여 친권을 남편에게 옮겨놓으면, 자유롭게 외국으로 나갈 수 있기 때문이었다. 결혼한 이들 부부는 나란히 출국하여 약속한 대로 아내가 다닐 대학에 신부를 남겨두고 신랑 혼자 귀국했다. 사회적인 압제 속에서 자유를 갈망하던 여성들 사이에 성행하던 이러한 위장결혼은 숭고한 행위로 암묵적으로 용인되었다. 실제로 수백 명의 상류층 처녀들이 이러한 방법으로 목적을 달성했다.

소냐와 아뉴다는 코발레프스키와 헤어진 후 하이델베르크로 향했다. 기차 속에서 소냐는 수학의 심연을 연구해 보기로 마음먹었고, 아뉴다는 사회운동과 문학의 힘으로 오래된 부르주아 체제를 타파하여 유럽을 변혁시키는 일을 하고자 결심했다.

소냐는 하이델베르크 대학에서 1년 동안 청강생으로 쾨니히스베르거의 타원함수론, *키르히호프나 *헬름홀츠의 물리학, *분젠의 화학 강의 등을 들었다. 여름방학에는 남편과 함께 런던을 방문하여 다윈이나 작가인 *조지 엘리엇 등을 만나고 왔으며 런던에서 돌아온 뒤에는 곧바로 베를린으로 향했다. 해석함수론의 기본을 완성했으며 근대 해석학의 아버지라고 불리는 *바이어슈트라스 밑에서 배우기 위해서였다. 하지만 당시만 해도 대학의 학풍이 폐쇄적이어서 여학생을 받아들이지 않는 곳이 많았다. 20세였던 소냐는 소개장도 없이 대수학자의 자택을 방문하였고, 더구나 더듬거리는 독일어로 개인교습을 받고 싶다고 말했다. 무척이나 대담한 행동이었

키르히호프
[Kirchhoff, Gustav Robert 1824~1887]
독일의 물리학자. 전자기학 분야에서 정상의 전류에 대한 옴의 법칙을 3차원으로 확대하여 '키르히호프의 법칙'을 확립하였다. 전자기파·전기진동을 관찰하고, 유체역학에서 불연속면의 이론을 전개하는 등 다방면으로 연구하였다.

헬름홀츠
[Helmholtz, Hermann Ludwig Ferdinand von. 1821~1894]
독일의 생리학자·물리학자. 부패와 발효에 관한 논문을 썼으며, 1847년 베를린의 물리학회에서 '힘의 보존에 대하여'라는 주제로 강연하였다. 본 대학의 해부학·생리학 교수로서 생리광학과 생리음향학을 연구, 독자적인 분야를 개척했다. 입체망원경을 발명하였고, 유체역학을 연구하여 유명한 소용돌이의 정리를 제출하였다.

분젠
[Bunsen, Robert Wilhelm von. 1811~1899]
독일의 화학자. 유기화학 분야에서 독이 있는 카코딜화합물을 연구했는데 이 실험 도중 오른쪽 눈의 시력까지 잃었다. 무기화학 방면에서는 희토류와 백금족을 연구하고, 세슘(1860)과 루비듐(1861)을 발견했으며, 분석화학 방면에서는 기체분석, 요오드적정법, 염색분석, 키르히호프와 함께 분광분석의 각 방법을 확립하였다.

엘리엇
[Eliot, George. 1819~1880]
영국의 여류소설가. 1857년에 소설 『에이모스 바튼』으로 데뷔. 멋진 심리묘사와 도덕·예술에 대한 뛰어난

지적 관심으로 20세기의 선구적 작가로 평가된다.

바이어슈트라스
[Weierstrass, Karl Theodor Wilhelm. 1815~1897]
독일의 수학자. 1856년 베를린 대학의 초빙을 받아 교수로서 종신토록 재직했으며 항상 용의주도하게 준비된 강의로 많은 청강생이 모여들었다. 최대의 공헌은 멱승수로서 복소함수이론의 기초를 이룬 일이다.

파리코뮌
[Commune de Paris]
1871년 3월 28일부터 5월 28일 사이에 파리 시민과 노동자들의 봉기에 의해서 수립된 혁명적 자치정부. 코뮌이 지상 최초의 노동자정부를 수립하려고 분주한 틈에 프로이센과 결탁한 정부군은 5월 21일 맥마흔의 지휘하에 파리로 진격하였다. 그리하여 '피의 1주일'로 불리는 7일간의 시가전 끝에 코뮌은 붕괴되고 3만 명의 시민이 죽었으며 많은 사람이 처형당하거나 유형당했다.

소냐와 위장결혼을 했던 남편 코발레프스키.

다. 어려운 일을 과감하게 실천에 옮기는 것은 그녀가 가진 의지력과 결단력에서 나온 것이었고, 몰상식한 행동이라기보다는 오히려 천진난만했다고 볼 수 있다.

추천장도 성적증명서도 없이 검고 큰 모자를 쓰고 나타난 여학생의 실력을 시험해 보기 위해 교수는 몇 가지 문제를 냈고, 다음 주까지 답을 가지고 오라고 말했다. 불쑥 찾아온 귀찮은 사람을 쫓아버릴 요량으로 대학원 수준의 어려운 문제를 냈지만 소냐는 깔끔하게 해결해서 제출했다. 55세의 독신으로 경건한 가톨릭 신자였던 바이어슈트라스는 모자를 벗고 열심히 설명하는 소냐의 매력적인 옆얼굴을 계속해서 훔쳐보고 있었다. 그녀는 그가 과거에 사랑했던 여인과 너무도 닮아 있었다.

그후로 일주일에 두 번씩 개인교습이 시작되었고 여기서 4년 동안 그녀는 수학에 몰두했다. 바이어슈트라스는 자신의 새로운 아이디어를 아낌없이 그녀에게 주었다. *파리코뮌에 휩싸인 아뉴다를 방문한 것과 두 차례 파리에 몰래 들어가 야전병원에서 일했던 수개월을 제외하고, 소냐는 베를린에서 변분학이나 편미분방정식의 연구에 몰두했다. 24세에 「편미분방정식의 정리에 대해서」라는 논문을 완성했으며 이 논문에서 유명한 '코시 코발레프스카야의 정리'를 증명했다. 이것은 초기값이 주어진 편미분방정식의 해가 있음을 보증하는 정리로, 오늘날 편미분방정식을 다룬 교과서에는 반드시 실려 있는 기본적인 내용이다.

그녀는 이 정리로 일약 유명해졌으며 동시에 괴팅겐 대학에서 박사 학위를 받았다. 4년 동안 수학 연구에 최선을 다한 결과, 소냐는 바이어슈트라스가 준 푸른색 융단으로 만들어진 통에 담긴 학위 증서를 가지고 페테르부르크로 돌아올 수 있었다.

페테르부르크에서 소냐는 학계의 여러 명사들과 사귀었다. 주기율을 발견한 *멘델레예프나 수학자 체비세프 등은 그녀에게 일자리를 찾아주기 위해 노력했지만 여성이라는 한계에 부딪혀 뜻을 이루지 못했다.

그해 겨울 사랑하던 아버지가 사망했다. 그녀에게는 큰 타격이었다. 그때까지만 해도 남편인 코발레프스키와는 그저 좋은 친구 사이였을 뿐이었다. 사실 그는 언제부터인가 그녀를 사랑하게 되었지만 처음부터 위장결혼을 목적으로 만났기 때문에 실제 혼인은 왠지 양심에 걸리는 문제였다. 그러나 비탄에 빠진 소냐는 친절하게 위로해 주는 남편에게 감동해, 진짜 부인이 될 것을 결심한다. 소냐는 원기를 되찾았으며 문학을 하는 주위 친구들의 도움으로 시, 비평, 소설 등을 쓰기 시작했다. 그녀의 글은 상당한 호평을 받았는데, *투르게네프나 *톨스토이와도 알고 지냈다. 이미 여류작가로서 자리를 굳힌 언니 아뉴다와 함께 도스토예프스키와의 옛 우정도 돈독히 했다.

소수의 전문인들과 대화

멘델레예프
[Mendeleev, Dmitrii Ivanovich. 1834~1907]
러시아의 화학자. 분젠과 키르히호프의 지도하에 액체의 열팽창·표면장력에 관한 연구를 했다. 1868년 말 무기화학 교과서 「화학의 원리」를 저술하기 위하여, 당시에 알려져 있던 63종의 원소배열순서를 생각하는 과정에서 주기율을 발견하였다 (1869).

투르게네프
[Turgenev, Ivan Sergeevich. 1818~1883]
러시아의 소설가. 주요 작품으로 「첫사랑」이 있다.

톨스토이
[Tolstoi, Lev Nikolaevich. 1828~1910]
러시아의 소설가·사상가. 주요 작품으로 「전쟁과 평화」, 「부활」 등이 있다.

딸과 함께 한 소냐.

를 나누었던 4년 동안의 베를린 시절 이후, 페테르부르크의 사교계는 매력적이었다. 작가와 학자, 예술가와의 교제, 연극이나 무도회를 즐기면서 활기차게 생활할 수 있었다. 하지만 아버지의 유산은 금방 동이 나고 말았다. 남편 코발레프스키는 재정 문제를 해결하기 위해 사업을 시작했다. 사업이 성공하자 학문 분야로 영역을 넓히려고 출판업을 시작했고, 공중목욕탕과 과수원에도 손을 댔다. 소냐도 아내로서 남편의 일을 성심껏 도왔다. 하지만 처음에는 잘 되어가는 것처럼 보였던 사업도 책밖에 몰랐던 두 사람에게는 능력 이상으로 벅찬 일이 되었고, 몇 번의 사기를 당하고 나서 파산하고 말았다. 이 무렵 부부 사이에 딸이 태어났다.

4. 세계 최초의 여성 교수로서 재출발

페테르부르크에서 지낸 5년 동안 소냐는 수학에서 완전히 멀어져 있었다.

스승 바이어슈트라스로부터 가끔 편지가 왔지만, 소냐는 아버지의 죽음을 위로하는 스승의 편지에도, 박사 논문에 대한 에르미트의 칭찬을 전한 편지에도 답하지 않았다. 콧대 높은 미인에 의기양양한 여성 박사라서가 아니라 사교생활과 문학 활동, 결혼생활, 사업, 출산 등으로 바빴기 때문이다. 아마 시간을 내기 어려워 답장을 못했을 것이다. 수학자에게 20대 후반이라는 나이는 황금기이다. 그러나 그 나이에 그녀는 온통 다른 것들에게 둘러싸여 있었다. 아마도 그녀는 자신에게 큰 기대를 걸었던 은사를 대할 면목이 없어 답장을 보내지 못했을 것이다.

소냐는 허영 속에 빠져 사는 자신에게 싫증이 났고, 다시 수학자로 살아갈 결의를 굳혔다. 수학과 떨어져 지낸 5년이라는 세월은 긴 시간이었다. 소냐는 비로소 "수학의 신은 우리가 지불하는 희생 이상의 보상은 해주지 않는다"라는 냉혹한 격언을 이해하게 되었다.

그녀는 바로 베를린으로 향했다. 관대한 노스승은 그동안 소홀했던 제자였지만 서운한 마음을 보이지 않고 격려해 주었다. 소냐는 수학 연구에 대한 정열을 다시 한번 불살랐다. 모스크바에 있다가 딸을 데리고 다시 베를린으로 가게 되자, 부부 사이는 점차 냉랭해졌다. 투명 매체 중에 빛의 전달에 대한 연구를 시작하면서는 모스크바의 친구에게 다시 딸을 맡겼다. 그녀는 파리와 베를린을 오가면서 스승의 소개로 *푸앵카레나 에르미트 등의 프랑스의 거장들을 비롯한 많은 연구자들과도 사귀었다. 그들은 모두 하나같이 소냐의 깊은 지식과 예리한 지성, '화술의 미켈란젤로'라고 불리던 그녀의 뛰어난 언변에 반했다고 한다.

비록 학생의 신분이라는 것이 불만족스럽긴 했으나 파리에서 이루어진 빛의 굴절에 관한 수학적 연구는 순조롭게 진행되고 있었다. 바로 그 즈음 남편 코발레프스키의 자살 소식이 들려왔다. 그녀는 충격으로 5일 동안이나 의식불명 상태였는데 6일째 되던 날 눈을 뜨자마자 침대 위에서 수학 공식을 풀었다고 한다.

소냐는 스톡홀름 대학에서 강사로 와달라는 제의를 받았으나 남편을 두고 단신 부임하는 것을 반대했던 바이어슈트라스 선생 때문에 거절했다. 당시 그녀를 초대한 사람은 바이어슈트라스의 제자인 미타크 레플러 교수였다. 그는 신설된 스톡홀름 대학을 빛낼 세계 최초의 여성 교수로서 후배 코발레프스카야를 적극 추천했다. 예상대로 많은 반대가 있었지만 잠시의 소동이 가라앉은 후 결국 그녀는

푸앵카레
[Jules-Henri Poincar, 1854~1912]
프랑스의 수학자·물리학자·천문학자·과학사상가. 보형함수 이론을 만들어냈으며 천체역학 및 우주진화론 분야에서는 여러 방면의 수학을 구사해서 그 방법을 근대화하였다. 3권으로 된 『천체역학의 새 방법』은 수리천문학의 새 시대를 열었다.

입센
[Ibsen, Henrik. 1828~1906]
노르웨이의 극작가. 대표작 「인형의 집」은 "아내이며 어머니이기 이전에 한 사람의 인간으로서 살겠다"며 새로운 유형의 여인 노라의 각성 과정을 그려냄으로써, 온 세계의 화제를 모았고 명실상부한 근대극의 제1인자가 되었다. 근대 사상과 여성해방운동에까지 깊은 영향을 끼쳤다.

스트린드베리
[Strindberg, Johan August. 1849~1912]
스웨덴의 극작가·소설가. 1879년에 격렬한 자연주의 소설인 「빨간 방」을 발표하면서부터 신문학의 기수로 등장했다.

난센
[Nansen, Fridtjof. 1861~1930]
노르웨이의 북극탐험가·동물학자·정치가. 1888년 그린란드를 횡단, 고트호프에서 월동하는 동안 에스키모의 생활을 연구하여 「그린란드의 최초의 횡단」과 「에스키모의 생활」을 썼다. 1922년 노벨평화상을 수상하였다.

미타크 레플러 교수.

시범적으로 채용될 수 있었다. 독일어로 이루어진 그녀의 훌륭한 강의는 좋은 평판을 얻었고, 학기말이 되자 정식 교수로 임용되었다.

이곳에서도 소냐는 사교계의 꽃이 되었다. 처녀 시절부터 이러한 분위기에 익숙한 그녀였다. 미타크 레플러는 기회가 있을 때마다 그녀와 동행했는데, 그의 누이였던 작가 앤 에드글렌의 소개로 소냐는 작가인 *입센이나 *스트린드베리, 탐험가 *난센 등과도 교제하게 되었다. 소냐를 만났던 모든 사람들은 그녀의 남성적 지성과 여성적 정서, 아이 같은 웃음과 성숙한 여인의 미소, 사랑스러운 표정과 녹색의 눈동자에 매료되었다고 한다.

이처럼 소냐는 페테르부르크에서의 괴로운 시절을 벗어나 사교계에서 주목을 받았지만 그저 좋기만 한 것은 아니었다. 스톡홀름 대학 기금 마련을 위해 은행가나 기업가, 정치가에게 로비를 해야 했기 때문이다.

'화술의 미켈란젤로'였지만, 모국어가 아닌 스웨덴어로는 역부족이었다. 그녀는 꼭 필요한 미묘한 뉘앙스를 정확하게 전달하기 어렵다고 자주 푸념했다. 딸을 돌보지 않는다는 소문 때문에 차츰 주변의 평가도 나빠졌다. 수학이나 문학 분야에서는 누구보다 뛰어난 그녀였지만, 사실 소냐에게는 자극이 필요했다. 작은 도시 스톡홀름은 그러한 측면에서 보면 침체적인 분위기였다. 무엇보다도 항상 곁에서 이해해 주고 사랑해 줄 사람이 없었던 것이 그녀의 고독을 더욱 깊게 했다.

소냐는 여덟 살 된 딸과 함께 살기로 결심했다. 딸은 빠른 시간에 스웨덴어를 배웠고 오래 헤어져 있던 어머니를 잘 따랐다. 쓸쓸함은 없어졌지만 강의나 사교계의 활동에다가 아이까지 돌보아야 했기 때문에 당연히 연구에는 전력하지 못했다. 휴가 때는 잠시 딸을 맡기고 파리나 베를린에 가서 연구에 몰두했지만, 평상시에는 짬을 내기가 어려웠다.

친구인 앤 에드글렌과 합작한 장편소설이 완성되었을 무렵 가장 사랑하는 언니가 죽었다. 이때 소냐 앞에 마지막 연인이 된 막심이 나타났다.

모스크바 대학 법학부의 간판 교수였던 그는 제정 러시아 정부로부터 위험인물로 낙인 찍혀 해임되었고, 바로 외국으로 망명했다. 막심은 마르크스나 *엥겔스와도 친했고, 여러 분야의 연구로 천재적인 능력을 발휘하고 있었다. 그는 소냐의 광범위한 학문적 지식과 독창적 견해에 주목했다. 본질적인 것과 부차적인 것을 순간적으로 식별하는 그녀의 능력이나, 논적이 보이는 논거의 결함을 즉석에서 지적하는 재능은 그때까지 만났던 걸출한 인물에 비해 한층 높은 수준이었다. 두 사람은 매일 만났고 토론에 열중했다. 스케일이 큰 인물과 모국어로 의미있는 대화를 나누면서 소냐는 차츰 원기를 되찾았다. 그와 만나는 시간을 늘리고 잠을 줄여가면서 수학 연구에

엥겔스
[Engels, Friedrich.
1820~1895]
독일의 사회주의자. 인간사회에 대한 새로운 역사적 인식방법인 유물사관을 제시하여 마르크스주의의 철학적 기초를 확립함과 동시에, 공산주의의 연대와 결집을 목표로 공산주의 통신위원회를 창설하였다.

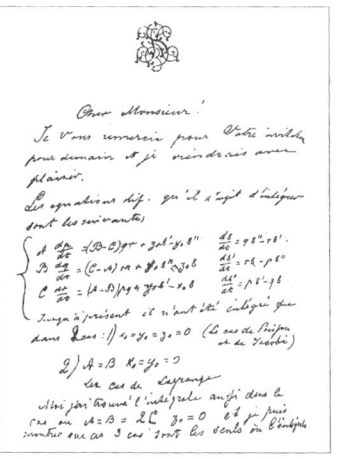

소냐가 미타크 레플러에게 보낸 강체의 회전에 관한 발견을 알린 편지(Roger Cooke, The Mathematics of Sonya Kovalevskaya).

도 정진했다.

두 사람은 결국 연인 사이가 되었다. '고정점을 둘러싼 강체의 회전'이라는 중요한 주제에 매진하던 소냐가 막심에게 너무 시간을 뺏기는 것을 염려한 미타크 레플러 교수는 막심을 설득하여 스톡홀름에서 수 킬로미터 북쪽에 있는 웁살라 대학으로 옮길 것을 권했다. 얼마 후 그녀는 초타원함수를 이용하여 이 어려운 문제를 해결했다. 이 논문은 프랑스 최고 과학상인 보르당상 후보에 올랐으며, 파리 과학아카데미의 논문으로 채택되는 영예를 얻었다.

수상식에는 막심도 초대되었다. 하지만 소냐는 매일 밤낮으로 이어지던 축하연, 면회, 방문 때문에 막심과 만나지 못했다. 학문적 자부와 감정적 욕망은 양립할 수 없었다. 학자로서의 질투심 때문이었는지도 모르지만 막심은 매우 분개하여 "나와 과학 중에 하나를 선택하라"고 그녀를 다그쳤다. 소냐는 인생의 정점에 있었지만 몸과 마음은 황폐해지고 있었다. 그때 나이 38세였다.

5. 수학과 문학의 세계를 오간 천재 여성

소냐는 봄학기 강의를 면제받고 파리에 머무르면서 휴식을 취하기로 했다. 수학에 집중한 후에는 항상 그랬던 것처럼 문학 창작에 몰두했다. 이 사이에 자신의 소녀 시절을 그린 중편소설 『라에브스키 가(家)의 자매』를 발표했는데, 이 작품은 19세기 중반 러시아 귀족을 묘사한 걸작으로 러시아어에서 스웨덴어로, 이어 유럽 여러 나라의 언어로 번역되었고, 비평가들에게 대단한 호평을 받았다.

소냐에게는 이질적인 분야인 것 같은 수학과 문학이라는 두 세계가 자연스럽게 공존했다. 그녀는 만년에 "수학자는 시인이어야 한다", "나는 평생 수학과 문학 중 어느 것이 내 적성에 맞는 것인지 알 수 없었다"라고 밝힌 바 있다.

소냐 코발레프스카야는 러시아인을 소재로 한 소설을 쓰면서 잊을 수 없는 향수를 되새겼다. 그녀는 페테르부르크에 살던 유명한 대수학자 *오일

소냐의 흉상.

오일러
[Euler, Leonhard. 1707~1783]
스위스의 수학자·물리학자. 미적분학을 발전시켜 『무한해석 개론』, 『미분학 원리』, 『적분학 원리』, 변분학을 창시하여 역학을 해석적으로 풀이하였다. 삼각함수의 생략기호(sin, cos, tan)의 창안이나 '오일러의 정리' 등은 널리 알려져 있다.

러가 소속된 과학아카데미의 회원이 되고 싶어했다. 과학아카데미에 들어가면 풍족한 월급을 받을 수 있었고, 페테르부르크에서 연간 2개월만 지내면 되었다. 과학자로서 러시아 최고의 명예직이었으며, 회원이 되면 계속해서 파리에 영주하면서 수학과 문학에 전념할 수 있을 터였다. 그러나 주변 사람들의 노력에도 불구하고 소냐는 여성이라는 이유 때문에 이름뿐인 아카데미 준회원에 그치고 말았다.

할 수 없이 그녀는 스톡홀름에 거처를 둔 채 휴가 때마다 파리나 베를린 및 남유럽 등으로 여행을 했다. 막심과 함께 여행한 경우도 많았지만 두 사람 사이는 더 이상 좋아지지 않았다. 그녀는 막심을 떠나지도 못했지만, 그에게 최선을 다할 생각도 없었다. 막심 역시 그녀에게 완전히 마음을 내준 것이 아니라 적당하게 응할 뿐이었다. 조국으로 인해 상처를 안게 된 두 사람은 망향의 아픔을 달래기 위해 함께 여행을 하면서 조국에 대한 향수를 나누었던 것 같다.

소냐는 연인에게 수학과 같은 수준의 '절대적'인 이해와 애정을 구했지만, 그것을 얻지 못하자 탈진하고 절망했다.

1890년 가을, 그녀는 의무적으로 강의를 다시 시작했다. 친구들을 멀리하고 사교계에서 은퇴했으며 왕성했던 타인에 대한 관심조차 잃어버렸다. 막심과 함께 니스에서 겨울 휴가를 보낸 소냐는 칸느에서 막심과 이별하고 혼자 어두침침한 스톡홀름으로 돌아왔는데, 감기가 악화되어 화농성 늑막염으로 발전했다. 기침과 고열로 며칠을 앓은 후 어느 날 밤 소냐는 "내 몸에서 무언가 변화가 일어날 것 같다"라고 고통스럽게 말했다. 그날 밤 그녀는 숨을 거두었다. 불과 41세의 젊은 나이였다.

6. 스웨덴이 사랑한 수학자

내가 스톡홀름의 교외에 있는 미타크 레플러 수학연구소를 방문한 것은 9월의 어느 맑은 날 오후였다. 연구소는 잔디와 가로수가 보기 좋은 2천 평 정도 되는 부지에 있었고, 오렌지색의 3층짜리 목조 건물이었다. 고급 주택가 한가운데에 있는 이 연구소는 미타크 레플러의 자택이었던 것을 약간 개축하여 그대로 사용하고 있었으며 가구나 세간살이도 그대로였다. 유명한 건축가의 설계로 지어진 이 호화저택은 유명한 수학자이자 스톡홀름 대학의 학장, 사교계의 주역이었던 미타크 레플러가 지녔던 당시의 힘을 보여주는 것이었다.

소냐 코발레프스카야는 죽기 한 달 전, 니스로 여행을 떠나기 전에 이곳을 방문하여 미타크 레플러 교수와 그의 누이동생 앤 에드글렌을 만났다.

연구소 소장인 빈드만 박사가 여기저기 친절하게 안내해 주었다. 현관에 들어서자마자 미타크 레플러 부인의 초상화가 보였다.

거실의 정면 창 사이에는 석고로 만든 소냐의 흉상이 있고, 앤 에드글렌의 흉상도 나란히 있었다. 앤 에드글렌은 소냐의 뒤를 따르듯이 2년 후에 죽었다. 소냐의 젊은 시절을 본 뜬 이 흉상은 그때까지 본 그녀의 어떤 사진이나 흉상보다도 아름다웠다. 소장은 자랑스러운 듯 "노벨조차도 그녀에게 말을 걸고 싶어했답니다"라고 말했다. 노벨상에 수학 부문이 없는 이유를 추측할 때, 노벨과 미타크 레플러의 사이가 좋지 않았다는 사실이 거론되지만 그 불화의 원인은 분명하지 않다. 혹시 소냐를 둘러싼 무언가가 있었는지도 모른다.

내가 "어쨌든 소냐를 만난 많은 사람들이 그녀에게 반했다는 것은, 그녀에게 뭔가 특별한 것이 있었다는 거네요?"라고 말하자 박사는 대답 대신 활짝 웃었다. 박사는 "아마도 세계에서 가장 아름다운 여인이었을 것"이라고 극찬했다. 우리는 도서관을 나와 3층에 있는 서재로 올라갔다. 당시 대학에는 교수 연구실이 따로 없었기 때문에 자택의 서재가 연구실이었다. 스승 바이어슈트라스의 커다란 초상화와 어둡고 괴로운 생을 살았던 천재 수학자 아벨의 흉상이 있었다. 넓직한 창문으로 보이는 바깥 풍경이 아름다웠다. 푸른 나무들이 울창했고, 파란 발트해가 햇살을 받아 반짝이고 있었다.

연구소에는 소냐가 남겼던 5백 통 가까운 편지와 노트가 보관되어 있었다. 미타크 레플러와 바이어슈트라스로부터 받은 편지만도 수십 통이었다. 겉장에 독일어로 표기된 대수함수론 강의 노트가 있었고 가계부도 눈에 띄었다. 블라우스, 비누, 소금, 털실, 이스트, 스파이스, 사탕, 성냥, 도구 등 구입한 물건과 그 가격이 상세하게 기록되어 있어, 소냐의 여성스러움을 처음으로 느낄 수 있었다.

다음 날 아침 나는 그녀가 가장 오랜 기간 머물렀다는 집을 방문하기 위해 엥겔브레히트 거리로 발길을 돌렸다. 오래되었으나 고급스러워 보이는 아파트가 나란히 서 있었지만 그녀가 살던 집은 쉽게 발견할 수 없었다. 그녀가 딸과 함께 산책하며 거닐었을 것 같은 공원을 지나 바다 쪽으로 난 내리막길을 걸어갔다.

15분 정도 걷자 요트가 정박해 있는 니브로빈켄 만에 도착했다. 겨울에 꽁꽁 얼어붙는다는 이곳은 소냐가 가끔 스케이트를 즐기던 곳이다. 이곳에서 스케이트를 타던 미타크 레플러와 소냐가 빙판에 수학 공식을 쓰면서 토론하지는 않았을까. 나는 니브로빈켄 만을 바라보면서 얼음판 위의 소냐를 상상해 보았다. 요트에 탄 청년에게 "백 년 전 이곳이 겨울마다 스케이트 손님으로 가득했다는데 지금은 어떻습니까?"라고 큰 소리로 물었다. 그는 "지금도 얼긴 하지만 스케이트 타는 사람은 없어요"라고 대답하면서, 엉뚱한 질문이라는 듯이 이상한 표정을 지어 보였다.

오후에 스톡홀름 대학의 수학교실을 방문했다. 호수가 있는 아름다운 캠퍼스로 입구 가까이에 빨간 벽돌 건물이 있었다. 소냐가 다니던 무렵에는 없었던 건물인데, 계단에 있는 흉상이 그녀를 기념하는 유일한 것이었다.

보어만 교수와 비요르그 교수가 연구실에서 나를 기다리고 있었다. 소냐는 아직까지도 스웨덴에서 유명한 학자라고 한다. 십 년 전에 만들어진 그녀를 주인공으로 한 영화 때문일 것이다. 〈달의 뒷면〉이라는 영화였는데, 비요르그 교수는 "위대한 여성 수학자의 연애 사건에만 초점을 맞춘 것이 실망스럽다"고 말했다. 두 교수의 안내로 소냐가 잠들어 있는 운두하겐 언덕의 묘지로 갔다. 대학에서 2킬로미터 남짓 떨어져 있지만, 보어만 교수는 한 번도 방문한 적이 없다고 했다. 나로서는 납득할 수 없는 일이었지만, 신록으로 둘러싸인 광대한 묘지에는 우리 말고는 사람 그림자도 볼 수 없었다.

정면으로 올라가자 왼쪽 경사면에 5미터 정도의 간격으로 묘석이 서 있었다. 정갈하게 다듬어진 잔디밭에 나뭇잎 사이로 비쳐드는 햇빛이 반짝이고 있었다. 사회적 신분이 높고 훌륭한 업적을 세운 명사들이 묻힌 곳이었다.

소냐의 묘석과 저자.

소냐의 묘는 첫 번째 열 끝에 있는 커다란 소나무 근처에 있었다. 검은색 돌로 만든 그리스정교의 십자가가 있었다. 묘비에는 수학 교수, S. B. 코발레스카야(born $\frac{3}{1}$ 1850 − †18 $\frac{29}{1}$ 91)라고 표기되어 있었다. 1850년 1월 3일 탄생, 1891년 1월 29일 사망했다는 사실을 나타내는 러시아식 표기법일 것이다. '우리의 교수 소냐'라고 불리며 사람들과 친했던 여류 수학자의 시신은 스톡홀름 시민들에게 공개된 채로 이곳까지 운반되었다고 한다. 이곳에서 미타크 레플러가 조사를 읽었고, 이어 병약한 몸으로 제시간에 맞추어 오지 못했던 막심이 깊은 슬픔으로 고별사를 했다.

나는 평생 수학과 문학의 경계를 오간 소냐를 생각했다. 그녀는 영원한 진리를 갈구하는 수학과 유한한 인생을 묘사하는 문학, 이 양극단에 있는 두 세계를 살았다. 뛰어난 지성과 아름다운 미모라는 천부적인 혜택을 받았지만 만남과 사랑 모두에서 그다지 성공적이지 못했던 그녀의 아픔이 느껴졌다.

그것은 아마 사랑받지 못했던 어린 시절에 그 원인이 있는지도 모른다. 소냐와 만났던 많은 남성들이 모두 그녀에게 반하고 사랑을 느꼈지만 그녀가 지성과 미모만으로 그들의 사랑을 쟁취한 것은 아니었다. 그들은 모두 소냐의 깊은 초록 눈동자와 그윽한 분위기에 빠져들었던 것이다.

소냐 스스로도 남자의 사랑을 얻기 위해 노력했을 것이다. 어린 시절의 공허함을 채우기 위해 과할 정도로 사랑을 갈망했던 소냐는 무의식적으로 사랑에 집착했다.

하지만 한 남자와 연예 관계에 들어서면 상대에게 절대적인 사랑을 요구하면서도, 어린 시절에 싹튼 '상처받은 불안함' 때문에 상대를 깊게 사랑하지 못했다. 깊이 사랑하면 할수록 상처도 커졌기 때문이다. 강한 사랑의 힘으로 고독에서 탈출하고 싶다고 열렬히 바라면서도 마음과 몸을 맡기지 못했고, 결국 그 사랑은 끝나고 말았다. 한 남자에게 안주하는 것이 불가능했던 것이다. 그러는 사이에 고독은 점점 깊어졌다.

추상적 사고를 요구하는 고독한 수학 연구에 힘이 부칠 때는 문학으로 이동했다. 하지만 그곳에도 고독이 있었다. 그녀는 다시 사랑을 구하기 위해 연애나 사교에 몸을 맡겼지만 결국은 어디에서도 치료받지 못한 채 자포자기하듯 수학으로 되돌아오곤 했다.

소냐는 이 고독한 사이클을 계속해서 반복했던 것이다. 그녀에게 이 순환은 필연이었을 것이다. 41년이 그녀에게 허락된 삶이었다.

묘 바로 앞에 주목 한 그루가 있었다. 짙푸른 녹색의 이 나무에 작고 빨간 열매가 달려 있었는데, 어릴 적 시골에서 먹어본 열매였다. 반가운 마음에 하나 따서 씹어보았다. 달콤하고 싱싱한 옛맛 그대로였다. 열매 하나를 더 따서 이번에는 먹지 않고 가만히 손에 쥐어보았다. 바라보고 있노라니 가련한 빨간 열매가 향수에 젖은 채 외로운 이국생활을 해 나가던 소냐의 모습 같다는 생각이 들었다.

소나무 사이로 부는 바람 소리가 한층 높아지는 것을 들으며 나는 잠시 더 그곳에 머물렀다.

수학자가 남긴 한마디

"수학자는 시인이어야 한다."

쉬어가는 페이지

유클리드의 순수성

기하학을 배우던 한 제자가 유클리드에게 다음과 같이 물었다. "딱딱한 논리로만 엮어지는 기하학을 배워서 어디에다 써먹는단 말입니까?" 그러자 유클리드는 "그에게 동전 한 닢을 주어라. 그는 자기가 배운 것에서 무엇을 얻어야 하니까"라고 했다.

아마 유클리드는 학문을 통하여 현실의 이익을 챙기는 것을 상당히 좋지 않게 여겼던 것 같다. 만약 유클리드가 현대에 태어나 신의 섭리라고 생각했던 정수론이 첩보전 또는 본사와 지사 사이의 암호문 작성에 매우 유용하게 쓰여 이 이론을 공부한 많은 수학도들이 경제적 혜택을 누리는 것을 본다면 순수의 타락이라고 개탄할지도 모른다.

많은 대학들이 기업의 후원금으로 경제적 이익을 만들어내는 학문의 연구에 몰두하고 또 그것이 그 대학의 자랑거리가 되고 있는 지금의 가치관으로서는 그의 이러한 태도가 매우 한심하게 여겨질 것이 분명하다. 그러나 현실에서 한 발짝 떨어져 모든 사물을 관찰하고 분석하는 여유는 그의 이런 태도 덕분일 것이며, 또 이런 태도 때문에 수학의 학문적 체계화가 가능했을 것이다.

스리니바사 라마누잔

남인도의 마술사

업적
- 현대 정수학의 주요 이론들을 증명

Srinivasa Ramanujan(1887~1920)

추론에는 많은 오류가 있었음에도 불구하고 독자적 방법을 통한 깊은 명찰, 직관과 귀납으로 뛰어난 결과들을 많이 도출해냈다. 현대 정수학의 중요 이론들을 밝혔으며 특히 자연수 n의 분할수 p(n)에 관한 것이 유명하다.

약력

1887	남인도의 작은 마을에서 태어남.
1902	G.S.카의 『순수수학요람』을 독학(15세).
1903	쿰바코남 대학에 입학했으나 수학 이외의 전 과목에서 낙제하여 1학년 때 퇴학당함(16세).
1911	「베르누이 수의 여러 가지 성질」이라는 제목의 처녀 논문이 인도 수학회지에 실림(24세).
1914	하디에 의해 케임브리지로 초빙됨.
1918	런던의 지하철에서 자살 기도, 미수로 그침, 영국왕립학회 회원(FRS)으로 선출됨(31세).
1920	사망(33세).

마드라스 대학 도서관 금고에서 사무장이 꺼내온 두툼한 세 권의 노트는 매우 중요한 것이었다. 노트에는 사진 앨범처럼 빨간색의 두꺼운 표지가 씌워져 있었는데 남인도의 햇빛에 바랜 탓인지 표지 안은 모두 누렇게 변색되어 있었다.

조심스럽게 들춰보니 각 쪽마다 투명한 종이가 끼워져 있었다. 낡고 너덜너덜해진 노트를 보전하기 위해 각 장마다 비닐 종이를 끼워놓은 것이다. 첫 번째 노트의 글씨는 녹색 잉크로 씌어 있었고, 다른 노트는 검은색 잉크로 씌어 있었다. 모두 수학 공식들로만 가득했는데, 한 번도 본 적 없는 이상한 공식들이었다. 꼼꼼하게 정리된 이 세 권의 노트가 바로 세계 수학계에 큰 충격을 주었던, 한 수학자의 저서인 셈이다. 이 저자의 이름은 스리니바사 라마누잔이다.

산스크리트
[Sanskrit]
인도 아리아어(語) 계통으로 고대 인도의 표준 문장어. 산스크리트는 종교·철학·문학 용어로서 지식계급 사이에서 사용되어 왔다.

손으로 쓴 원본을 모아둔 3권의 '노트'(왼쪽)와 그 내용을 열어본 것.

1. 가난한 브라만 계급의 장남

라마누잔은 1887년 12월 22일, 남인도의 작은 마을에 있는 외갓집에서 태어났다. 어머니는 코마라탄마루였으며, 외할아버지는 지방 재판소의 공무원이었다. 외가 쪽의 선조들은 왕의 포상을 받을 정도로 뛰어났던 *산스크리트 학자였다. 아버지는 친할아버지와 마

브라만
[Brahman]
인도의 카스트 제도에서 가장 높은 지위인 승려 계급. 바라문, 파라문, 브라흐마나라고도 한다. 인도의 신분 제도는 브라만을 비롯해 크샤트리아(무사), 바이샤(서민), 수드라(노예)의 4계급으로 나누어진다.

마하바라타
[Mahbhrata]
인도 고대의 산스크리트 대서사시. '바라타족의 전쟁을 읊은 대서사시'란 뜻으로 오랜 세월에 걸쳐 구전되어 정리되었고, 후세의 사상과 문학, 인도 국민의 정신생활에 크게 영향을 끼쳤을 뿐만 아니라, 인도 문화가 보급됨에 따라 동남아시아의 인형극·그림자 연극에도 자주 채택되었다.

라마야나
[Rmyana]
고대 인도의 산스크리트로 된 대서사시. 『마하바라타』와 더불어 세계 최장편의 서사시로 알려져 있다. 기교적으로 매우 세련되었다.

쿰바코남에 있는 라마누잔이 자랐던 집.

찬가지로 마드라스(현재 첸나이)에서 남쪽으로 250킬로미터 정도 떨어진 쿰바코남 마을의 포목상 점원이었다. 아들이 태어났다는 소식을 편지로 받은 아버지는 그 길로 쿰바코남 유일의 점성술사에게 아들의 신탁을 받으러 갔다. 점성술사는 편지를 찬찬히 읽어보다가 갑자기 무엇인가를 계산하기 시작했고 진지한 표정으로 이렇게 말했다고 한다. "이 아이는 장차 유명한 학자가 될 것이다." 라마누잔의 아버지는 아이를 낳고 친정에서 돌아온 아내에게 점성술사의 예언을 기쁜 마음으로 전했는데, 그녀는 조금도 놀라지 않았다. 점성술과 수상학에 정통했던 그녀는 이미 아들의 운명을 알고 있었던 것이다.

이듬해 쿰바코남으로 돌아온 라마누잔은 집에서 기도회를 열 정도로 신앙심이 깊었던 어머니로부터 많은 사랑을 받으며 자랐다.

가난했지만 정통 *브라만 계급의 가문에서 태어난 라마누잔은 그에 맞는 교육을 받았다. 어머니는 어린 그에게 *마하바라타나 *라마야나 등의 인도 고대 산스크리트 대서사시를 이야기 식으로 들려주었다. 이 서사시들은 3천 년이라는 장구한 세월에 걸쳐 구전되어 온 것인데, 그녀는 몇천 페이지가 넘는 이 방대한 이야기들의 상당 부분을 암송할 수 있었다고 한다. 동시에 종족의 신인 나마기리 여신에 대한 존경심을 가르쳤고 카스트 제도를 철저하게 가르쳤다.

2천 년 이상 계속되어 온 인도의 카스트는 출생에 따라 결정되는 신분 제도로, 추방되지 않는 한 일생 동안 변하지 않는다. 최근 들어 조금 흐트러지기는 했지만, 흔들림 없는 원칙으로 존재한다. 사람들은 세습적으로 직업을 갖고, 다른 계급의 사람과는 결혼은 물론 음식을 주고받지도 못하며, 같이 먹거나 마시는 것조차 엄격하게 제한된다. 카스트 내의 서열은 '깨끗함과 더러움'에 따라 결정되는데, 가장 높은 계급이 브라만이고 가장 낮은 계급이 공동우물도 못

라마누잔의 어머니 코마라탄마루.

쓰고 사원 출입조차 금지되는 수드라이다. 사실 '깨끗함과 더러움'의 정의 자체가 명확하지 않기 때문에 최상위와 최하위 이외의 서열 구분도 분명하지 않다고 할 수 있다. 채식을 하는 브라만의 풍습을 적극 수용하고, 브라만에게 제사 의식을 자주 받으면 카스트의 서열이 상승하는 경우도 있다고 한다.

브라만은 2천 년 이상을 주로 사제, 산스크리트 학자나 탁발승 등으로 봉사해 왔는데, 19세기 말에는 영국의 식민지 정책에 따라 새롭게 등장한 교사나 저널리스트, 관료직 등의 지적 분야에도 진출하게 되었다. 이 무렵 전 인구의 4퍼센트 정도에 지나지 않았던 브라만이 마드라스 대학 졸업생의 70퍼센트를 차지했다는 것을 보면 이 계급이 소수 특권층이었음을 알 수 있다. 어머니는 어린 라마누잔을 데리고 각지를 순례하기도 했고, 브라만으로서의 자긍심과 엄격한 채식주의를 강조했다. 고기뿐만 아니라 물고기나 계란조차 먹지 않는 엄격한 채식주의였다. 그는 앞머리를 면도하여 없앴고, 뒤통수에는 타후트라고 불리는 부분만을 남겼으며, 뺨에는 브라만임을 표시하는 나맘을 그렸다. 이것은 하얀 U자 모양의 정중앙에

비슈누
[Visnu]
힌두교에서 최고 신인 시바신과 양립하는 천신.

나마기리 여신

빨간 세로선을 장식한 것인데, 각각 *비슈누 신의 발과 배우자를 상징한다.

대부분의 힌두교도들은 파괴와 재생의 신인 시바 또는 유지와 자애의 신인 비슈누 중 한쪽을 믿고 있는데 라마누잔은 비슈누파였다. 비슈누는 다수의 화신을 가지고 있다. 그중 하나가 사자 모습을 한 나라시무하 신인데 그 배우자가 앞서 이야기한 여신 나마기리이다.

2. 궁핍한 생활과 낡고 지저분한 노트

라마누잔은 학업 능력이 뛰어났지만 그가 다닌 학교가 남인도의 시골 학교였기 때문에 특별히 언급할 만한 사실은 없는 듯하다. 하지만 15세였을 때 접했던 G. S. 카의 『순수수학요람』이 그의 인생을 바꾸어놓았다. 이 책에는 대학에 입학할 때까지 학습하는 6천 개에 가까운 정리가 아무런 증명도 없이 나열되어 있었다.

그는 이 책에 몰두하면서 다양한 정리를 혼자의 힘으로 증명해 나갔다. 방법에 대해서는 아무런 설명도 없었기 때문에 혼자만의 독자적인 방법을 고안하면서 공부했다. 공식이나 정리를 처음부터 논리에 따라 해독한 것이 아니라 혼자서 깨우쳐 나간 것이다. 관광버스를 타고 명승지나 유적을 관람한 것이 아니라, 지도를 보면서 직접 길을 찾아다닌 것과 마찬가지이다. 이러한 과정을 통해 모든 정리를 자기 것으로 만들면서 길고 괴로운 사고 끝에 얻은 발견의 날카로운 기쁨을 충분히 느꼈을 것이다. 학문적으로는 별 가치가 없는 책이었지만 천재를 길러내는 데에는 최대의 효과를 거두었던 것이다. 이러한 집념과 깨달음은 훌륭한 교육관을 지닌 그의 부모 덕분이라 할 수 있다.

하지만 이때의 경험은 우등생 라마누잔을 학업과 멀어지게 하는 결과를 낳고 말았다. 16세에 쿰바코남 대학에 들어갔지만 그는 수학 이외의 과목에 아무런 관심을 느끼지 못했고 다른 과목에서 모두 낙제점을 받았다. 장학금 혜택을 받지 못하게 된 라마누잔은 어머니의 강력한 항의에도 불구하고 1학년 때 퇴학당하고 말았다. 가장 높은 계급이라 해도 반드시 부자는 아니다. 라마누잔의 집은 이웃에서 쌀을 빌릴 정도로 가난했다. 따라서 장학금 정지는 퇴학을 의미하는 것이었다.

18세가 된 라마누잔은 다른 길을 찾기 위해 남인도의 거대 도시인 마드라스로 나갔다. 출세하려면 FA시험(단기대학 졸업 수준의 시험)에 합격해야 했다. 그는 할머니의 집에 머물면서 파차이아파즈 대학 입학을 준비했다. 문제는 장학금이었는데, 뜻밖에도 이곳에서 그의 수학 실력이 중요한 역할을 했다.

그는 『순수수학요람』에 나온 정리를 증명하면서 새로운 공식을 발견할 때마다 그것을 꼼꼼하게 노트에 기록해 두었다. 쿰바코남의 판잣집 툇마루에서, 근처의 사랑가파 사원 마룻바닥에 앉아서 명상한 결과였다. 책상다리를 하고 앉아 무릎 앞의 석판에 하얀 석필로 수식을 쓰고 팔꿈치로 지우는 작업을 반복한 성과였던 것이다. 석판은 대학노트를 펼친 정도 크기의 작은 칠판인데, 오늘날에도 종이를 살 만한 형편이 안 되는 어린이들이 사용한다. 석판에 쓰고 난 글씨는 헝겊으로 지우는데 라마누잔은 언제나 팔꿈치로 지우는 습관이 있었다. 흡족한 결과가 나올 때마다 머리를 흔들며 혼잣말을 했던 그는 정리된 결과를 그때그때 노트에 옮겨 적었다.

이 노트들을 한 묶음으로 엮으려고 했던 라마누잔은 파차이아파즈 대학의 수학 교수에게 먼저 이것을 보여주었다. 라마누잔의 성과에 경탄한 교수는 입학부터 졸업까지 장학금을 받을 수 있도록 배려해 주었다.

염원했던 대학을 졸업했지만 수학에 대한 열정은 식지 않은 상태였다. 수학 과목에서는 만점을 얻었지만 졸업한 해와 그 이듬해의 FA시험에서는 낙제하고 말았다. 19세의 라마누잔은 깊은 실망을 느낀 채 쿤바코남의 고향집으로 돌아왔다. 고향집 살림은 얼마 되지 않는 아버지의 월급과 어머니가 벌어오는 푼돈, 약간의 하숙비가 수입의 전부였다. 게다가 여덟 살, 두 살 된 두 동생까지 있어 하루하루 끼니를 걱정할 정도로 궁핍했다. 쌀이 떨어져서 아침을 굶는 경우도 다반사였다. 그런 집에 자신이 특별히 만든 커다란 석판을 걸어야겠다는 생각밖에 없었던 라마누잔이 돌아온 것이었다.

쿤바코남 대학 재학 시절부터 파차이아파즈 대학을 졸업하고 다시 고향으로 돌아온 22세까지의 6년간, 라마누잔은 아무런 희망도 없이 허기진 배와 석판을 안고 살았다. 앞길이 유망한 순박한 소년을 아끼던 주변 사람들에게만 인정받았을 뿐, 청년의 꿈은 현실의 고통 속으로 추락하고 있었다. 하지만 그의 부모는 그를 나무라지 않았다. 헐벗은 가난 속에서 어느 누구도 이해하지 못하는 수학에 빠져 매일을 보내는 실업자 같은 자식이었지만, 여전히 따뜻하게 마음으로 대해 주었던 것이다.

궁핍한 가계를 무시하고 시종 수학 연구에 빠져 지내던 라마누잔이나, 정신나간 놈이라고 생각할 만한 아들의 모습을 너그럽게 인정했던 그의 부모 모두 물질보다 정신을 우위에 두는 브라만의 가치관을 가진 사람들이었다. 브라만 2천 년의 전통이 간신히 이 시기의 라마누잔을 살렸던 것이다.

이끌어주는 사람도, 제대로 공부할 만한 책도 없었지만, 라마누잔의 노트는 점점 늘어갔다. 이 얇고 지저분한 노트가 세계 수학계를 깜짝 놀라게 하리라고는 라마누잔 자신도, 그 누구도 알지 못했다.

마누법전
[Code of Manu]
BC200~AD200년경에 만들어졌다는 인도 고대의 백과전서적인 종교성전. 마누란 인류의 시조를 뜻하며, 일체의 법에 관한 최고의 권위로 숭앙받는 존재로서, 이 법전은 그의 계시에 의하여 성립되었다고 전해질 뿐 실제 작자 및 연대는 미상이다.

3. 하디가 발견한 인도의 천재 수학자

라마누잔이 21세가 되자 어머니는 슬슬 걱정이 되었다. 힌두교의 규범 *『마누법전』에 나오는 남자의 3대 의무에는 결혼할 것, 조상의 제사를 계승하여 집행할 것, 돈벌이를 할 것, 이 세 가지가 적혀 있었다.

당시 인도에서는 중매결혼이 많았는데, 아직까지도 인도에서는 부모가 혼사의 전권을 가지고 결정하는 '정략결혼'이 많다. 라마누잔 역시 어머니가 선택한 9세의 자나키와 결혼했다. 당시 힌두교 사회, 특히 브라만 사이에는 조혼의 전통이 있었으며, 소녀는 5세에서 10세 사이에 시집가는 경우가 많았다. 결혼식을 마친 어린 아내는 일단 자기 친정집으로 돌아가서 가사일을 익히며 지냈고, 초경이 있고 난 후에 정식으로 시집으로 오는 것이 관습이었다. 자나키의 경우도 12세까지 3년 동안 친정으로 돌아가 생활했다.

라마누잔의 생활은 결혼 전이나 후나 조금도 변하지 않았지만,

얼마 후 가장으로서의 책임감을 느껴서였는지 직업을 찾아나서게 된다. 깨끗하게 정리한 노트를 품에 안고 마드라스로 나온 그는 자신을 진정으로 인정해 줄 학자를 찾아다녔다. 노트를 들고 다니며 자신이 천재인지, 아니면 허풍쟁이인지 판단해 줄 것을 유도했지만, 겨우 인정을 받아도 경제적 지원으로 연결되지는 못했다.

2년여의 시간이 흐른 어느 날 라마누잔은 파트론에게 자신의 노트를 보여주게 된다. 노트를 본 고위 관료는 그에게 필요한 것이 일보다는 연구 시간이라고 생각했고, 주머닛돈을 털어 한 달에 25루피씩 장학금을 주었다. 큰 금액은 아니었지만 아버지의 월급보다 많았으며, 다른 사람의 도움 없이 혼자의 힘으로 먹고 살 수 있게 되었다. 처음으로 내일 먹을거리를 걱정하지 않고 수학 연구에 몰두할 수 있게 된 것이다.

1911년은 인도의 수도가 캘커타에서 델리로 이전된 해이지만, 라마누잔에게도 커다란 비약의 시기였다. 「베르누이 수의 여러 가지 성질」이라는 제목의 처녀 논문이 인도 수학회지에 등장하게 된 것이다. 이 획기적인 논문이 게재되자 라마누잔의 이름이 인도 수학계에 알려지게 되었고, 이듬해에는 그 조그만 명성 덕분에 벵갈 만에 있는 항만국의 경리부원으로 채용되어 근무할 수 있게 되었다. 라마누잔은 이 직장에서도 그의 수학 연구를 이해했던 상사의 도움으로 일보다는 연구에 몰두할 수 있었다. 연구를 정리할 종이도 마음껏 사용할 수 있었다. 30루피의 월급을 받게 된 그는 아내인 자나키와 어머니인 코마라탄마루를 마드라스로 데리고 왔다. 결혼한 지 3년 반이 지난 후의 일이었다.

천재라는 소문이 나자 라마누잔 주변의 사람들은 그가 어느 정도로 대단한지, 또 어떤 대우를 해줘야 할지 고민하기 시작했다. 인도에는 이 천재를 평가할 만한 사람이 없다고 결론을 내린 그들은 라마누잔의 연구 결과 일부를 당시 종주국이었던 영국의 전문가에게 보내기로 했다.

우선 런던 대학의 힐 교수에게 무한급수나 정적분, 연분수에 관한 수십 개의 공식을 보내어 공표할 수 있는지 여부를 물었지만, 힐은 성과에 관심을 가지고 연구를 장려했을 뿐 그 이상의 언급은 하지 않았다. 영국 신사다운 완곡한 거절이었다. 케임브리지 대학의 베이커 교수와 홉슨 교수에게도 보냈지만 성과 없이 되돌아오고 말았다. 그들에게 안목이 없었다고 비난하는 것은 조금 가혹할지도 모르겠다. 실제로 그들이 라마누잔을 한낱 인도의 하급 사무원이라고 생각했을지도 모르며, 당시의 상황으로서는 별다른 방법이 없었을 것이다. 저명한 수학자들은 자신이 커다란 문제를 해결했다고 떠벌리는 아마추어 수학자들이 보내온 온갖 엉터리 '논문'과 편지로 괴롭힘을 당했기 때문이다.

네 번째로 의뢰한 사람은 그에게 운명적인 계기를 마련해 준 수학자 *하디였다. 당시 35세로 대학 강사였던 하디는 '케임브리지의 하디'라는 별명으로 불렸으며 전 유럽에서 각광을 받던 인물이었다. 하디는 라마누잔의 기발한 공식더미를 바라보면서, 보나마나 말도 안 되는 것일 거라고 생각했다. 그는 인도에 사는 영국인이 장난을 친 것이거나 아니면 미친 인도인의 소행이라고 여기고 휴지통 속에 버리고 말았다.

1857년 인도에서 대규모 파업이 일어나자 영국은 1년에 걸쳐 이

라마누잔의 능력을 알아보고 그를 케임브리지 대학으로 초청한 하디 교수.

하디
[Hardy, Godfrey Harold. 1877~1947]
영국의 수학자. 옥스퍼드 대학에서 기하학을 강의하고, 케임브리지 대학에서 순수수학 교수로 있었다. 해석적 정수론에 많은 업적이 있고, 가변적 수론에서의 오일러법의 개량, 제타함수에 관한 '리만의 예상'의 연구 등이 알려져 있다. 푸리에급수에 대한 기여도 중요하다.

리틀우드
[J. E. Littlewood, 1885~1977]
영국의 수학자. 카트라이트와 함께 카오스 이론을 연구하던 중, 강제 항을 가진 2차계 비선형 미분방정식의 해를 관찰할 수 있는 복잡한 행위를 발견하였다.

를 진압했다. 이후 반란에 가담했던 무굴 황제를 폐위시키고 동시에 그때까지 인도를 지배해 왔던 동인도회사를 해산시켰다. 빅토리아 여왕의 직접통치가 시작되었는데 이 집행기관인 인도 문민단에는 교육받은 아이들이 있었다. 아마 그는 잘 알려진 수학적 정리를 보기 좋게 정리한 것일 뿐이라고 생각했을지도 모른다.

하디는 아침 9시경에 여느 때처럼 연구를 시작했고, 오후 1시에 트리니티 칼리지의 식당에서 점심을 먹었다. 럭비 구장 가까이에 있는 스포츠 시설에서 리얼테니스(벽치기 테니스)를 하던 중에 인도로부터 온 편지가 묘하게 마음에 걸렸다. 분명히 잘 알려진 정리이므로 중요하지 않다고 생각하여 버렸지만, 왠지 잘못 판단한 것 같았다. 노트의 반 이상을 차지하는 기괴한 공식들은 이 분야의 권위자이던 자신마저도 즉각 진위를 판단할 수 없는 것이었다. 또 스스로 증명했지만 발표하지 않았다는 것도 이상했다.

편지 내용을 검토하기 위해 저녁식사를 마친 후 동료인 젊은 수학자 *리틀우드와 함께 휴게실로 들어가면서 하디는 "이 인도인은 미친놈 아니면 천재일 거야!"라고 소리쳤다고 한다.

2시간 반 정도 지나서 방을 나온 두 사람의 판결은 라마누잔이 '천재'라는 것이었다.

후에 하디는 다음과 같이 말했다.

"이 공식들이 속임수라 해도 도대체 어떻게 이런 상상력을 발휘했는지 놀라울 뿐이다. 이 사람은 틀림없는 진짜이다. 이렇게 믿기 어려운 기술을 가진 것으로 보아 도둑이나 사기꾼일 가능성보다는 위대한 수학자일 가능성이 더 크다."

하디가 인도의 일개 사무원에게서 온 편지 내용을 정밀하게 검토했다는 것은 매우 이례적이다. 이와 같은 편지, 특히 수학 연구 내용이 읽히는 일은 아주 드문 경우이다. 수학자라 해도 그 내용을 읽는다는 것은 피곤한 일이기 때문이다. 위대한 수학자였던 가우스조차도 22세의 젊은 노르웨이 청년 아벨이 보낸 「5차방정식의 해를 구하는 공식은 찾을 수 없다」는 중요한 논문을 무시했다. 복소함수론의 아버지 코시도 10대의 갈루아가 보낸 논문을 무시했으며, 무명이던 야코비가 르장드르에게 논문을 보냈을 때도 모두 마찬가지였다.

라마누잔에게 있어 하디는 뜻밖의 행운이었다. 미천한 식민지국의 하급 사무원에게서 온 편지를 세심하게 읽고 정당하게 평가한 하디의 수학적 지성과 따뜻한 마음가짐이 놀라울 따름이었다.

리틀우드와 함께 라마누잔의 공식을 검토한 순간 하디는 흥분했다. 그는 다음날 아침, 날이 밝자마자 서둘러 런던의 인도성으로 편지를 보내 이 위대한 천재를 케임브리지로 초빙할 수 있는지 알아보았다. 인도성의 직원은 즉각 마드라스의 학생 지원국을 통해 이 젊은 천재의 신원을 조회했다. 하디는 만나는 사람마다 라마누잔이 얼마나 대단한 사람인지를 선전했고 그의 편지를 보여주며 다녔다. 그의 광적인 행동은 주위 사람들이 이상하게 여길 정도로 들뜬 것이었는데, 최고의 지성이라 일컬어지던 하디의 이런 행동만으로도 케임브리지 내에서의 라마누잔 사건은 센세이션을 일으켰다고 한다.

철학자 버트랜드 러셀도 이 무렵 모렐 부인에게 보낸 편지에 다음과 같이 쓰고 있다.

"트리니티 칼리지에서 하디와 리틀우드를 만났습니다. 모두 정신 나간 사람처럼 흥분하고 있었습니다. 제2의 뉴턴을 발견했기 때문이라고 합니다. 인도인으로 연수입이 20파운드 정도밖에 되지 않는 마드라스의 별 볼일 없는 사무원인 모양입니다. 하디는 곧바로 인도성으로 편지를 썼습니다. 이 남자를 바로 이곳으로 데려오고 싶은 생각이 간절한 모양입니다. 비밀입니다만, 덩달아 저까지도 흥분이 됩니다."

라마누잔의 편지를 읽지도 않고 반송했던 홉슨과 베이커, 두 교수는 이 소동에 상당한 죄의식을 느꼈을 것이다. 안타까울 따름이다.

하디는 즉각적으로 라마누잔에게 편지를 보냈다. 연구에 대한 최대의 찬사와 함께 증명한 내용을 가능한 한 빨리 보내달라고 요청했다. '가능한 한 빨리'에 밑줄까지 쳐서 보냈는데, 이는 그가 상당히 들떠 있었다는 사실을 증명하는 것이다.

라마누잔의 편지는 케임브리지에 충격을 주었고, 하디의 편지는 마드라스를 들끓게 했다. 라마누잔이 영국 최고의 수학자에 필적할 정도로 높은 평가를 받았다는 소식이 시내에 널리 퍼졌고, 그의 지지자들은 마드라스 대학이 그에게 연구 장려금을 주어야 한다고 주장했다. 얼마 후 라마누잔은 항만국의 잡일을 하던 사무원의 신분에서 벗어나 코네마라 도서관에 작은 연구실 자리를 얻어 정열적인 연구에 몰두할 수 있게 되었다.

하디로부터 세 통의 편지를 받았지만 라마누잔은 새로운 공식을 증명하는 데 몰두했을 뿐 답하지 않았다. 라마누잔의 태도에 속이 상한 하디는 더 이상 편지를 보내지 않고 애를 태우며 기다렸다. 라마누잔의 증명은 마술사가 지어 보이는 매듭처럼 특별한 증명이 없어도 모두 맞게 보이는 것이 신기할 뿐이었다.

다시 해가 바뀌어 1914년이 되자, 하디는 젊은 수학자 네빌을 마드라스로 파견하여 라마누잔을 초빙하기 위해 노력했다. 사실 라마누잔은 최초의 편지를 받았던 직후에 그의 초청에 응하려 했지만, 바다를 건널 수 없다는 브라만의 계율과 어머니의 반대로 냉정하게 거절한 것이었다. 계율을 깨뜨린다는 것은 몸을 더럽히는 것처럼 금기시되는 일이었으며, 그로 인해 브라만 계급에서 추방당하게 될지도 모르는 일이었다. 추방이란 곧 친구와 친척, 처자를 잃는다는 것을 의미했다. 장례식이나 결혼식에도 초대받지 못하고 사원 출입도 금지당하는 등 사회적으로 완전히 고립되는 것이었다. 더욱이 어머니와 일체감이 강했던 라마누잔에게는 그녀의 반대가 커다란 벽이었다. 그러던 차에 네빌을 비롯하여 브라만이 포함된 수많은 관계자들이 어머니를 설득하기 시작했다. 짓밟힌 인도의 예지와 명예를 회복할 수 있는 절호의 기회라고 생각했던 브라만도 있었을 것이다.

어느 날 밤 어머니는 아들이 서양인들에게 둘러싸여 있는 꿈을 꾸었다. 외국으로 건너가 대성할 수 있는 아들을 막지 말아야 한다는 나마기리 여신의 계시를 들었던 것이다.

라마누잔의 상사였던 나라야나 이야는 신앙심 깊은 이 어머니를 설득하기 위해서는 힌두신의 계시가 필요하다고 생각했다. 그는 라마누잔의 어머니에게 나마기리 여신의 본고장인 나마스칼로 순례를 떠나자고 권했다. 나마스칼에서의 셋째 날 밤, 두 사람은 "계율을 깨고 바다를 건너라"는 암시를 받았다고 한다.

라마누잔은 급히 서양식 예절을 배우고, 몸에 맞지도 않는 양복과 넥타이, 구두를 구입했다. 자나키를 데리고 가려 했지만 연구에 지장을 줄지도 모른다는 이유로 단념했다. 성실한 청년 라마누잔은 유학을 가서 최선을 다해 연구할 것을 결심했다. 장기간의 연구에 필수인 건강관리나 정신적 안정까지는 생각하지 못한 것 같다. 공격에만 모든 신경을 쓴 나머지 수비를 놓친 셈이었다. 우연히 결정한 일이 나중에는 훨씬 큰 문제가 되기도 한다.

떠날 결심을 하면서 난생 처음으로 머리의 타후트를 자르고 이

마에 있는 나맘도 없앴지만, 죄의식에서 완전히 벗어나지는 못한 것 같다. 고향의 친구들에게는 영국으로 간다는 말 대신 2년 정도 캘커타에 머물 예정이라고 말했다.

 1914년 3월 라마누잔은 네바다호를 탔다. 이 배의 선장은 환송을 나온 마드라스의 명사들에게 "라마누잔 선생은 우리가 잘 보살필 테니 걱정 마십시오. 그가 우리를 수학으로 괴롭히지만 않는다면 말입니다"라며 농담을 건넸다. 모두가 박수를 치며 기뻐해 주었다. 소란스러운 사람들로부터 조금 떨어진 갑판에 서 있던 라마누잔은 여러 가지 상념으로 혼자 눈물 흘리고 있었다.

4. 수학자들을 당황하게 만든 라마누잔의 위대한 공식들

 케임브리지에 도착한 라마누잔은 트리니티 칼리지의 기숙사에 살면서 매일 하디의 연구실을 방문했다. 라마누잔의 '노트'를 본 하디는 당시 보내온 편지의 내용이 정말로 빙산의 일각이었음을 알았다. 아마도 그는 고졸 학력이 전부인 인도의 사무원을 케임브리지로 초빙했다는 전대미문의 용단을 내린 자신을 자랑스럽게 생각했을 것이다.

 그로부터 하디를 비롯한 많은 학자들이 라마누잔의 '노트'를 가득 채운 3254개의 공식을 하나씩 증명하기 시작했다. 일리노이 대학의 반트 교수는 이후 20년 동안 그 증명을 집대성하는 데 심혈을 기울였고, 1997년이 되어서야 5권의 책으로 완성해 낼 수 있었다. 이 책에는 증명이 끝난 것만 실렸으며, 이 공식들이 가진 의미와 수학에서의 위상 및 응용 등에 대해서는 거의 손도 대지 못한 채였다.

하디와 라마누잔은 절묘한 콤비가 되었다. 하디는 언젠가 "라마누잔은 매일 아침 6개 정도의 새로운 정리를 가지고 나타났다"라고 언급한 적이 있는데, 라마누잔이 제시한 정리의 가치를 검토하고 엄밀한 증명을 덧붙여서 논문 형식으로 완성하는 것이 하디의 역할이었다. 얼마 후 1차 세계대전이 발발하여 케임브리지의 거리는 야전병원과 훈련캠프로 변했지만, 그 와중에도 두 사람은 10편이나 되는 공동논문을 저술했다. 그중 분할수의 점근 공식은 자체의 중요성은 물론이고 증명에 사용된 원주법이 해석적 정수론 분야의 혁명을 가져왔다는 점에서 특기할 만하다.

라마누잔의 방에서 본 대학 기숙사의 안뜰.

힐베르트
[Hilbert, David. 1862~1943] 독일의 수학자. 현대수학의 여러 분야를 창시하여 크게 발전시켰다. 특히 대수적 정수론의 연구, 불변식론의 연구, 기하학의 기초 확립, 수학의 과제로서의 몇몇 문제의 제시, 적분방정식론의 연구와 힐베르트공간론의 창설, 공리주의 수학 기초론의 전개 등을 들 수 있다. 저서 『기하학의 기초』는 수학에서의 공리주의의 방향을 자리잡게 함으로써 새로운 시대를 열어준 획기적인 것이었다.

하디는 말년에 수학자들의 천부적인 수학 재능에 대해 점수를 매겼다고 한다. 하디 자신은 20점이었고, 리틀우드 30점, 20세기 수학의 거장 *힐베르트가 80점, 라마누잔이 100점이었다. 하디는 라마누잔의 놀라운 직관력과 통찰력을 '오일러 수준'이라고 극찬했지만, 그와 동시에 그의 무지함에도 놀라지 않을 수 없었다. 19세기 수학의 보물이라는 복소수 정리나 데이터함수의 등식을 혼자 힘으로 발견한 비할 데 없는 천재가 수학과 학생들의 기초인 코시의 적분정리조차 몰랐던 것이다. 그는 대부분의 수학 개념을 모르고 있었다.

라마누잔의 사고 과정은 아직까지도 잘 설명되지 않고 있다. "자연적으로 답이 떠올랐다"든지 "꿈속에서 나마기리 여신이 가르쳐주었다"라고 말하기도 했다. 점성술과 꿈 해몽을 믿는 라마누잔과 달리 하디는 그러한 생각을 부정했다.

케임브리지에서의 라마누잔.

아마 라마누잔의 수학적 사고의 밑바탕에도 다른 수학자들과 마찬가지로 귀납과 유비, 예증이나 계산 등이 있었음에 틀림없다. 다만 이것들을 날카롭게 조합시키는 자유도가 극단적으로 높았던 것이 아니었을까. 엄밀성이나 불필요한 지식으로부터 해방되어 있던 것도 발상을 유연하게 해주었을 것이다. 하디는 이렇게 생각했기 때문에 그에게 대학 과정의 수학을 억지로 공부시키려고 하지 않았다.

다만 라마누잔의 공식이 보여주는 다른 측면의 번뜩임을 그것 자체로만 평가하려는 것은, 단지 우리가 다른 원인을 생각하기 어렵기 때문인지도 모른다. 라마누잔은 '우리보다 백 배 이상 머리가 좋은' 천재는 아니었다. '어떻게 그런 공식을 생각해 냈는지 짐작하기 어려운' 천재일 뿐이다. 아인슈타인의 특수상대성 이론은 아인슈타인이 아니더라도 2년 이내에 누군가 다른 이가 발견했을 것이라고 한다. 수학이나 자연과학 분야의 모든 발견에는 반드시 이론적 필연이나 역사적 필연이 있게 마련이다. 따라서 때가 되면 반드시 누군가에 의해 발견되는 것이다.

나는 라마누잔의 공식을 보았을 때 그저 감탄스러워 어찌할 바를 몰랐다. 잠시 동안이었지만 같은 수학자인 내게 그의 존재가 커다란 짐처럼 느껴졌다. 어떻게 이러한 진리에 도달했는지를 이해하지 못할까 봐 두려웠기 때문이다. 그가 이룩한 예언의 필연성이나 맥락을 찾는 동안은 계속해서 큰 짐이 될 것이다.

수학은 필연성을 지닌 학문이다. 하지만 라마누잔의 공식에는 필연성이 보이지 않는다. 바꿔 말하면, 라마누잔이 없었다면 그러한 공식은 백 년 가까이 지난 오늘날에도 발견되지 않았을 것이라는 말이다.

수학자가 알고 싶어하는 것은 라마누잔의 사고 과정의 필연성을 분명하게 밝혀내는 것에 있다. '인도'라든가 그가 가진 '종교'라는 배경에 저항감을 느끼는 것은 신비나 종교를 이성과 과학에 대립하는 항목으로 간주해 온 현대인의 한계일지도 모르겠다.

아무리 위대한 수학적 발견을 한 학자라도 자신의 연구가 종교의 힘 때문이라고 밝힌 적은 없었다. 하디 역시 여우에게 홀린 기분이었을 것이다.

5. 고독과 질병 속에서 피어난 아름다운 공식

라마누잔은 철저한 채식주의자였고, 브라만 이외의 사람이 한 요리에는 입도 대지 않았다. 따라서 식사도 늘 자신의 방에서 직접 만들어 먹었다. 마드라스에서 보내온 향신료로 조리한 멀건 수프인 랏사무나 맷돌로 간 콩을 넣은 매운 야채수프인 산바가 주된 식사였다.

그가 기거하는 기숙사 방에는 거실 겸 침실 모퉁이 창 쪽으로 요리를 하던 가스레인지가 놓여 있다. 창문을 열자 사각형의 잔디밭 안뜰이 보였다. 그는 벽에 힌두교 신들이 그려진 화려한 그림을 걸어 두고, 채식을 하면서 매일 아침저녁으로 기도를 거르지 않았다.

나라를 떠난 것이 이미 계율을 어긴 것이라고 생각될지도 모르겠지만, 역시 그는 타고난 남인도 사람이자 경건한 힌두교도였다. 고향으로 돌아간 후에도 경건한 마음으로 카스트로 복귀하려고 했을 것임에 틀림없다.

초기의 긴장감에서 벗어나자 영국 특유의 춥고 우울한 날씨와 고독감이 그를 약하게 만들었다. 혼자 살았고, 케임브리지의 유일한 사교장이었던 홀에서의 식사도 거부했기 때문에 대화할 친구조차 없었다. 낯선 영국인들이 이 조그맣고 가무잡잡한 인도인을 어떻게 취급했을지도 충분히 상상할 수 있다.

소심했던 그는 상처받는 것이 두려워 주위에 벽을 쌓았고 그 안에서만 머물렀다. 소외의 정도가 날이 갈수록 심해졌다. 다른 이들의 시선도 점차 험악해지고 있다고 느껴졌다. 아이디어마저도 점점 메말라가면서 교수의 도움 없이는 제대로 논문조차 쓰지 못했다. 엄밀한 증명의 필요성도 분명하게 느낄 수 없게 되었다.

20대 후반의 그에게는 성적 욕구도 불만의 요소였을 것이다. 그는 점점 자신감을 잃어갔다. 고독감에 휩싸인 채 남인도의 밝은 태양, 벵갈의 푸른 바다, 바나나 코코넛이 산더미처럼 쌓인 시장, 원색의 사리(힌두교 여성의 의상)와 흰색의 도티가 휘날리는 거리, 잔물결처럼 들려오는 타밀어, 어머니가 만든 드라비다 요리의 향기, 그리고 아직 10대인 어여쁜 아내 자나키 등을 마음속에 떠올렸을 것이다.

몇 개월 정도로 끝날 것 같던 전쟁도 계속 확대되었다. 많은 수의 인도 병사가 종전 후의 자치권 확대 약속을 믿고 영국군으로 참전하여 서부전선과 아프리카에서 싸웠다. 7만 명 이상의 전사자가 나왔다.

케임브리지의 각 칼리지는 야전병원으로 변했고 부상병으로 들어찼다. 양심적으로 병역을 거부한 하디를 제외하고는 모두 다 전쟁터로 떠나 어느 누구 하나 남아 있지 않았다. 쓸쓸한 케임브리지 거리는 밤만 되면 암흑으로 변했다. 독일의 체펠린 비행기 폭격을 피하기 위해 거리의 가스등을 켜지 않았기 때문이다. 북위 52도의 케임브리지의 겨울철은 하루 6시간 남짓 해가 비칠

1914년에 라마누잔이 런던에서 어머니에게 보낸 편지. 타밀어로 적혀 있다.

때를 제외하고는 중세 암흑과 같이 캄캄했다. 낮에도 얼음비가 내리는 경우가 많았다. 암울한 상황이었고 그 어느 때보다 주변의 위로가 필요한 상황이었지만, 라마누잔은 영국에 있는 인도인과도 잘 만나려 하지 않았다.

라마누잔은 점점 더 연구에만 몰두했다. 순정적인 그는 하디 선생의 기대에 부응하고자 30시간 이상 쉬지 않고 연구하고 20시간 내내 잠을 자는 불규칙한 생활에 빠졌다. 요리 시간이 아까워 밥에 레몬즙과 소금을 쳐서 먹기도 했다. 전쟁이 심해지자 야채도 구하기 어려워진 형편이었다.

영국에 머문 지 3년이 지날 무렵 라마누잔은 결국 병으로 드러눕고 말았다. 정확한 원인은 밝혀지지 않은 채 위궤양, 패혈증, 암, 결핵 등 여러 병명이 따라다녔다. 이후 그는 2년 정도 병원과 결핵요양소를 전전했다. 결핵일 가능성이 높으니 충분한 영양을 취해야 한다고 의사가 지시했지만 이를 거부하고 여전히 채식을 고집했다. 병에 걸린 동안 10여 명의 의사가 그를 거쳐갔지만 의사의 충고를 전혀 따르지 않아 의사의 관심에서도 점점 멀어지고 말았다.

아내 자나키의 편지가 어느 순간부터 뚝 끊긴 것도 그의 마음 고생을 더욱 심하게 만들었다. 인도에서는 보통 어머니와 아들의 관계가 특별한데, 라마누잔과 그의 어머니 사이는 더욱 각별했다. 영국에서의 체류가 원래의 예정보다 길어지게 되었을 무렵 라마누잔은 자나키를 영국으로 데려오고 싶어 어머니에게 부탁했으나 그녀는 아들의 부탁을 한마디로 거절했다. 그것만이 아니었다. 라마누잔과 자나키가 서로에게 쓴 편지들은 모두 어머니의 손에서 찢겨나갔다. 자나키는 어머니 몰래 편지를 보내고 싶어도 우표를 살 돈조차 없었다.

자나키는 시어머니에게 어렸을 때부터 무식하다는 핀잔을 들었고, 결혼할 때 가지고 온 지참금이 적다는 이유로도 구박을 받았다. 참다 못한 자나키는 결국 집을 뛰쳐나가고 말았다.

라마누잔이 케임브리지에 막 왔을 무렵 한 달에 두 통 정도였던 가족의 편지는 3년이 되자 거의 끊겨 있었다. 자나키를 가운데 두고 아들과 어머니 사이에 말다툼이 벌어졌다. 집을 나간 자나키가 어디에 머무르고 있는지, 거처는 물론 아무 소식도 듣지 못하고 의기소침해 있던 라마누잔에게 그의 어머니는 "네가 귀국하기 전까지 자나키를 인도의 어느 곳에 몰래 살게 해두었다. 너무 자주 편지를 주고받는다"고 비난했다. 좀더 시간이 흐르자, 부모나 형제들로부터 오던 편지도 끊어졌다. 가족을 그리워하면서 라마누잔은 더욱 고독해졌다. 설상가상으로, 하디의 노력에도 불구하고 트리니티 펠로우 추천에서도 떨어졌다. 지병이 있어 연구도 생각만큼 진행되지 않았다. 1918년 초, 그는 런던의 지하철에서 자살을 기도하지만 전차가 바로 코앞에서 급정거하면서 미수로 그치고 만다.

얼마 후 요양소에 있는 라마누잔에게 한 통의 전보가 도착했다.

왕립학회 회원(FRS)으로 선출되었다는 내용이었다. 회원이 된다는 것은 노벨상을 타는 것과 마찬가지로 영예로운 일이었다. 자신감을 상실한 라마누잔을 걱정했던 하디가 분주하게 노력한 덕분이었다.

기운을 회복한 라마누잔은 분할수에 관한 합동식과 로자스 라마누잔 항등식을 발표했다. 또한 트리니티 칼리지의 펠로우로 선발되어 매년 250파운드씩 6년 동안 받게 되었다. 보기 드물게 별다른 의무 사항이 없는 파격적인 조건이었으며, 고졸 학력으로 펠로우에 선발된 것은 전대미문의 일이었다.

이 무렵 하디가 런던 남서쪽의 푸트니에서 요양 중이던 라마누잔에게 병문안을 왔다. 그날은 하루종일 흐린 날씨였다. 얼굴을 마주한 하디가 "날씨도 그렇고, 내가 탄 택시 번호도 1729였어. 오늘은 정말 별 볼일 없는 하루야" 하고 농담처럼 말했다. 이에 라마누잔은 곧바로 "상당히 재미있는 숫자군요. 세제곱의 합으로서 두 가지로 표현할 수 있는 숫자 중에 가장 적은 것입니다." 그는 하디 앞에서 $1729=1^3+12^3$, $1729=9^3+10^3$이라고 또박또박 두 가지 식을 썼다. 이와 같은 것 중에 가장 작은 것이 1729라는 것이다. 어린 시절 석판에 즐겨 했던 계산을 떠올렸던 것이다.

몸은 좀처럼 회복되지 않았다. 전쟁이 끝나기를 기다리던 라마누잔은 1919년 3월, 정확히 5년간의 영국 체류를 끝마치고 귀국길에 올랐다.

마드라스의 사람들은 몰라보게 야윈 그를 '남인도의 영광'이라고 칭찬하며 크게 환영했고, 아시아의 직관으로 유럽의 예지에 도전한 개선장군으로 칭송했다. 마드라스 대학은 그에게 교수 자리를 내주었다.

라마누잔은 반대하는 어머니를 무시하고 친정 오빠 집에 있던

'읽어버린 노트' 중에서 가장 중요한 발견이라는 '의사데이터 함수'의 원고 일부.

자나키를 불러들였고, 19세의 성인이 된 자나키와 그때까지 쌓였던 오해를 풀고 다정한 대화를 나누었다. 그는 자나키를 통해 어머니의 고집에 대해서도 자세히 알게 되었다. 남편의 사랑을 받게 되자 자나키는 시어머니에게 말대꾸를 할 정도로 대범해졌다. 중병으로 누워 있던 라마누잔에게 들려오는 아내와 어머니의 반복되는 언쟁은 그의 병을 악화시켰다. 그를 진찰한 어느 의사는 일기장에 "고부간의 불화가 없었다면 그의 병은 분명 나았을 것이다"라고 적었다고 한다. 라마누잔은 친구들에게 "차라리 돌아오지 않았더라면 더 나았을지도 모르지"라고 한탄하기도 했다.

이 와중에 그는 최후의 빛나는 업적을 세워 의사데이터 함수를 비롯한 많은 발견을 했다. 자나키는 그에게 따뜻한 수건을 갖다 주면서, 수식투성이의 종이들을 모아 커다란 상자에 넣었다. 병세는 날이 갈수록 악화되어 결국 라마누잔은 1920년 33세의 나이로 세상을 떠났다. 시신은 관습대로 24시간 이내에 화장되었고, 재는 시내를 관통하여 벵갈만으로 흐르는 쿰강에 뿌려졌다. 장례식에 참석한 사람은 가족을 포함하여 10명 정도에 불과했다. 계율을 깼으므로 성지인 라메슈와람의 사원으로 갈 수 없었고, 기도와 수행으로 다시 복귀할 여유도 없었다.

그의 병명에 대해서는 아직까지도 의견이 분분하지만, 최근 비타민 결핍증이나 A형 간염일지 모른다는 의견이 나오고 있다.

    큰 상자 속에 있던 서류는 여러 수학자의 손을 거친 후 현재 트리니티의 렌 라이브러리에 보관되어 있다. 비타카나 *랭킨 등 분야가 비슷한 유력 수학자들이 그 내용을 검토하였지만 밝혀내지 못했고, 할 수 없이 트리니티에 기부한 것이다. 1976년이 되어서야 펜실베이니아 주립대학의 앤드류즈 교수가 다시 그것을 우연히 찾아냈다. 의사데이터 함수를 연구하던 그는 라마누잔의 노트를 보고 바로 그 내용임을 확신했으며 이 대단한 보물에 몸을 떨었다. 베토벤의 10번 교향곡에 비견되는(위대한 악성 베토벤의 교향곡은 9번 〈합창〉에서 끝난다) 이 '잃어버린 노트'의 내용 해명은 아직 완결되지 못한 상태이다.

    헷케 작용소의 고유값에 관한 그의 마술사와도 같은 예상은 그 누구보다 뛰어난 것이어서 1973년이 되어 겨우 도우리뉴에 의해 해결되었고, 이는 20세기 최대의 수학적 업적 중 하나가 되었다. 당시 라마누잔의 연구는 그것이 앞으로 어떤 분야에 응용될지 아무도 예상할 수 없는 것이었다. 분할수나 모듈 형식에 관한 그의 아름다운 공식은 오늘날에 와서야 소립자론이나 우주론에 영향을 미치기 시작했다. 프린스턴 대학의 이론물리학자 다이슨은 최근에 다음과 같이 말했다.

    "라마누잔을 연구하는 일이 중요해졌다. 그의 공식은 아름다울 뿐 아니라 실질과 깊이까지 갖추었기 때문이다."

랭킨
[Rankine, William John Macquorn. 1820~1872]
영국의 물리학자·공학자. 16세 때 뉴턴의 『프린키피아』를 독파하고 17세 때 '빛의 진동'에 관한 논문을 써서 상을 받았다. 글래스고 대학 교수로 토목공학을 강의하며 재료역학·열역학·탄성학·파동이론 등을 연구하였고, 논문을 발표하여 공학의 진보, 특히 열역학의 건설과 보급에 크게 공헌하였다.

6. 아내와 어머니의 불화 속에서 외롭게 죽어가다

2월이라고 해도 인도의 날씨는 30도를 넘는 무더위였다. 마드라스 대학 라마누잔 고등수학연구소에 있는 랑거차리 교수를 방문했다. 라마누잔을 잘 알고 있는 그는 머리 뒤쪽에 타후트를 하고 이마에는 나맘, 허리에는 흰색의 도티를 두른 정통 브라만이었다.

라마누잔을 떠올리게 하는 차림의 교수와 함께 라마누잔의 영국 시절 친구이자 사나트리움에 있던 라마누잔을 만나 그의 증세를 하디에게 보고했다는 철도 기사 라마리겸의 집을 방문했다. 라마리겸은 이미 사망했지만, 60세 전후로 보이는 그의 막내딸을 만날 수 있었다.

그녀는 아버지에게 그의 위대한 친구인 라마누잔에 대해 자주 들었다고 했다. 내가 "라마누잔은 천재라기보다는 하늘에서 뚝 떨어진 사람 같다"라고 말하자 랑거차리 교수와 그녀가 모두 크게 고개를 끄덕였다.

차가 나왔는데, 우리에게는 홍차가, 랑거차리 교수에게는 은으로 만들어진 탄브라에 넣은 우유가 나왔다. 교수는 입에서 10센티미터 정도의 높이로 탄브라를 들고 기울여서는 한 방울도 흘리지 않으며 마셨다. 브라만은 다른 계급과 함께 차를 마시는 것이 금지되어 있지만, 은으로 만든 식기에 담긴 우유만은 입에 식기를 대지 않는 선에서 허용되는 듯했다. 멍하게 바라보고 있는 내게 교수가 "아마 라마누잔도 이렇게 마셨을 거요"라고 웃으면서 말했다.

그의 아내 자나키가 살던 집을 방문했다. 유감스럽게도 그녀는 2001년 말 94세를 일기로 사망하여 이 세상 사람이 아니었다. 집에는 그녀의 양자와 손녀딸이 살고 있었다. 좁고 가파른 계단 위가 바로 자나키가 머물던 방이었다. 벽에는 힌두신들이 나란히 있었으며 라마누잔의 사진도 걸려 있었다. 방의 한구석에는 각국의 수학자들이 기증하여 만들어진 라마누잔의 청동 흉상이 놓여 있었다. 자나키는 남편이 죽은 후 이곳에서 50년 이상을 삯바느질을 하면서 생계를 꾸렸다고 한다.

부엌에는 오래된 놋쇠 대야가 두 개 있었는데, 다리와 가슴의 통증을 호소하는 남편을 따뜻한 물로 찜질해 줄 때 사용한 것이었다. 그녀에게는 남편과의 추억이 담긴 중요한 물건이었던 것이다. 자나키와 라마누잔이 어딘가에서 우리를 지켜보고 있는 것 같았다.

오후 늦게 해링턴 거리에 있는 마지막 집으로 향했다. 대실업가 라마찬드라씨의 소유로, 천 평 정도 되는 정원이 있는 집이었다. 그는 집이 없는 라마누잔을 동정하여 1층의 일부를 빌려주었다고 한다. 여기에서 라마누잔은 거의 죽어가는 몸을 가누면서 유명한 의사 데이터 함수와 여러 가지 아름다운 공식을 만들어냈다.

라마누잔이 기거하던 방은 현관을 지나 계단을 돌아 나간 곳에 있었다. 철제 격자가 있는 두 개의 작은 창이 보였고, 어딘지 모르게 음침해 보이는 두 방이 나란히 있었다. 지금은 사용하지 않는 것처럼 보였다. 돌로 된 마루에는 여기저기 모래가 쌓여 있었고, 돌벽에는 커다란 갈색 얼룩이 손 닿는 곳에 있었다. 섬뜩한 분위기의 방에 들어서자 숨이 막혀왔다. 나는 철제 격자로 된 창문 너머의 안뜰로 눈길을 돌렸다.

이때 갑자기 라마누잔이 불행한 사람이었다는 느낌이 들었다. 하늘 아래 그가 편안히 머물렀던 곳이 없었기 때문이다. 인도에서는 빈곤으로 시달렸고, 정당한 평가도 없이 계율을 깬 채 영국으로 갔으나 사람도 땅도 낯선 이국에서 결국 불치병을 얻고 귀국했다. 꿈에서까지 그리던 고국으로 돌아왔지만 이전에 느끼지 못하던 불합리한 상황과 비위생적인 환경 때문에 힘들어했을 것이다. 또한 쇠약해진 자신을 두고 가장 사랑하는 두 사람이 심하게 다투는 것을 보아야 했다.

안타까운 마음에 뜰로 난 문을 열어 보았다. 위를 올려다 보자 사각의 모서리를 도려낸 저녁 하늘이 보였다. 라마누잔도 이곳을 걸으면서 똑바로 하늘을 쳐다보았을 거라고 생각했다. 눈을 돌리자 사각의 하늘 가운데 오리온 자리의 삼태성이 빛나고 있었다. 라마누잔은 드디어 쉴 장소를 발견한 모양이었다. 내가 계속해서 그 별을 쳐다보자 라마찬드라 부인은 "자, 이 뜰의 힌두 사원에서 저녁 기도를 하시지요"라고 말했다.

> **수학자가 남긴 한마디**
>
> "라마누잔을 연구하는 일이 중요해졌다. 그의 공식은 아름다울 뿐 아니라 실질과 깊이까지 갖추었기 때문이다."
>
> – 이론물리학자 다이슨

쉬어가는 페이지

힐베르트의 호텔
힐베르트는 무한대가 갖고 있는 기묘한 성질을 잘 보여주는 예제로 유명하다.
'힐베르트의 호텔'이라고 불리는 이 유명한 예제는 힐베르트가 종업원으로 일하는 가상의 호텔 이야기이다. 이 호텔에는 무한개의 객실이 있다. 어느 날 한 손님이 호텔로 찾아왔는데 객실이 무한개가 있음에도 불구하고 방마다 모두 투숙객들이 들어 있었으므로 빈 방을 내줄 수 없었다. 그런데 호텔 종업원인 힐베르트는 잠시 생각한 후 새로 온 손님에게 빈 방을 마련할 수 있노라고 호언장담했다.
그는 객실로 올라가 모든 투숙객들에게 정중하게 부탁했다. "죄송하지만 손님들께서는 옆방으로 한 칸씩만 이동해 주시기 바랍니다." 이해심 많은 투숙객들은 모두 옆방으로 옮겨 갔으며 자기 방을 못 찾아 헤매는 사람도 없었다. 그리고 새로 온 손님은 비어 있는 1호실로 여유 있게 들어갔다. 이것은 무한대에 1을 더해도 여전히 무한대임을 말해 주는 좋은 예이다.
그런데 다음 날 밤, 호텔에는 더욱 곤란한 문제가 발생했다. 투숙객이 방을 가득 채운 상태에서 무한히 긴 기차를 타고 온 무한대의 손님들이 새로 도착한 것이다. 하지만 힐베르트는 당황하기는커녕, 무한대의 숙박료를 더 받을 수 있다고 기뻐했다. 그는 곧 객실에 안내방송을 내보냈다. "손님 여러분, 죄송하지만 현재 묵고 계신 객실 호수에 2를 곱하셔서, 그 번호에 해당되는 객실로 모두 옮겨주시기 바랍니다. 감사합니다!"
이리하여 1호실 손님은 2호실로, 2호실 손님은 4호실로 모두 이동을 마쳤다. 자기 방을 빼앗긴 손님이 하나도 없는데도, 어느새 호텔에는 무한개의 빈 객실이 생긴 것이다. 힐베르트의 재치 덕분에 새로 도착한 무한대의 손님들은 홀수 번호가 붙어 있는 무한개의 객실로 모두 배정되어 편히 쉴 수 있었다. 이것은 무한대에 2를 곱해도 여전히 무한대임을 말해 주는 것이다.

국가를 구한 영웅 # 앨런 튜링

업적

· 세계 최초의 연산 컴퓨터 '콜로서스' 개발

Alan Mathison Turing(1912~1954)

애커드와 모클리가 1946년 개발한 '애니악'보다 2년여 앞선 1943년 12월, 세계 최초의 연산컴퓨터 '콜로서스'를 개발하였다. 「컴퓨터와 지능」이라는 논문을 통해 '생각하는 기계'를 만들기 위해 몰입했으며, 이는 1980년대의 '인공지능' 개념으로 이어졌다.

약력

1912	런던에서 태어남.
1931	「화학반응식에 대한 수학적 응용」이라는 논문으로 '말콤 과학상' 수상, 케임브리지 대학 킹스 칼리지에 입학(19세).
1934	미국 프린스턴 대학으로 유학을 떠남(22세).
1935	케임브리지 대학 킹스 칼리지 정교수가 됨(23세).
1937	현대 컴퓨터의 모델로 불리는 '*튜링 머신'을 수학적으로 고안해 냄. 박사 학위를 받고 킹스 칼리지 특별연구원이 됨(26세).
1939	2차 세계대전 중 영국 정부의 수학자 소환에 응해 정부암호학교에서 암호 해독에 착수(27세).
1940	독일군의 '에니그마'에 기초한 암호 해독에 성공(28세).
1943	세계 최초의 컴퓨터라 할 수 있는 1천 5백 개의 진공관으로 이루어진 '콜로서스'를 제작함(31세).
1950	인공지능에 관한 논문 발표(38세).
1952	맨체스터에서 동성애자로 밝혀져 경찰에 구속됨(40세).
1954	사망(42세).

1. 진짜 수학자의 진짜 수학

케임브리지 대학의 하디 교수는 그의 저서 『어느 수학자의 변명』에서 다음과 같이 말했다.

"진짜 수학자의 진짜 수학은 별로 쓸모가 없다. 과학은 전쟁 등에 악용되지만, 순수 수학은 안전하다. 수학이 전쟁에 이용될 방법은 없어 보이며, 앞으로도 오랜 동안 그러할 거라고 생각한다."

하디가 순수 수학의 고귀함을 자랑스러워하던 1940년 무렵 하디의 제자이며 역시 순수 수학자이던 앨런 튜링은 막 발발한 2차 세계대전에서 조국을 구하기 위해 수학을 이용한 어떤 연구에 필사적으로 매달리고 있었다. 독일의 무차별적인 U보트(잠수함) 작전으로 매달 30만 톤에 달하는 운송선이 격침당하고 있었기 때문에, 조국인 영국은 무기와 탄약뿐만 아니라 무엇보다도 귀중한 식량의 부족으로 위태로운 상황이었다.

튜링이 몰두한 것은 나치 독일이 "절대로 해독할 수 없다"고 호언장담한 에니그마 암호였다.

독일 군대는 에니그마(수수께끼라는 뜻의 독일어)라는 암호 기계를 사용하고 있었다. 에니그마는 원래 독일의 세르비우스라는 기술자가 1918년에 상업용으로 개발한 자동 암호작성 기계였다. 일반 문장을 입력하면 자동으로 암호화된 문장이 출력되는 획기적인 것으로, 오늘날의 돈으로 환산하면 한 대당 3천 5백만 원 이상의 고가품이었기 때문에 실용화되지는 못했다.

1차 세계대전 당시 영국에게 암호를 해독당했던 독일 육군은 1920년대 후반에 이 에니그마에 주목했다. 그리고 이 기계를 훨씬

튜링 머신
명령어와 프로그램에 의해 작동되는 오늘날 컴퓨터의 모델이 된 최초의 컴퓨터로, 종이 테이프에 구멍을 뚫어 명령을 입력하면 자동적으로 작동하도록 고안되었다.

에니그마 기계.

정밀화하여 군사용으로 제작했다. 몇 개의 서로 다른 형태의 에니그마를 정밀하게 만들어 비밀 수준까지 조정하면서 사용하고 있었다.

가장 정밀한 에니그마는 암호 열쇠, 즉 암호화되는 알파벳 나열이 1경(1조의 만 배) 정도인 엄청난 것이었다. 실제 암호문에 어떤 열쇠가 사용되었는지를 확인하려면 1조의 만 배를 점검해야 했다. 하나를 확인하는 데 1분이 걸린다고 한다면 암호 전부를 해독하는 데는 우주 탄생에서 오늘날까지의 시간으로도 부족한 것이었다.

1935년, 전쟁이 발발하자 앨런 튜링을 비롯한 많은 수학자들이 케임브리지와 옥스퍼드에서 부름을 받고 소집되었다. 이제 막 재편된 정부암호학교에서 소환한 것이었다. 이 기묘한 명칭은 세간의 이목을 피하기 위해서 지어진 것이지만, 주된 임무는 적군의 암호 해독이었다.

암호 해독이란 다른 이의 편지를 몰래 읽는 것과 같은 것으로, 아무리 필요에 따라 만들었다고는 해도 신사의 나라인 영국의 체면상 직설적인 명칭을 사용하기는 어려웠을 것이다. 오늘날 이 암호 해독의 임무는 체루토남 거리에 있는 '정보통신본부'에서 맡고 있다.

현재 이곳에서 근무하는 동료 수학자에게 무슨 일을 하고 있느냐고 물었는데 "통신 연구를 하고 있다"고 잘라 말했다. "견학 좀 시켜주겠나?"라고 짓궂게 질문했더니 "미안하지만 절대 안 된다"면서 거절했다. 예절 바른 영국 신사가 '절대'라는 강한 표현까지 사용하는 것은 드문 일이었다.

런던에서 북쪽으로 한 시간 정도 전차를 타고 가면 블레츨리라는 역이 나온다. 원래 블레츨리 파크는 귀족 소유의 땅이었는데 이곳에 정부암호학교가 들어선 것은 이곳이 케임

기밀 정보를 실은 오토바이가 오가던 블레츨리 파크의 뒷문.

브리지와 옥스퍼드의 중간에 위치했기 때문일지도 모른다. 당시 두 대학을 연결하는 철도가 있었고 가끔씩 기차가 다녔다고 한다.

영국에는 16세기경부터 실제로 상설된 정보국이 있었으며 암호 해독 등의 첩보 활동에서 성과를 거두고 있었다. 해독자들은 고전어 학자나 외국어에 능통한 사람, 또는 무슨 이유에서인지는 모르지만 신부 등이 대부분이었다. 그때까지 뛰어난 해독 능력을 보여왔던 그들이 1936년에 도입된 에니그마 때문에 암호 해독에 애를 먹고 있었다. 언어 고유의 특징이나 빈도 해석 등을 이용하던 이전의 해독법으로는 결코 풀 수 없었던 것이다.

적군의 정보를 얻지 못한 채 전쟁에 돌입한다는 것은 세계적인 암호 대국인 영국으로서는 있을 수 없는 일이었다. 험악한 독일군의 동태를 파악한 영국군은 1939년이 되자 더욱 혼란에 빠졌고 정부암호학교를 블레츨리 파크로 이전하여 수학자와 크로스워드 전문가, 체스 챔피언 등을 소집하였다. 옥스퍼드와 케임브리지 대학에서 사상적으로 건전하다고 판명된 우수한 학생들까지 불러 모았다.

수학자가 선발된 이유는 이들이 무언가에 집중하는 일에 익숙했

기 때문이기도 했지만, 또 다른 이유도 있었다. 정부암호학교 창립자 중 한 사람인 학교장 데니스턴 중령이 폴란드에서 극비리에 에니그마 해독을 진행해 왔는데, 이때 주요 역할을 한 세 사람 모두가 수학자였던 것이다.

1939년 9월 1일, 독일은 폴란드를 침공했고 다음 날 영국과 프랑스는 독일에게 선전포고를 했다. 하지만 1940년 3월까지 7개월 동안 실제 전투는 폴란드 등 동부에서만 일어났기 때문에 두 나라의 전쟁은 경제 봉쇄 정도의 수준으로 진행되었다.

하지만 4월에 독일군이 중립국인 덴마크와 노르웨이를 점령하자 전세가 달라지기 시작했다. 서부 전선에 불을 지피면서 마침내 영국과 프랑스가 전쟁에 휩싸인 것이다. 5월에 독일군은 역시 중립국인 벨기에와 네덜란드를 침공했으며, 곧바로 프랑스의 대독방위선(마지노선)을 돌파하여 6월에는 순식간에 파리를 함락시켰다.

영국은 비록 전쟁터는 아니었지만 많은 운송선이 독일의 U보트에게 침몰당하자 식량과 석유의 절반을 수입에 의존하는 섬나라로서 고충이 많아졌다.

수학자들은 암호 해독을 위해 최선을 다했다. 하루가 늦어질수록 인명 피해도 그만큼 늘어났으며 국민들은 나날이 기아로 고통받고 있었다. 그들은 하루라도 빨리 해독하기 위해 일일 3교대로 24시간 내내 근무했다.

튜링을 팀장으로 한 암호 해독팀은 포획되거나 침몰한 독일 선박에서 빼온 노출된 암호 노트를 참고로 새로운 해독법을 개발해 냈고, 1940년 7월 드디어 U보트 암호 해독에 성공했다. 이로써 U보트의 위치를 정확히 파악하여 상선과 군함으로 구성된 호송 선단에게 시간을 변경하도록 통지할 수 있었다. 또한 이 정보를 이용하여 숨어 있는 U보트 함대를 피해 항로를 변경할 수 있었다. 구축함을 급파하여 U보트를 공격하기도 했다.

블레츨리 파크의 암호 해독 본부.

성과는 확실했다. 이전까지는 매달 영국 군함이 30만 톤 이상 침몰되었지만, 7월부터는 12만 톤 이하로, 11월에는 6만 톤까지 감소했다. 독일 해군은 마침내 1년 9개월 동안 지속되어 오던 북대서양에서의 U보트 작전을 중지하기에 이르렀다.

1942년 8월, 더욱 정밀한 암호를 개발한 독일 해군은 다시 북대서양에서 U보트 작전을 전개했다. 이 새로운 암호는 튜링도 완전히 해독할 수 없었다. 피해는 1940년대보다 훨씬 큰 규모였다. 9월에는 48만 톤, 10월에는 62만 톤의 손실이 있었다. 반면 침몰된 U보트는 8월 이후 매달 몇 톤 정도에 불과했다. 이 상태가 지속된다면 얼마 못 가 영국의 상선이 모두 침몰하게 될지도 모르는 급박한 상황이었다. 비축해 둔 식량도 일주일분 정도로, 최악의 사태였다.

그러나 튜링 팀원들의 필사적인 노력이 결국 결실을 일구어냈다. 피해가 급격하게 줄었을 뿐만 아니라 1943년 1월부터 5월까지 거의 백 척에 가까운 U보트가 격침되었다. 5월 하순이 되자 독일 해군의 U보트 작전은 다시 중지되었다. 영국의 항구에는 미국에서 공수된 풍부한 식량과 군수물자가 쌓였으며 영국 국민은 기아에서 벗어날 수 있었다. 영국군은 독일군을 제압하고 서서히 유럽 대륙으로 반격할 준비를 하고 있었다.

앨런 튜링의 암호 해독 재능은 매우 뛰어난 것이었다. 블레츨리 파크의 사령탑답게 그의 탁월한 아이디어는 모두를 선도했으며 국가를 구하고 세계사를 바꾼 인물이 되었다. 수학자들이 이토록 놀라운 힘을 발휘한 것은 그들이 단지 수학 공식(치환군론)을 잘 이용했기 때문만은 아니다. 암호를 해독한 힘은 무엇보다 수학적인 사고 자체에 있었다. 다양하고 혼돈스러운 현상 속에서 논리 구조를 찾아내려는 노력, 습성처럼 몸에 밴 놀라운 집중력이 바로 그 힘이었던 것이다.

2. 크리스토퍼 말콤과의 사랑과 이별

튜링은 1912년 6월 23일에 런던에서 태어났다. 그가 태어난 패딩턴 역 근처의 병원은 현재 코로네라는 이름의 호텔로 바뀌었다. 객실이 20개뿐인 작은 호텔이지만, 정신분석가 프로이트가 오랫동안 투숙했을 정도로 품격 있는 곳이다.

나도 호기심에서 하룻밤을 묵었지만 높은 품격과 비싼 요금에 비해 아침식사나 객실 분위기는 보통 수준이었다. 앨런 튜링이 태어난 곳임을 알리는 듯 현관 입구의 흰 벽에는 직경 50센티미터 정도의 푸른 금속판이 걸려 있었다. 거기에는 "앨런 튜링, 1912~1954, 암호 해독과 컴퓨터과학의 창시자가 이곳에서 태어나다"라고 흰 글씨로 씌어 있었다. 아침식사 중에 알게 된 체코에서 온 사업가들에게 튜링을 알고 있느냐고 물었으나 아무도 모르는 눈치였다. 나는 그들에게 "튜링이 없었다면 체코는 아직까지도 독일령이었을 겁니다"라고 말해 주었다. 그들은 곧 튜링에게 경의를 표했다.

앨런 튜링의 할아버지는 케임브리지 대학에서 수학을 공부했고, 아버지는 옥스퍼드 대학에서 역사를 공부했다. 아일랜드계인 어머니의 집안 역시 훌륭한 가문이었다. 한마디로 그는 인텔리 가문 출신이었다.

앨런이 태어났을 때 아버지는 멀리 인도의 마드라스에 있었다.

1857년 인도에서 일어난 용병의 난을 진압했던 영국은 사태를 공평하게 처리한다는 명목으로 무굴 제국의 멸망과 영국 동인도회사의 해산을 결정하였고, 이후 인도를 빅토리아 여왕의 직접 통치 체제로 바꾸었다. 그때까지 인도를 통치해 왔던 영국 동인도회사가 국책회사였기 때문에 아들에게서 아버지에게로 통치권이 넘어간 것과 마찬가지였다.

인도 통치를 집행하던 기관은 ICS(인도 문민단)로, 모두 1천 명 정도의 규모였다. 기관원들에게는 상당히 높은 급료가 지급되었는데, 이때문에 많은 엘리트들이 지원하였다. 위생이나 환경이 열악한 식민지였지만, 본국보다 3~4배나 많은 연봉을 받을 수 있었기 때문에 사람들은 몇 년간 참고 근무하면서 돈을 모은 뒤에 본국으로 돌아가고자 했다.

앨런 튜링의 아버지도 그런 사람 중 하나였다. 어머니는 앨런을 낳고 1년 정도 후에 앨런과 그의 형 존을 퇴역 중령 워드 부부에게 맡기고 남편이 부임한 마드라스로 갔다. 당시 인도의 환경을 고려하여 자식들을 데리고 가지 않았을 것이다.

당시 영국 중상류층에서는 다른 사람에게 아이를 맡기는 것을 별로 주저하지 않았다.

엘리트 등용문이라는 퍼블릭 스쿨(명문 사립학교)은 거의 대부분이 기숙사 학교였으므로, 중상류층 가정의 우수한 아이라면 누구라고 할 것도 없이 12세부터 부모를 떠나 공부하곤 했다.

워드 부부는 영국 남동부에 위치한 한 해변가의 시내에 살고 있었다. 앨런 형제 이외에 다른 아이들까지 맡아 길렀던 부부는 3층으로 된 저택을 마련했는데, 오늘날 이 건물은 내부가 6개로 구분된 아파트가 되었다.

아버지의 인도 생활은 생각보다 훨씬 길어졌고, 따라서 앨런과 아버지 사이에는 깊은 애정이 싹틀 수 없었다. 어머니는 1년에 한 번 정도 돌아와서 잠시 아이들과 함께 지냈다. 아마도 아버지의 인도 체류가 길어졌던 것은 두 아들의 퍼블릭 스쿨 학비가 만만치 않은 금액이었기 때문일 것이다. 퍼블릭 스쿨의 학비는 영국인 평균 연봉의 반 이상이 드는 큰 금액이었다. 당시 중상류층의 가정에서는 사내아이가 태어나자마자 아이의 학업을 위해 학비를 따로 적립할 정도였다. 두 아들을 둔 튜링의 아버지는 그 돈을 마련하기 위해 오래도록 인도에 머물렀던 것으로 보인다.

튜링의 초등학교 시절의 성적은 그다지 좋지 않았다. 워드 부부는 작문을 엄하게 가르쳤지만 세부적인 과목까지 신경 쓰기는 어려웠던 것 같다. 튜링은 자연에 관심이 많은 감성적인 아이였는데, 축구를 하다가도 갑자기 들판에 핀 데이지 꽃을 관찰하는 등 남다른 아이로 주목받았다고 한다.

그러나 밝고 쾌활했던 앨런도 쓸쓸함을 느꼈음에 틀림없다. 오랜만에 가족과 함께 지낸 어느 해 여름, 부부가 인도로 돌아가기 위하여 차에 오르자 열 살이던 앨런은 손을 흔들면서 계속해서 차 뒤를 좇았다고 한다.

앨런은 퍼블릭 스쿨 중 하나인 영국 서부의 샤본 스쿨에 별 어려움 없이 입학했다. 형 존이 공부하고 있던 맬번으로 가지 않았던 것은, 형이 "앨런처럼 이상한 아이가 우리 학교에 들어오면 내 생활은 엉망이 될 거예요"라고 여러 번 부모님에게 편지를 보내 호소했기 때문이다.

앨런은 샤본 스쿨에서도 변함없이 색다른 행동을 보였다. 15세 때 그레고리의 공식($\frac{\pi}{4} = 1 - \frac{1}{3} + \frac{1}{5} - \frac{1}{7} + \frac{1}{9} - \frac{1}{11} + \cdots\cdots$)을 혼자 힘으로 발견하여 수학 선생님에게 답이 맞는지 물을 정도였지만, 그리스어나 영어에서는 낙제점을 받았다. 머리는 늘 산발이었고 깎지 않은 손톱은 지저분했으며, 와이셔츠는 항상 바지 위로 빠져나와 있었다.

가까운 친구 하나 없었던 앨런에게 전환점이 찾아왔다. 15세였을 때 한 살 위인 크리스토퍼 말콤을 만난 것이다. 그는 모든 상을 혼자 독차지하던 전교 수석의 대단한 수재였다. 그의 아버지는 커다란 증기 터빈 제조회사의 사장이었고, 어머니는 조각가였으며 외할아버지는 에디슨과 별도로 전구를 발명하여 기사 작위를 받은 사람이었고, 형은 케임브리지 대학을 졸업한 후 아인슈타인이 있었던 취리히 공과대학에서 물리학을 연구하는, 대단히 좋은 집안에서 자란 금발에 푸른 눈을 가진 소년이었다.

서로 다른 기숙사에 기거하는 상급생과 친구가 되기란 어려운 일이었지만, 앨런은 크리스토퍼를 처음 만나자마자 그의 우아한 표정에 반하고 말았다.

샤본 퍼블릭 스쿨의 교실.

수요일 오후마다 정해진 도서관에서 공부하던 크리스토퍼를 지켜보기 위해 매주 그 시간에 빠짐없이 옆자리에 앉을 정도였다.

두 사람 모두 수학과 과학에 관심이 많아서 상대성 이론에 대해 토론을 했으며, 수학적인 아이디어를 교환했고, 함께 화학 실험을 하고 천체를 관측했다. 음악에 흥미가 없었던 앨런이 음악을 좋아하게 된 것도 크리스토퍼 덕분이었다.

앨런은 크리스토퍼가 가진 학문에 대한 예민한 통찰력, 선악에 대한 명석한 판단력, 솔직한 표정과 우아한 말투 그리고 행동에 매료되었으며 특히나 그가 가진 특이한 기술마저도 부러워했다. 크리스토퍼는 1분의 간격을 2분의 1초 이내의 오차에서 정확하게 맞추고, 낮에도 금성을 찾을 수 있었으며, 게임이나 당구에서도 프로 같은 기술로 앨런을 놀라게 만들었다. 앨런은 심지어 크리스토퍼가 걸어다니는 길마저 좋아할 정도였다.

뛰어난 수재였던 크리스토퍼 역시 비록 한 살 어리기는 하지만 탁월한 아이디어를 가진 앨런을 어울릴 만한 좋은 친구로 여겼다. 앨런은 스스로 개발한 역삼각함수의 급수전개를 이용하여 π를 소수점 36째 자리까지 구하여 크리스토퍼에게 보여주었다. 수학과 과학을 공부하면서 솟아오르는 아이디어를 들려주면서 그의 호감을 샀던 것이다.

크리스토퍼가 칭찬이나 친절한 조언을 할 때마다 앨런은 너무나 감격했다. 78회전의 레코드로 교향곡을 들으면서도 자신도 모르게 크리스토퍼의 아름다운 옆모습을 하염없이 바라보곤 했다고 한다. 앨런은 그를 매일 만나지 않으면 견딜 수 없을 정도가 되었다. 철이 들 무렵이던 이때 앨런은 크리스토퍼로 인해 처음으로 고독감에서 벗어날 수 있었다. 동시에 첫사랑의 기쁨과 괴로움마저 느끼게 되었다.

2년 남짓 계속된 둘 사이의 우정에 위기가 찾아왔다. 18세가 된 크리스토퍼가 자기 형이 다니는 케임브리지 트리니티 칼리지의 입학시험을 보게 된 것이다. 그가 떨어진다는 것은 있을 수조차 없는 일이었다. 1년 이상 크리스토퍼를 만날 수 없게 될지도 모른다고 생각한 앨런은 17세의 나이에 그와 같이 트리니티 칼리지 입학시험을 보기로 결심한다. 두 사람은 케임브리지 대학 입학

앨런의 우상이었던 천재 미소년 크리스토퍼 말콤.

시험을 준비하면서 틈틈이 함께 영화를 보는 등 교칙에 상관없이 자유로운 생활을 하며 보냈다. 행복한 일주일이었다.

당시 입학시험 결과는 『타임즈』지에 게재되었는데, 크리스토퍼는 장학금을 받게 되었지만 앨런은 장학생이 되지 못했다. 뛰어난 독창력을 가진 앨런이었지만 글씨도 엉망인 데다 계산도 틀린 곳이 많아서 별로 좋은 성적을 거두지 못했던 것이다. 튜링의 집에서는 장학금 없이 대학을 보낼 정도의 여유가 없었다. 결국 둘은 1년 동안 떨어져 지내야 했다. 앨런은 실의에 빠졌다.

그런데 2개월 후 충격적인 사건이 벌어졌다. 두 사람이 함께 콘서트를 본 날 밤이었는데, 평소에도 허약했던 크리스토퍼가 기숙사에서 쓰러진 것이다. 크리스토퍼는 바로 구급차에 실려가 런던의 큰 병원에서 두 번의 수술을 받았지만 6일간의 고통 끝에 숨을 거두고 말았다. 결핵이었다.

3. 괴델의 '불완전성 정리'를 만나다

비통한 심연 속에서 슬퍼하던 앨런은 어느 날, '크리스토퍼가 살아 있다면 내가 이렇게 살아가는 걸 원하지 않았을 거야'라고 생각했다. 그후 앨런은 공부에 정진하면서 생활 태도를 바꾸고, 친구들에게도 성실하게 대했다. 그러는 사이에 교수들과 후배들에게 인기 있는 학생이 되어 기숙사 학생장까지 하게 되었다. 앨런은 「화학 반응식에 대한 수학적 응용」이라는 논문으로 '말콤 과학상'을 받게 되는데, 이 상은 크리스토퍼 말콤의 부모가 기부한 장학금으로 만들어진 것이었다.

그해 말에 앨런은 다시 한 번 케임브리지 대학에 도전했고, 1지망이었던 트리니티 칼리지에서는 아니었지만, 2지망의 킹스 칼리지로부터 장학금을 받게 되었다. 케임브리지 대학은 대학 본부가 아닌 칼리지마다 독자적으로 입학생을 정하는데, 상위의 칼리지에 합격하지 못하더라도 하위 칼리지에 합격할 수 있다.

킹스 칼리지는 수많은 칼리지 중에서 도덕적으로 가장 자유로운 곳이었다. 경제학자 케인즈나 작가 *포스터를 인정했던 것처럼 동성연애마저도 용납하는 분위기였다. 앨런은 방에 크리스토퍼의 사진을 걸어두고 그에 대한 추억을 되새겼으며, 가끔 그의 어머니에게 편지를 쓰거나 그의 가족과 함께 휴일을 보내기도 했다. 뭔가에 빠져들면 계속해서 생각하는 것이 수학자들의 특기인가 보다.

킹스 칼리지에서 일류 수학자의 지도를 받게 된 앨런은 뚜렷한 발전을 보였다.

그러던 중 1935년 석사 과정 강의를 청강하던 앨런은 큰 충격에 휩싸였다. *괴델의 '불완전성 정리'를 해설한 뉴먼 교수의 강의였다.

포스터
[Forster, Edward Morgan. 1879~1970]
영국의 소설가. 케임브리지 대학 재학 중 학내의 자유주의 그룹에 참가하였다. 빅토리아 왕조의 도덕이나 가치관에 반발, 그리스 문명에 대한 동경에 사로잡혔다. 1910년 그의 가장 원숙한 작품이라고 평가되는 「하워즈 앤드」를 썼고, 1924년에 대작 「인도로 가는 길」에서는 동서 문명의 대립과 인간 이해의 어려움을 상징적으로 그렸다. 20세기 영국을 대표하는 작가들 중 한 사람이다.

괴델
[Kurt Gdel. 1906~1978]
미국의 수학자·논리학자. 오스트리아 출생. 수학 기초론이나 논리학의 방법에 결정적인 전환점을 가져온 수많은 '괴델의 정리'를 발표하였다. 특히 유명한 것으로는 1931년 발표한 '불완전성 정리'인데, 이것은 당시의 H.힐베르트나 B.러셀과 같이 공리적인 방법에만 의존하여 수학의 체계를 세우려는 확신을 좌절시켰다.

수학자 괴델은 1931년에 세계의 수학자들에게 존경을 받는 동시에 실망을 안겨 주었다. '어떠한 무모순적인 공리의 체계 속에서도, 참인지 거짓인지를 결정할 수 없는 명제가 존재한다'는 불완정성 정리를 증명해 냈던 것이다. 그리스 시대 이후 수학자들은 모든 수학적 명제가 반드시 참 아니면 거짓이라고 확고하게 믿어왔다. 그 신념이 한꺼번에 무너지는 상황이었다. 괴델의 정리는 철학 이외의 분야에도 커다란 영향을 미쳤다. 물리학자 *오펜하이머는 이를 두고 "인간 지성의 한계를 표현한 것이다"라고 괴델의 정리를 높이 평가했다.

이 무렵 앨런은 킹스 칼리지의 펠로우로 선발되었다. 적어도 3년 동안은 특별한 의무 없이 월급을 받으며 칼리지에서 제공해 준 숙소와 연구실에서 지낼 수 있었다. 대단한 특권이 보장되는 지위였다. 23세의 젊은 나이로 명예로운 펠로우가 되는 것이 결정된 날, 모교인 샤본 스쿨에서는 이를 축하하는 의미로 오전 수업만 실시했다고 한다.

4년 전에 일어나기 시작한 혁명적인 수학 연구의 태동 시기에, 그것도 그 분야의 권위자였던 뉴먼의 해설 강의를 통해 그 내용을 접한 것은 앨런으로서는 커다란 행운이었다. 천재에게는 늘 행운이 뒤따르는 모양이다.

앨런 튜링은 괴델이 말한 바와 같이 참인지 거짓인지를 결정할 수 없는 '거추장스러운' 명제가 존재한다면, 억지로 주어진 명제가 거추장스러운 명제인지 아닌지를, 유한 회수의 조작으로 알 수 있는 일반적인 방법에 대해서 고찰했다. 그러한 방법이 있다면 수학자는 거추장스러운 명제에 붙잡혀 세월을 헛되이 보낼 필요가 없어지는 것이다.

오펜하이머
[Oppenheimer, John Robert. 1904~1967]
미국의 이론물리학자. 2차 세계대전 중에는 로스앨러모스의 연구소장으로서 원자폭탄 제조계획을 지도했고, 전후에는 원자력위원회의 일반자문위원회 의장, 프린스턴 고등연구소장으로 있었다. 이론물리학 연구 범위는 대단히 광범위하여, 초기에는 분자에 대한 양자역학과 산란의 문제를 연구한 것을 비롯하여 양자전기역학·우주선·원자핵론에 이르고 있다.

세계대전 중 암호 해독이나 컴퓨터 설계를 고안했던 블레츨리 파크의 전경.

튜링은 1937년에 출판된 「계산 가능한 수에 대하여」라는 논문에서 그러한 방법이 존재하지 않는다는 것을 증명했다. 그는 그 논문에서 '유한 회수의 조작'을 정의하는 것에서부터 시작했다. 그리고 사칙연산을 포함하여 모든 논리적 과정을 실행할 수 있는 상상 속의 기계를 고안했다. 순수 수학의 증명을 위해 고안했던 이 기계는 '튜링 머신'이라고 불리며 나중에 컴퓨터의 이론적 배경이 되는 청사진이었다. 25세의 젊은이가 쓴 수학 논문이 세상을 변화시키게 된 것이다.

앨런 튜링의 이름은 순식간에 세계의 수학계로 퍼졌다. 독창성이라는 위대한 업적을 세운 그는 자신감으로 가득 찼고 이어 계속해서 논문을 발표했다. 앨런에게는 가장 행복한 시기였다.

4. '콜로서스'의 대발견과 동성연애자의 비참한 말로

그러나 행복한 시절은 오래가지 않았다. 1939년 9월 4일 챔버린 수상이 대독 선전포고를 한 다음 날 바로 앨런은 블레츨리 파크로 소집되었고 이를 거절할 수 없었다. 엘리트 양성기관인 퍼블릭 스쿨에 다니는 학생에게는 언제나 '노블리스 오블리제(높은 지위에 있는 사람이 마땅히 해야 할 의무)'가 강조되었으므로 앨런이 국가에 대해

헌신하는 것은 당연한 일이었다. 높은 지위에 있는 자야말로 더욱 국가를 위해 목숨을 걸고 충성해야 한다는 것이 노블리스 오블리제의 핵심 내용이었다.

두 차례의 세계대전으로 인해 퍼블릭 스쿨이나 옥스브리지(옥스포드 대학과 케임브리지 대학을 말함) 출신자들의 사망률은 엄청나게 높아졌다. 그들은 솔선해서 가장 위험한 전선을 지원했던 것이다.

수학 연구는 실질적으로 중단되었다. 세계대전은 6년 가까이 계속되었다. 앨런 튜링은 혼신의 노력을 다했고, 그의 천재성은 암호 해독에서 진가를 발휘하였다. 그가 해독해 내어 육해군성에 발표되었던 정보는 '울트라'라는 은어로 불렸고, 출처를 알고 있는 사람은 극소수에 불과했다.

철조망으로 둘러싸인 이 광대한 부지에서 무슨 일이 이루어지고 있는지는 마을 주민들도 전혀 몰랐다. 각지에서 접수한 통신문을 운반하는 오토바이가 매일 수백 대 이상 오가는 것을 보면서 군사 연구와 관련된 곳일 거라고 추측할 뿐이었다.

앨런을 비롯한 연구원은 가족은 물론 아무리 친한 사이라 할지라도 자신의 일에 대해 일체 아무런 말을 할 수 없었다. 엄격하게 비밀서약을 했기 때문이다. 많은 동급생들이 전쟁터에서 죽어가는 것을 지켜보면서 친척들이나 은사에게서 "너는 도대체 무슨 일을 하고 있는 거야?"라는 비난까지 들어야 했으므로 마음 고생이 많았다.

한편 윈스턴 처칠 수상은 앨런이 일하는 곳을 여러 번 방문하여 "침묵 속에서 황금알을 낳는 거위들"이라며 감사와 칭찬을 전했다고 한다.

블레츨리 파크에서는 암호 해독의 능률을 높이기 위해 튜링 머신을 실현시키고자 노력했으며, 1943년에는 1천 5백 개의 진공관으

세계 최초의 컴퓨터 콜로서스

로 이루어진 '콜로서스'라는 이름의 기계를 만들어냈다. 세계 최초의 컴퓨터였다.

전쟁이 끝났지만, 튜링은 수학 연구자로 되돌아갈 수 없었다. 6년간의 공백은 치명적이었다. 이후 그는 맨체스터 대학에서 컴퓨터 개량이나 생물학에 응용할 수 있는 수학을 연구하는 데 몰두했다. 동식물의 모양 형성에 대한 그의 수학적 해명은 지극히 독창적인 내용이었음에도 불구하고 수학 실력이 부족한 생물학자들에게 무시당했다. 그의 연구는 생물학에 무관심하던 수학자에게도 제대로 평가받을 수 없었다.

전쟁 중의 업적에 대해서는 절대 입밖에 내지 못하도록 엄하게 금지되어 있었다. 영국은 독일에게서 몰수한 수천 대의 에니그마 기계를 믿을 만한 암호 기계로 바꾸어 옛 식민지에서 사용하였다. 따라서 에니그마에 대해 비밀을 지켜야 하는 기간은 오래도록 계속되었다. 영국과 영국의 식민지에서 에니그마가 더 이상 사용되지 않게 된 것이 1970년대 초이므로, 그 전까지는 계속해서 이 업적에 대한 이야기가 묻혀진 채 공개되지 않고 있었다. 1970년대가 지나자 에니그마 해독에 관한 이야기가 조금씩 흘러나왔다. 세계 최초로 발명한 컴퓨터도 '콜로서스'였지만, 이 이야기 자체가 비밀이었기 때문에 오랜 기간 최초의 컴퓨터로 알려진 것은 미국의 애커드와 모클리가 1946년에 개발한 애니악이었다.

전쟁이 끝나도 앨런 튜링은 자신의 공적에 대해 제대로 평가를 받지 못했고, 새로운 연구에서도 마찬가지였다. 컴퓨터의 개량도 주된 연구는 기술자에게 넘어갔으며, 계산 기계라고 부를 만한 인공지능을 목표로 했던 튜링은 환영받지 못하는 인물로 남아 있었다.

1952년, 뜻밖의 사건이 전개되었다. 앨런은 맨체스터 거리에서 우연히 만난 금발의 푸른 눈을 가진 남성과 하룻밤을 같이 보냈다. 그 직후 맨체스터 교외에 있던 앨런의 집이 강도에게 털렸는데, 경찰서에 출두한 앨런은 사건 조사를 하던 형사에게 전날 밤을 함께 보낸 남자를 용의자로 지목했다. 놀랍게도 그들은 그날 밤 한 침대에서 사랑을 나누었다고 했다.

당시 동성연애는 위법이었다. '매우 상스러운 행위'를 저지른 앨런은 체포되었다. 맨체스터 대학 교수가 일으킨 이 사건은 지방신문에 실렸고 사람들은 재판을 주시했다.

정부는 즉각 앨런을 컴퓨터 프로젝트에서 추방했다. 당시 이 연구는 수소폭탄 제조에 깊이 연관되어 있었다. 동성연애자는 스파이 등의 공작원에게 포섭되기 쉽기 때문에 기밀에 관계되는 일을 할 수 없도록 법률로 금지되어 있었다. 이 법률은 2000년이 되어서야 사라졌다고 한다.

유죄 판결을 받은 앨런은 형무소 아니면 정신병원으로 가야 했다. 선택의 여지를 준 것은 아마도 국가 유공자에 대한 배려 때문이었을 것이다. 앨런은 후자를 선택했다. 정신병원에서 정기적으로 여성 호르몬 주사를 맞았던 앨런은 우스꽝스럽게 가슴이 부풀어 오르면서 남성의 성적 능력을 잃어버렸다.

1952년 미국이 수소폭탄 실험에 성공했고 이듬해에 소련이 그 뒤를 이으면서 바야흐로 냉전시대에 돌입했다. 컴퓨터와 암호는 모두 국가 최고의 기밀이었다. 미국과 영국은 서로 연계하여 첩보활동을 펼쳤다. 컴퓨터와 암호, 이 두 분야의 최고 기밀을 누구보다도 잘 알고 있었을 동성애자 튜링은 두 나라 모두의 골칫거리였을 것이다.

미국에서는 국가 기밀을 지킨다는 명목으로 1953년에 국무성에서 49명, CIA에서 31명의 동성애자를 추방했다. 원자폭탄을 개발한 공로가 있는 오펜하이머 박사는 1954년 6월 2일 완전히 발가벗겨질 정도로 규탄을 받았고 이어 공직에서도 추방되었다. 영국도 동성애자 튜링을 규제해야 한다고 생각했는지 모른다.

이 무렵 앨런은 정신병원에서 우울증으로 시달리고 있었다.

1954년 6월 8일 아침, 병원의 청소부가 침대 위에서 거품을 물고 쓰러져 있는 앨런을 발견했다. 침대 옆에는 청산가리가 묻은 먹다 만 사과가 뒹굴고 있었다.

앨런이 죽기 전날부터 비가 줄기차게 쏟아졌고, 6월이었지만 몇십 년 만에 찾아온 추위가 주위를 얼어붙게 했다고 한다.

검시 결과 청산가리 중독에 의한 자살로 판명되었다. 유독 그의 어머니만 완강하게 자살을 부인했다. 경건한 기독교도로서 자식의

튜링이 자살했던 집과 방의 창문으로 보이는 정경.

자살을 인정할 수 없었기도 했지만, 타살 의심을 버리지 못한 것 같다. 국가의 기밀을 꿰고 있었던 요주의 인물 앨런은 평상시에도 늘 사복형사에게 미행을 당했다고 한다.

5. 시대의 불운아

나는 6월 초에 앨런 튜링이 마지막으로 살았던 곳을 방문했다. 맨체스터로부터 남쪽으로 20킬로미터 정도 떨어진 윌무즈로라는 시골이었다. 앨런이 살았던 곳은 '호리미드'라는 이름이 붙은 집이었는데, 그곳에 있을 만한 애링턴 거리는 아무리 찾아도 보이지 않았다. 지나가던 우체부도 알지 못했다.

할 수 없이 맨체스터로 돌아와, 시립도서관에서 당시의 선거인 명부를 보여 달라고 요청했다. 사실 이 방법은 '정부통신본부'에 근무하는 친구가 가르쳐준 것이다. 친구의 예상대로, 앨런 튜링의 이름과 이웃한 집의 이름이 나와 있었다. 재빨리 윌무즈로로 돌아와서 바로 이웃한 두 집을 찾아보았다. 앨런이 살았던 집은 생각했던 대로 다른 이름으로 변해 있었다.

나무로 둘러싸인 빨간색 벽돌 2층 건물이었다. 집 주인에게 먼 나라 일본에서 일부러 찾아왔다고 하자 성심껏 안내해 주었다. 수년 전에 이사온 그들은 이곳이 튜링이 만년에 살았던 장소라는 것을 알고 있었고, 그 사실을 자랑스럽게 생각하고 있었다. 침실은 2층에 있었는데, 두 개의 창문이 안뜰을 향해 열려 있었다.

나는 이곳에서 앨런이 느꼈을 절망감을 느끼려고 노력했다. 몸과 마음을 바쳐 국가를 위해 일했지만, 스스로 창안한 컴퓨터와 조국을 구한 암호 해독 모두가 국가의 최고기밀이었기 때문에 그는 정당한 평가를 받지 못했으며, 결국 국가의 방해자가 되고 말았다. 2차 세계대전과 그후 이어진 냉전의 희생물이 된 것이다. 태어난 시대가 불운했다는 말밖에 달리 떠오르지 않았다.

차가운 6월의 비가 계속 퍼붓고 있었다. 그의 괴로움이 배어 있는 듯한 침실의 창문에 서서 밖을 내려다보았다. 앨런이 바라보았음 직한 버드나무의 나뭇잎이 빗물에 촉촉이 젖은 채 영롱하게 빛나고 있었다.

수학자가 남긴 한마디

"앨런처럼 이상한 아이가 우리 학교에 들어오면 내 생활은 엉망이 될 거예요."

― 앨런의 형 존

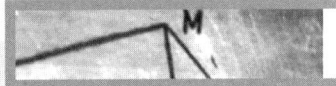

쉬어가는 페이지

악마가 풀어낸 암호문

16세기의 위대한 프랑스 수학자 프랑수아 비에트는 고등법원 판사로 근무하면서 수학 연구에 몰두했다. 어느 날, 베네룩스 제국의 대사가 앙리 4세에게 "프랑스에는 1593년에 우리나라의 아드리아누스 로마누스가 제시한 45차방정식의 근을 구할 수 있는 사람이 없을 거요!"라고 큰소리쳤다. 비에트가 불려왔고, 로마누스 방정식이 주어졌다. 물론 비에트는 몇 분만에 두 개의 근을 찾았고 그 뒤에 21개의 근을 더 찾았다. 그러나 그도 음근은 생각해 내지 못했다. 이번에는 비에트가 로마누스에게 아폴로니우스의 문제를 냈다. 로마누스는 유클리드 도구만을 이용했기 때문에 답을 구할 수 없었다. 그후 로마누스는 비에트를 만나기 위하여 퐁테네를 방문했고 둘은 절친한 우정을 맺게 되었다.
또 비에트는 스페인과 전쟁 중에 수백 개의 문자로 된 암호문을 해독하여 조국 프랑스의 전쟁을 도왔다. 스페인의 왕 필리페 2세는 자신들의 암호문이 절대 해독될 수 없다고 믿어왔는데, 나중에 교황에게 "프랑스가 기독교 신앙의 규율을 저버리고 악마를 고용했다"고 불평했다고 한다.

헤르만 바일

진선미를 모두 갖춘 특이한 천재

업적

· 유리형함수와 해석곡선과의 관계를 규명

Hermann Weyl(1885~1955)

취리히 공과대학 교수, 괴팅겐 대학 교수, 프린스턴 대학 객원 교수를 역임하고, 1934년 이후 프린스턴 고등연구소에서 수학 연구에 전념하였다. 수학, 이론물리학의 기본적 연구에서부터 과학 전반에 이르는 많은 업적이 있다. 특히 유리형함수와 해석 곡선과의 관계를 밝힌 선구적 연구로 학계의 비상한 관심을 모았다.

약력

1885	독일의 엘름스호른에서 태어남.
1904	괴팅겐 대학 진학(19세).
1908	괴팅겐 대학 졸업, 적분방정식에 관한 연구 논문으로 학위(23세).
1913	28세에 취리히 공과대학 교수가 되어 『리만면의 개념』을 출간(28세).
1918	『공간, 시간, 물질』 출간, 과학 분야에서 베스트셀러가 됨(32세).
1928	하이젠베르크의 양자역학을 바탕으로 『군론과 양자역학』을 저술하여 양자역학의 수학적 기초를 제공(42세).
1933	미국 프린스턴 고등연구소로 옮김(47세).
1939	『고전군(古典群)』 출간(53세).
1949	『수학과 자연과학의 철학』 출간(63세).
1955	사망(70세).

워싱턴의 한 호텔 로비에서 마이클 바일 선생을 기다리고 있었다. 오후 7시에 만나 함께 식사를 하기로 했던 것이다. 하루 종일 반바지 차림으로 있었지만 70세가 넘은 바일 선생에게 예의를 갖추기 위해 정장으로 갈아입고 약속 시간보다 조금 일찍 로비로 내려왔다. 밖은 초저녁의 어슴푸레한 어둠이 깔려 있었고, 한여름의 저녁비가 도로를 적시고 있었다. 번개가 치고 간간이 천둥소리도 들렸다.

마이클 바일 선생은 20세기를 대표하는 수학자인 헤르만 바일의 둘째 아들이다. 나는 그를 만나려고 콜로라도 대학 심포지엄이 끝나자마자 이곳 워싱턴까지 비행기로 날아왔다.

콜로라도의 호텔에서 들었던 전화 목소리는 무척 따뜻했다. 마치 오랜 친구를 대하듯 친절이 배어 있었으며 독일식 영어 발음도 친근함을 느끼게 했다. 그러나 직접 대면하자 조금 긴장되었다. 그가 유명한 헤르만 바일의 아들이기 때문이었다.

7시가 지나자 하얀 와이셔츠에 회색 바지를 입은, 미국에서는 보기 힘든 복장을 한 키 큰 신사가 나타났다. 드디어 만나는구나 하고 생각하면서 바짝 앞으로 다가섰다. 바일 선생이 분명했다. 사진으로 여러 번 보았던 헤르만 바일 선생과 매우 닮은 얼굴이었다.

그는 밝고 온화한 얼굴로 활짝 웃으면서 자기소개를 했고 악수를 청하면서 "자, 내 차로 가십시다"라고 말했다. 긴장한 채 조수석에 앉은 나에게 "정장 차림이 아니어도 괜찮은데……미국에서 오래 사셨다고 해서 굳이 말씀드리지 않아도 편하게 나오실 줄 알았습니다"라고 미소 지으며 말했다. 소나기는 어느새 그쳐 있었고, 희미한 석양빛이 아름답게 하늘을 물들이고 있었다.

마이클 바일을 만날 수 있었던 것은 바이올린 연주가인 친구 마유미 자일러의 소개 덕분이었다. 내 집에 머물렀던 그녀의 여동생이

고다이라 구니히코
[小平邦彦. 1915~1997]
일본의 수학자. 1949년 프린스턴 고등연구소로 초빙되어 외국에 나간 첫 번째 학자가 되었다. 이후 프린스턴 대학을 비롯하여 존스 홉킨스 대학, 스탠포드 대학에서 교수를 역임하였다. 1954년 수학의 노벨상이라 불리는 필즈상을 일본인 최초로 수상.

며 역시 뛰어난 바이올린 연주가인 미도리 자일러가 은퇴한 외교관이자 매우 훌륭한 인품을 가진 한 노신사에 대해 이야기했다. 미도리는 그를 만나기 위해 가끔 워싱턴까지 갔으며 마유미도 같이 방문한 적이 있다고 했다.

"그 분의 부친이 유명한 수학자라고 하셨어요."

"성은 무엇이죠?"

"바일씨예요."

"뭐라고요! 혹시 이름이 헤르만인 것은 아니겠지요?"

"오, 맞아요, 헤르만이라고 했어요."

마유미가 뛸 듯이 기뻐하는 나를 의아한 눈빛으로 바라보았다.

"그렇게 위대한 사람인가요? 헤르만 바일이라는 분이?"

"위대한 정도가 아니지요. 당신들은 정말 존경할 만한 분의 아들을 만난 거랍니다."

마유미는 그가 얼마나 위대한지 이해하지 못하는 것 같았다.

"수학자로서 나를 개미에 비유한다면 바일 선생은 아마 거대한 코끼리일 거요."

"어머, 그런가요?"

"작곡가로 말하면, 버르토크 선생이나 말러 선생 정도이지요."

"네? 그렇게 위대한 인물이란 말이에요? 믿어지지가 않아요"라고 마유미가 놀란 목소리로 말했다.

사실, 헤르만 바일 선생은 청년 수학자 *고다이라 구니히코의 재능을 일찍부터 알아보고 종전 직후에 바로 프린스턴으로 초빙했던 인물이었다.

1. 위대한 수학의 요람, 괴팅겐 대학

1885년에 독일의 함부르크 교외에서 은행가의 아들로 태어난 헤르만 바일은 당시 *클라인, 힐베르트, *민코프스키를 위시하여 세계의 수학계를 이끌었던 괴팅겐 대학에 들어갔다. 위대한 인물인 힐베르트와 민코프스키의 전성기에 이 대학에서 공부할 수 있었던 것이야말로 평생을 통한 행운이었다고 만년에 바일 자신이 말했다. 독창적 이론을 계속 만들어낸 이 시기의 괴팅겐에서는 공기조차도 수학적 흥분으로 넘쳐흘렀다고 한다.

적분방정식 이론으로 학위를 받은 그는 무급 강사 생활을 시작하면서 아름다운 헤라 요제프와 사랑에 빠졌다. 동시에 그녀를 사랑했던 *폰 카르만(나중에 유체역학의 권위자가 됨)과의 물싸움은 아주 유명한 일화로 남아 있다. 두 사람이 호스로 물을 뿌리며 결투했는데, 헤라가 누구의 얼굴을 닦아주는가로 사랑하는 사람을 결정한 것이다. 헤라는 바일의 얼굴을 닦아주었다. 대단한 미인이 관련된 사건으로 학생들뿐만 아니라 교수들 사이에서도 소문이 자자했다.

유명한 바일은 1913년 자신의 강의를 기초로 한 획기적인 『리만면(面)의 개념』을 저술했다. 리만면은 괴팅겐 교수이던 리만이 50년 전에 도입한 것으로, 유용하지만 엄밀성이 모자란다는 이유로 부각되지 못한 이론이다. 바일은 이 리만면에 위상기하학적인 기초를 부여하고 그것을 일차원의 복소다양체로서 명확하게 개념화시켰다. 리만의 기초 사상을 완전한 형태로 재현한 것이다. 그의 투철한 통찰력과 넓은 시야가 유감 없이 발휘된 책이다. 다만 서문에서 "이 일이 업적으로서 높이 평가되지는 않을 것이다"라고 한 표현은 잘못된 것이었다. 바일의 저서는 이후 고다이라 구니히코를 정점으로

클라인
[Felix, Klein. 1849~1925]
독일의 수학자. 기하학 연구의 새롭고 효과적인 방법을 지적하고 기하학의 유명한 정의를 발표했다. 클라인이 괴팅겐 대학 수학과장으로 재직하고 있는 동안 그곳은 전세계 수학도의 메카가 되었다. 많은 일류 수학자가 이 대학에서 공부하거나 가우스, 디리클레, 리만의 훌륭한 계승자로서 재직하여 수학학파를 현대의 가장 유명한 학파 중의 하나로 만들었다.

민코프스키
[Minkowski, Hermann. 1864~1909]
독일에서 활동한 러시아 출신의 수학자. 쾨니히스베르크 대학에서 공부하면서 힐베르트와 평생에 걸친 친교를 맺었다. 1895년 쾨니히스베르크 대학 교수가 되었고, 1896년 취리히 대학, 이어서 1902년 괴팅겐 대학으로 옮겼다. 정수론에 기하학적 방법을 도입하여 새로운 영역을 개척한 연구로 유명하다.

카르만
[Theodore von Krmn. 1881~ 1963]
미국의 응용역학자·항공역학자. 괴팅겐 대학·아헨 공과대학 교수로 재직하다가 항공연구소장이 되었다. 연구 면에서도 응용수학·물리학에서 재료역학·유체역학·난류이론·열전도론 등 많은 업적이 있는데, 특히 '카르만의 소용돌이'의 안정, 마찰저항 이론, 역학적 닮음에 의한 난류이론, 등방성 난류의 통계 이론, 각 구조의 탄성 안정 등이 유명하다.

쿠란트
[Courant, Richard. 1888~1972]
독일 출신의 미국 수학자. 괴팅겐 대학 교수로 있다가 미국으로 건너가 활약하였고, 미국에 귀화하였다. 미국에서는 뉴욕대학 교수로 수학·역학연구소장을 지냈으며, 해석학·수론 분야에 많은 업적을 남겼다. D.힐베르트와 공동으로 저술한 『수리 물리학의 방법』은 유명한 저술로서 물리학자들 사이에 널리 읽혀지고 있다.

란다우
[Landau, Edmund. 1877~1938]
독일의 수학자. 1909년 괴팅겐 대학 교수가 되었으나, 1933년 나치스의 유대인 박해로 대학에서 쫓겨났다. 해석적 수론과 함수론에 크게 기여하였다.

헤케
[E. Hecke. 1887~1947]
독일의 수학자. L함수를 발견하였다.

한 다양한 복소다양체론의 전개에 밑바탕이 되었기 때문이다.

이 처녀작에서는 특유의 수학적 역량뿐만 아니라, 이론의 본질을 언어로 전달하려는 바일만의 독특한 정열을 엿볼 수 있다. 수학을 문학이나 음악처럼 창조적인 활동으로 확신했던 바일은 "내게 있어 표현과 형식이란 지식과 똑같은 중요성을 갖는 것이다"라고 말했다. 그는 또 "나는 언제나 참과 아름다움을 통합하려고 노력했지만, 두 가지 중에 하나를 선택해야 할 때는 대개 아름다움을 선택했다"라고 말했다. 여기서 아름다움을 선택했다는 것은, 억지로 어렵게 서술하는 것을 싫어한다는 뜻으로, 이 책 역시 수학책으로는 보기 드물게 곳곳에 저자의 됨됨이를 느낄 수 있는 표현이 보석을 박아놓은 것처럼 많다.

약관 20세의 청년이 이처럼 놀라운 업적을 이룬 것은 그가 가진 천재성 때문이기도 하지만, 당시의 괴팅겐 대학을 둘러싸고 있던 독창적인 학문의 열기를 빠뜨릴 수 없다. 당시에는 바일 이외에도 *쿠란트, *란다우, *헤케 등의 젊은이들이 종횡무진으로 활약하고 있었다. 독창성에도 전염성이 있는 것일까.

2. 괴팅겐 대학의 부흥과 나치의 박해

수줍음 많은 시골 청년은 20대 중반이 되면서 천재 수학자로 변신했다. 그는 28세에 취리히 공과대학 교수가 되었고 인생의 전성기를 맞이했다.

동료인 아인슈타인과 긴밀한 접촉을 가졌으며, 1915년에 아인슈타인이 일반 상대성원리를 발표하자 즉각 그 중요성을 알아차렸다.

그리고 놀랄 만큼 빠르게 대응했다. 그는 상대성이론과 미분기하학을 통합하여 통일장 이론을 구축하려고 생각했으며, 야심을 가지고 서둘러 강의를 시작했다. 이 내용은 1918년에 『공간, 시간, 물질』이라는 제목의 책으로 출간되어 과학 분야의 베스트셀러가 되었다.

괴팅겐 대학에 입학했을 무렵의 바일.

이런 일이 정확히 10년 후에도 일어났다. 하이젠베르크가 양자역학을 창시하자 3년 후에 『군론과 양자역학』을 저술하여 양자역학의 수학적 기초를 제공한 것이다. 그 10년 동안 바일은 수리물리학을 포함하여 수론, *리군, 논리학 등의 각 분야에서 우수한 논문을 계속 발표했다. 한 분야에 공을 세우는 것도 대단한 일인데 이렇게 여러 분야에 걸쳐 빛나는 업적을 세우는 것은 정말 드문 일이다.

바일은 특출한 천재성으로 32세였을 때 케임브리지 대학 철학과에서 *후설의 후임 교수로 초빙받기도 했다.

바일은 이 무렵부터 위상기하학자 *브로우베르의 '직관주의'를 신봉하였다. '직관주의'는 당시 수학의 기초를 위협하는 것으로 여겨졌는데, 수학을 인간 정신과 독립하여 따로 존재하는 것이 아니라 음악과 같은 정신 활동의 산물로 간주하는 것이었다. 더욱이 브로우베르는 "어떠한 명제도 참 아니면 거짓"이라는 배중률을 무조건 인정하지 않았다. 따라서 수학의 증명으로 자주 사용되는 배리법(귀류법이라고도 함. 명제 P의 부정을 우선 가정하고, 그로부터 모순을 이끌

리군
[Lie group]
대수학 용어. 집합 G가 리군이라 함은 G가 다음 조건 ①~③을 만족하는 구조로 되어 있음을 뜻한다. ①G는 군이다. ②G는 패러콤팩트 실해석적 다양체이다(연결이 아니라도 무방). ③G G에서 G로의 사상 (x,y) xy⁻¹은 실해석적이다. 역사적으로는 M.S.리의 변환군이론이 먼저 시작되었으나, E.카르탄과 H.와일의 업적 등을 통하여 점차 근대화되었으며, 지금은 수학의 가장 중요한 이론의 하나로 완성되었다.

후설
[Husserl, Edmund. 1859~1938]
체코 출생 독일의 철학자. 순수논리학, 논리주의적 현상학을 지향하였다. 1907년 괴팅겐 대학의 강의에서 처음으로 이 현상학적 환원에 대하여 언급하였으며, 현상학적 환원으로 도출된 '순수의식의 직관적인 본질학'으로서의 현상학의 이념은 『엄밀한 학문으로서의 철학』을 거쳐 『순수 현상학 및 현상학적 철학을 위한 여러 고안』에 이르러 대체적인 완성을 보았다. 근래에는 '후설 르네상스'라는 말까지 나올 정도로 시대의 사상으로서 각광받고 있다.

브로우베르
[Brouwer, Luitzen Egbertus Jan. 1881~1966]
네덜란드의 수학자. 1913년 이래 암스테르담 대학 교수로서, 위상기하학과 수학 기초론상의 중요한 업적을 남겼다. 힐베르트 등의 형식주의에 반대하고, 수학의 기초는 자연수열의 직관에 있다고 하여 직관주의의 선구자가 되었다. "수학은 학문이기 보다는 오히려 행위이다"라고 말했다.

크로네커

[Kronecker, Leopold. 1823~1891]

독일의 수학자. "자연수만 하나님이 만드신 것이며, 그밖의 다른 모든 수는 인간이 만든 것"이라는 그의 말처럼, 수학의 산술화가 신념이요 염원이었다. 이때문에 동시대에 오늘날의 수론의 기초를 만든 바이어슈트라스 등과 자주 논쟁하였으며, 또 연속체를 점집합에서 논하려고 한 G. 칸토어와 대적한 일은 유명하다.

위대한 수학자 다비드 힐베르트

어 P가 옳다는 결론을 내리는 방법)을 거부했다.

이것은 아리스토텔레스 이후 거의 모든 수학자들이 주저하지 않고 받아들여왔던 사고방식을 깨뜨리는 것이었다. 수학자뿐만이 아니다. 배리법은 오늘날 고등학생들까지도 이용하는 편리한 증명법인 것이다.

수학계의 지도자 힐베르트는 직관주의를 수학에 대한 위협이라고 받아들였다. 실제로 고전적 정리의 대부분은 이 직관주의 입장에서도 증명될 수 있지만, 추상적인 존재 정리나 무한집합론에는 적용할 수 없었다. 직관주의의 입장에서 실수 또는 함수가 '존재한다'는 것은 그 실수 또는 함수를 '구성할 수 있다'는 의미로서, 추상적인 논리가 지극히 부자유스러워진다. 힐베르트는 브로우베르를 매우 비판했는데, 제자이자 스스로 힐베르트의 계승자라고 자처했던 바일이 이에 동조하기는커녕 자신의 뛰어난 문장력을 동원하여 직관주의를 지지하는 데 충격을 받았다.

"바일은 브로우베르의 주장을 혁명이라고 믿고 있는 것 같지만, 그것은 옳지 않다. 그것은 *크로네커의 망령처럼 반드시 패배할 것이다."

크로네커는 자연수만이 신이 창조한 것이고 다른 수들은 모두 인간이 만들었다는 입장을 취했으며, 집합론조차 인정하지 않았던 19세기의 대수학자였다. 수학자로서는 위대했지만 수학사상사의 입장에서는 커다란 오류를 저지른 대표적인 인물이라 할 수 있다.

그럼에도 불구하고 바일은 신념을 굽히지 않았다. 힐베르트와 논쟁하면서 1923년에 바일이 괴팅겐 대학 교수직을 자청했다는 것은 그다운 행동이었다. 바일은 힐베르트를 존경하고 있었다. 그러나 조용한 취리히 생활을 마다하고 독일로 건너갈 결심을 하기가 쉽지 않았다. 1차 세계대전 이후 독일에서는 감자 한 알 사는 데도 지폐 한 다발이 필요할 정도로 극심한 인플레이션을 겪고 있었다. 아내와 밤을 새워 의논한 후 자청한 교수 임용 승낙서를 가지고 전신국으로 갔지만, 결국 승낙서 대신 자신의 의사를 번복하는 거절 의사가 담긴 전보를 치고 돌아왔다.

8년이라는 세월이 흐른 뒤 힐베르트가 은퇴할 무렵이 되자 이 노교수의 뒤를 이을 후계자로 다시 바일이 지목되었다. 바일은 독일의 정치 상황과 44세라는 젊지 않은 나이를 생각하면서 고민에 빠졌다. 다시 아내와 논의한 끝에 그는 힐베르트에게 편지를 썼다.

"선생님의 후계자로 지목된 것을 무한한 영광으로 생각합니다만, 드릴 말씀이 없습니다."

스승인 힐베르트와 직관주의를 둘러싸고 오랫동안 논쟁을 벌였지만 스승에 대한 존경심은 여전했다.

그후 막 창설된 괴팅겐 수학연구소로 부임한 바일은 한동안 행복을 누렸다. 그러나 그것도 아주 잠시뿐이었다. 1933년 수상이 된 히틀러가 악명 높은 유태인 추방 정책을 실시했기 때문이다. 나치의 상징인 꺾인 십자(스와스티카) 도안이 들어간 갈색 셔츠가 강의실에까지 나타나기 시작했다. *베버, 비버바흐, 타이히뮐러 등과 같은 우수 연구자와 학생들까지 나치주의에 동참하자 바일과 동료들은 충격과 위기감에 휩싸였다. 드디어 큰 기둥이었던 쿠란트와 물리학자 *막스 보른, 대수학자 *에미 뇌터에게 휴직 처분이 내려졌고, 노

베버
[Weber, Wilhelm Eduard. 1804~1891]
독일의 물리학자. 전자기학의 개척자 중 한 사람이다. 훔볼트의 소개로 가우스와 알게 되어, 1831년 괴팅겐으로 초빙된 후부터 물리학 분야 연구를 시작하였으며, 괴팅겐에 지구자기관측소를 설립하였다. 모스에 앞서 전신기를 제작하였고, 분자전류에 의한 반자성을 설명하는 등 전자기학에 큰 공적을 남겼다. 자기력선속의 단위 명칭인 '웨버(Wb)'는 그의 이름을 딴 것이다.

보른
[Born, Max. 1882~1970]
독일의 물리학자. 주요 저서로 『결정격자의 역학』이 있다. 1921년 괴팅겐 대학 교수가 되어 J.프랑크와 함께 원자구조의 연구를 추진하여 괴팅겐그룹을 형성했다. 양자역학과 핵물리학의 개척에 공헌했고 1954년 노벨 물리학상을 타게 한 파동함수의 통계적 해석은 유명하다.

뇌터
[Noether, Amalie Emmy. 1882~1935]
독일의 수학자. 1922년 괴팅겐 대학 교수가 되어, 19세기의 수학으로부터 현대 수학으로의 과도기적인 추상대수학을 추진하여 D.힐베르트, 바일 등과 함께 괴팅겐 대학의 황금시대를 이루었다.

플랑크
[Planck, Max Karl Ernst Ludwig. 1858~1947]
독일의 물리학자. 주요 저서로 『열역학강의』가 있다. '플랑크의 복사식'을 발표하고 보편상수 h(플랑크상수)를 도입하여 양자론의 전개를 초래하였고 물리학에 커다란 전기를 마련했다. 이 공로로 1918년 노벨 물리학상을 받았다.

지겔
[Carl, Ludwig Siegel. 1896~1981]
독일의 수학자. 수학자 란다우의 영향으로 베를린 대학에서 괴팅겐 대학으로 전학하였다. 프랑크푸르트 대학을 거쳐 1938년에 괴팅겐 대학 교수로 부임했다. 이후 나치 탄압으로 1940년 프린스턴 고등연구소 교수로 부임, 11년간 고등연구소에서 연구하다가 1951년에 괴팅겐 대학으로 돌아가 죽을 때까지 학술원 회원으로 재직했다. 이차형식에 관한 이론을 발견하였는데 이것은 그후 지겔 모듈러 형식의 연구 기초가 되었다.

아르틴
[E. Artin. 1898~1962]
독일의 수학자. 함부르크 대학에서 헤케, 브라시케와 같은 세계적인 수학자와 함께 수학 잡지를 창간하여 각자의 새로운 수학적 결과들을 발표함으로써 이 대학 수학과를 세계적인 수학연구소로 만들었다. 나치의 탄압에 못 이겨 1937년 가족과 함께 미국으로 이민한 후, 노트르담 대학에서 1년, 인디애나 대학에서 8년간 재직하였고, 1946년에 프린스턴 대학으로 초빙되었다.

뉴저지 주에 있는 프린스턴 고등연구소

벨 물리학상을 받은 *플랑크는 항의의 표시로 사직했다. 해석적 수론의 영웅 란다우 교수는 군화를 신은 나치 학생에게 수업을 방해받는 상황이었다. 모두 유태인이었기 때문이다.

수학연구소 소장이었던 바일에게도 위험이 닥쳤다. 그의 아내 헤라가 유태인이었기 때문이다. 그 와중에도 바일은 괴팅겐 대학의 부흥을 위해 최선을 다했다. 하지만 결국 바일은 그 이전에 거절했던 프린스턴 고등연구소의 초빙을 받아들이게 된다. 아인슈타인에게서 세 차례나 권고를 받은 자리였다.

미국으로 건너간 바일은 고등연구소의 환경에 곧 익숙해졌고 마지막으로 왕성한 연구 활동을 시작했다. 그는 동시에 뇌터와 함께 독일 수학자 구제재단을 조직, 그 대표를 맡아 독일에 남아 있는 과학자나 탈출한 사람들을 도왔다. 1933년 이후 수년 동안 백 명 이상의 과학자가 독일을 탈출하여 미국으로 건너왔다. 이중에는 유태인은 아니지만 나치를 혐오하여 독일을 떠난 수학자 *지겔이 있었으며, 유태인 아내를 둔 *아르틴, 유태인이라고 잘못 알려졌던 괴델 등의 대단한 학자들이 있었다.

바일은 이러한 수학자들을 돌보면서 프린스턴 고등연구소 안에 이전의 괴팅겐 대학의 수학연구소를 재현시키려고 노력했다. 그의 노력 덕분에 이 연구소에는 바일, 아인슈타인, 지겔, *폰 노이만, 괴델과 같은 위대한 학자들이 모여들어 전대미문의 위엄을 자랑하게 되었다.

3. 철학과 음악에 정통한 수학자

마이클 바일 선생과 함께 워싱턴 교외의 베세스더에 있는 자택으로 향했다. 가로수가 펼쳐진 길을 20분 정도 달려 흑인 경비원이 서 있는 집으로 들어섰다. 바일 선생이 친절한 목소리로 경비원에게 말을 거는 것을 보자 한결 편안한 기분이 들었다. 잔디가 깔린 넓은 부지의 나무 사이로 4층짜리 고급 아파트 몇 채가 보였다.

그의 집은 3층이었다. 입구에는 '無'라고 붓글씨로 씌어 있는 색지가 걸려 있었다. 그가 "empty라는 의미지요"라고 말해 고개를 끄덕였지만 사생활을 침해하게 될까 봐 무슨 연유인지는 묻지 않았다.

커다란 거실로 안내된 나는 앉자마자 선생과 내가 가진 기묘한 인연에 대해서 말했다. 그는 "세상은 둥글면서 작아요"라고 여러 번 말하면서 신기해 했다. 식구가 보이지 않아 가족에 대해서 물었더니 "수년 전에 암으로 아내를 잃고 지금은 혼자 살아요. 이제는 익숙해졌습니다"라고 대답했다. 집에서 느껴지던 쓸쓸한 느낌이 바로 그 때문이었다.

마이클 바일 선생은 프린스턴 대학에서 수학을 공부했지만, 나중에 독일 문학으로 전공을 바꾸었다. 아인슈타인은 언젠가 집앞에서 아내와 아이를 데리고 산책하던 마이클 바일 선생을 보고는 헤르만과 똑같이 생긴 사람이 나타났다며 감탄했다고 한다. 아버지를 쏙 빼닮은 외모 덕분이었는지 대학을 다닐 때에도 그가 수학자 바일의 아들이라는 사실이 공공연하게 알려졌고, 교수들은 그에게 아버지에 대한 존경심을 전하면서 후한 학점을 주었다고 한다.

"아버지는 수학자이셨지만, 철학이나 문학에도 정통하셨으며 뛰어난 집중력으로 많은 책을 읽으셨습니다. 하루 24시간 내내 수학

노이만
[Neumann, Johann Ludwing von. 1903~1957]
헝가리 출신의 미국 수학자. 1927년 베를린 대학 강사로 있다가 1930년 미국으로 건너가 프린스턴 대학 강사와 수리물리학 교수를 거쳐 1933년 프린스턴 고등연구소 교수가 되었다. 1943년 이후에는 미국 원자력위원회에서 활약하였다. 그의 연구는 수학기초론에서 시작하여 양자역학의 수학적 기초 설정 등 수리물리학적 과제를 대상으로 하고, 또한 수리경제학이나 게임 이론에 이르기까지 매우 다양하였다.

마이
[May, Karl Friedrich. 1842~1912]
독일의 소설가. 주로 북미 인디언의 세계와 근동지역을 무대로 풍부한 상상력을 동원하여 『서부의 영웅』, 『바그다드에서 이스탄불로』 등 긴장감 넘치는 모험소설을 많이 발표했으며 항상 권선징악을 그 주제로 하였다.

괴테
[Goethe, Johann Wolfgang von. 1749~1832]
독일의 시인·극작가·정치가·과학자. 독일 고전주의의 대표자로서 세계적인 문학가이나 자연연구가이고, 바이마르 공화국의 재상이었다. 『젊은 베르테르의 슬픔』으로 일약 문단에서 이름을 떨쳤고, 『파우스트』는 23세 때부터 쓰기 시작하여 83세로 죽기 1년 전인 1831년에야 완성된 생애의 대작이며, 세계문학의 최대 걸작 중 하나이다.

만
[Mann, Thomas. 1875~1955]
독일의 소설가·평론가. 1929년 노벨 문학상 수상. 주요 작품으로 『베네치아에서의 죽음』, 『마의 산』, 『선택받은 사람』이 있다. 소설가로서뿐만 아니라 평론가로서도 탁월하여 문학·예술·철학·정치 등 많은 영역에 걸쳐 우수한 평론과 수필을 남겼다.

니체
[Nietzsche, Friedrich Wilhelm. 1844~1900]
독일의 시인·철학자. 쇼펜하우어의 의지철학을 계승하는 '생의 철학'의 기수이며, 키에르케고르와 함께 실존주의의 선구자로 지칭된다. 인간

연구에 몰두하셨기 때문에 우리 형제들과는 별로 놀아주실 여유가 없었습니다. 성난 얼굴로 방을 걸어 다니시다가도 갑자기 슈베르트의 가곡을 큰 소리로 부르셨죠. 가끔 일요일 오후에는 저희 형제에게 책을 읽어주기도 하셨습니다. 독일 작가 *칼 마이의 모험소설이나 *괴테의 시, *토마스 만의 『악마의 산』, *니체의 『짜라투스트라는 이렇게 말했다』 1절 등이었지요. 시를 읽을 때는 벽이 울릴 정도로 큰 소리로 읽으셨는데 마치 극적인 노래 같았습니다. 아버지는 사상적인 시보다는 감성에 직접 호소하는 괴테나 *릴케의 시를 좋아하셨죠. 덕분에 우리 형제도 문학을 좋아하게 되었습니다. 아버지의 마음 깊숙한 곳에 있었던 활화산같이 뜨거운 정서를 이제서야 알 것 같습니다. 아버지는 수학과 시가 하나라고 생각했던 것입니다. 그래서 형식주의보다는 직관주의를 더욱 지지했지요."

그의 직관주의는 철저했다. 괴팅겐에서는 대학 1학년 수업에서 미적분을 직관주의의 관점에서 가르쳤다. 배리법을 이용하지 않았으므로 간단한 증명조차 싫증날 정도로 길어지기 일쑤여서 학생들로서는 이해하기 어려운 수업이었을 것이다.

바일은 평생 직관주의를 버리지 않았다. 괴델이 "자연수 이론을 포함하여 어떠한 형식적 체계도 그것 자신이 모순적이지 않다는 것을 증명할 수 없다"라는 불완전성 정리를 증명했을 때, 바일은 "그 방법은 적절하지 않으니 다른 방법으로 증명을 고쳐야 할 거야"라고 말했다고 한다. 직교사영(直交射影)법은 바일이 발견한 것이었지만, 직관주의의 견지에서 보면 마음에 들지는 않았을 것이다. 다른 관점에서 본다면 바일은 브로우베르만큼 완고한 직관주의자는 아니었으며 타협할 수 있는 유연성을 가지고 있었다.

"아버지는 *데모크리토스, 라이프니츠, *칸트, *헤겔, *피히테,

*에크하르트, 키에르케고르, 니체의 철학에도 정통하셨습니다. 그중에서도 특히 *하이데거, 후설, *야스퍼스의 철학서를 여러 번 정독하셨는데, 밤낮으로 야스퍼스의 『철학』 3권의 내용을 계속해

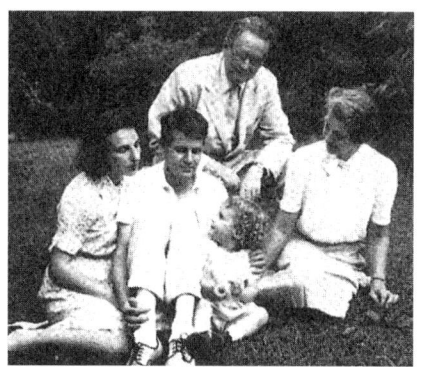

(오른쪽부터) 아내인 헤라, 바일, 장남 죠에캄.

서 말씀하신 적도 있었습니다. 아버지는 표현의 간결함, 우아함, 강력함에 큰 가치를 두었어요. 1939년에 영어로 저술한 첫 책인 『고전군』의 서문에서 '신은 이 책을 저술한 나에게 요람에서 노래하지 않은 언어를 사용해야 한다는 족쇄를 채웠다'고 말씀하셨지요. 또 1949년의 『수학과 자연과학의 철학』 서문에서는 '사실과 이미지의 연계 없이 과학의 발달은 이루어질 수 없다'고 말씀하셨습니다. '이 연계를 위해서는 반드시 언어가 필요하다. 특히 양자역학에서는 말이야' 라고 말씀하시기도 했습니다. 수학 저술에서 문학서나 철학서의 인용을 주저하지 않았던 것도 다 그 이유 때문이라고 생각합니다."

그의 말에 따르면 헤르만 바일은 진선미(眞善美) 모두를 추구한 사람이었다.

"아버지는 언제나 말이 없고 무거운 분위기였습니다. 그래서 식구들 모두가 고통스럽게 침묵해야 하는 경우도 많았지요. 기분이 좋으실 때는 문학, 철학, 예술을 말씀하셨어요. 유머도 풍부하셨고요. 하지만 쓸데없는 농담은 싫어하셨고 유능한 젊은이들과 함께 대화하는 것을 아주 좋아하셨습니다."

은 권력에의 의지를 체현하는 초인이라는 이상을 향하여 끊임없는 자기 극복을 해야 한다고 주장했다.

릴케
[Rilke, Rainer Maria. 1875~1926]
독일의 시인. 1902년 8월 파리에서 조각가 로댕의 비서로 한집에 기거하면서 로댕 문학의 진수를 접하게 된 것이 그의 문학에 커다란 영향을 주었다. 애인을 위해 장미꽃을 꺾다가 가시에 찔린 것이 화근이 되어 패혈증으로 고생하다가 51세를 일기로 생애를 마쳤다.

데모크리토스
[Dmokritos. BC 460?~BC 370?]
고대 그리스 최대의 자연철학자. 낙천적인 기질 때문에 '웃는 철학자'라는 별명이 있었다. 세계는 영원히 생성과 소멸을 되풀이하며 인간의 정신은 가장 정묘한 원자로 이루어졌다고 주장하였다. 그의 학설은 유물론의 출발점이며, 그후 에피쿠로스 · 루크레티우스에 의해 계승되어 후세 과학사상에 영향을 미쳤다.

칸트
[Kant, Immanuel. 1724~1804]
독일의 철학자. 주요 저서로 『순수이성비판』이 있다. 이 책에서 뉴턴의 수학적 자연과학에 의한 인식구조의 철저한 반성을 통하여, 종래의 신 중심적인 색채가 남아 있는 형이상학의 모든 개념이 모두 인간 중심적인, 즉 넓은 의미에서의 인간학적인 의미로 바뀌어야 되는 이유를 들고, 나아가 일반적 · 세계관적 귀결을 제시하였다.

헤겔
[Hegel, Georg Wilhelm Friedrich. 1770~1831]
독일의 철학자. 칸트 철학을 계승한 독일 관념론의 대성자이다. 그의 철학은 관념론적 형이상학으로 인해 많은 비판과 반발을 받기도 하였지만, 역사를 중시하였다는 점에서는 19세기 역사주의적 경향의 첫걸음을 내디딘 것으로 평가할 수 있으며, 그의 변증법적 사상은 후세에 커다란 영향을 미쳤다.

피히테
[Fichte, Johann Gottlieb. 1762~1814]
독일의 철학자, 독일 관념론의 대표 주자.

에크하르트
[Eckhart, Meister. 1260~1327]
중세 독일의 신비주의 사상가. 도미니크파의 신학자. 가장 큰 특색은 신비적 체험을 설교하는 데 있었다.

하이데거
[Heidegger, Martin. 1889~1976]
독일의 철학자. 20세기 독일의 실존 철학의 대표자.

야스퍼스
[Jaspers, Karl Theodor. 1883~1969]
독일의 철학자. 주요 저서로 『철학』(3권)을 펴내 '실존철학'을 체계적으로 전개하였다.

『수학과 자연과학의 철학』 초판본 표지.

나는 고다이라 구니히코의 『게으른 수학자의 기록』이란 책에 나오는 프린스턴 고등연구소 시절의 바일에 대한 구절을 떠올렸다.

"바일 선생은 점심때마다 거의 매일같이 연구소 4층의 식당에서 젊은 연구원들과 함께 식사하시면서 대화하는 것을 매우 즐거워하셨습니다. 선생이 접시로 흘러넘친 커피를 다시 잔에 부어 마시던 모습이 마치 어제 일처럼 떠오르네요. 바일 선생은 매우 정직하신 성품으로 자신의 생각을 마음속에만 품어두는 분은 아니셨습니다. 가끔이었지만 사실은 신랄한 비평도 하셨죠. 언젠가, 점심식사 때 필자 옆에 앉아 있던 젊은 미국인 수학자가 '오늘은 고다이라씨의 40번째 생일입니다'라고 말했습니다. 이 말을 들은 바일 선생은 '이곳에서 수학자로서의 수명은 35세 미만입니다. 당신도 빨리 서둘러야겠어요'라고 말씀하셨습니다. 아무리 빨리 서두른다고 해도 35세로 돌아갈 수는 없는 노릇이었지요. 내가 '이것 참 큰일났구나' 하고 낙담한 표정을 짓자 선생도 말이 심했다고 느끼셨는지, '예외는 있어요. 당신이 예외인지는 모르겠군요'라고 토를 다셨습니다."

필즈상을 받으면서 수학자로 성공한 고다이라이지만, 너무나 성실했던 그는 존경하던 위대한 바일 선생의 말을 곧이곧대로 듣고 놀랐던 것이다. 그때 바일 선생이 했던 말은 신랄한 비평이었다기보다는 유머였다는 생각이 든다. 고다이라가 말 그대로 너무 심각하게 받아들인 것에 당황한 바일이 '당신은 예외'라면서 곧바로 말을 바꾼 것 같다. 고다이라의 천재성을 높이 평가하고, 4년 동안 단 두 사람의 수상자밖에 없었던 필즈상에 고다이라를 강력하게 추천했던 사람이 바로 바일이었기 때문이다. 더욱이 바일 자신은 자신의 절정기를 1920년대였다고 말하곤 했는데, 그때 그의 나이는 35세~45세였다.

마이클 바일씨가 계속해서 말했다.

"그렇지만 아버지가 가장 좋아하신 것은 진지한 대화였습니다. 어머니, 수학자인 지겔, 경제학자인 모겐스턴, 작가인 *T. S. 엘리엇과 자주 대화를 나누셨습니다. 하이델베르크에 계신 야스퍼스를 방문했을 때에는 앉지도 않고 현대 물리학과 실존주의의 관계에 대해서 2시간 이상 심각한 토론을 벌였는데 옆에서 듣고만 있던 저까지 완전히 녹초가 될 정도였습니다."

"취미가 있으셨습니까?"

"음악을 매우 좋아하셨고 콘서트에도 자주 가셨습니다. 피아니스트 아르투르 슈나벨과는 둘도 없는 친구 사이셨지요. 수학을 창조하는 것이나 음악을 창조하는 것이 모두 같은 인간의 본성이라고 하셨습니다. 천식을 앓으셨지만, 자전거 타는 것말고는 별다른 운동을 하지는 않으셨습니다."

"가장 인상에 남는 일은 무엇입니까?"

그는 잠시 생각하다가 심각한 표정이 되어 말했다.

"1933년의 일입니다. 유태인 추방 때문에 괴팅겐의 많은 교수들이 빠져나가자 적막했죠. 아버

T.S. 엘리엇
[Eliot, Thomas Stearns. 1888~1965]
영국의 시인 · 평론가 · 극작가. 『황무지』로 20세기 시단의 주목을 받았고, 1948년에는 노벨 문학상을 받았다.

(오른쪽부터) 차남 마이클과 바일 부부 (1949년).

디리클레

[Dirichlet, Peter Gustav Lejeune. 1805~1859]
독일의 수학자. 정수론·급수론·수리물리학 등에 공헌하였다. 훔볼트의 초청으로 독일의 여러 대학에서 수학을 강의하고, 1839년 베를린 대학 교수, 그후 1855년 가우스의 후임으로 괴팅겐 대학 교수가 되었다. 가우스의 정수론을 계승, 발전시킨 공적을 남겼다. 명강의로 유명했으며 그의 강의 스타일은 후에 독일 각 대학의 강의 형식의 기초가 되었다.

지는 어떻게 해서든지 전통을 잇고 싶으셨나 봅니다. 상당히 괴로워하셨어요. 프린스턴 연구소의 초청을 수락하면 가족은 안전해지겠지만, 괴팅겐의 수학은 붕괴될 것이라고 생각하셨으니까요. 괴팅겐에 대한 애정과 소장으로서의 책임감, 가족의 안전이라는 문제를 두고 고민하셨어요. 수많은 사람들을 만나셨고, 여러 통의 편지를 쓰시면서 방법을 찾으셨어요. 하지만 성과도 없이 몸과 마음 모두 탈진하고 마셨습니다. 결국 가족 앞에서 눈물을 흘리셨고, 이후 신경쇠약으로 고생하셨습니다."

그는 엄숙한 표정으로 "심신이 완전히 찢겨나간 것이지요"라고 반복해서 말하며 마치 그 무렵의 괴팅겐을 떠올리기라도 한 것처럼 먼 곳으로 시선을 돌렸다.

"아버지는 스위스의 사나트리움에 잠시 가셨습니다."

비통한 표정으로 다시 말을 이었다. 바일의 정신 상태가 극도로 불안정했었다는 사실을 처음으로 분명히 밝힌 순간이었다.

4. 바일이 떠나간 괴팅겐의 빈자리

괴팅겐 수학연구소는 가우스, *디리클레, 리만의 전통을 잇고, 클라인이 꿈꾸고 쿠란트가 실현시켰으며, 힐베르트가 감탄하고 바일이 사수한 영광의 아성이었다. 바일이 70년 전에 고민하다가 포기한 괴팅겐은 아직도 복원되지 못한 상태이다.

괴팅겐을 방문했다. 아침에 내리던 눈이 그치면서 수학연구소가 3월의 밝은 태양 아래 조용히 모습을 드러냈다. 전통 있는 건물이라

다르다고 생각했지만 밝은 기운은 어디에도 없었다. 가우스 이후 1세기에 걸쳐 세계에 군림했던 독일 수학은 바일의 결단과 함께 산산히 부서지고 만 것이다.

1994년 3월에 저자가 촬영한 괴팅겐의 수학연구소

바일이 그렇게까지 고민했던 것은 이후의 상황을 분명히 예상했기 때문일 것이다. 가족을 위해서 어쩔 수 없었을 것이라는 생각이 들면서도 수학자로서 나는 그의 결단에 새삼 아쉬운 마음이 들었다.

다음 날 아침 호텔에서 마이클 바일 선생으로부터 받은 몇 가지 자료를 보았다. 바일의 저서 목록을 검토해 보니, 학위를 취득한 다음부터 30년 동안 167편의 논문과 16권이 넘는 책을 저술한 것으로 나와 있었다. 수학자로서는 보기 드문 다작이었다.

1933년에만 아무런 저작이 없는 완전한 공백이었다. 고민의 수렁에 빠져 있던 1933년, 고통의 공백이었다. 바일의 결단을 이해할 수 있을 것 같았다.

> **수학자가 남긴 한마디**
>
> "나는 언제나 참과 아름다움을 통합하려고 노력했지만, 두 가지 중에 하나를 선택해야 할 때는 대개 아름다움을 선택했다."

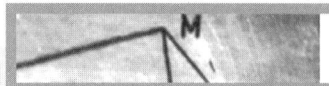

쉬어가는 페이지

란다우 교수의 강의

약 60여 년 전, 당시 세계 수학의 중심지라 불리던 독일 괴팅겐 대학에 수학자 란다우 교수가 있었다. 그가 복수함수론 및 정수론 강좌를 개설하자 소문을 듣고 모여든 수강자가 백여 명이 넘었고, 그의 유명세에 대학에서도 큰 강의실을 배정해 주었다. 그러나 란다우 교수는 수강생의 수준은 전혀 고려하지 않고 심혈을 기울여 연구한 자신의 이론을 외칠 뿐이었다.

결국 일주일 후 수강생은 열 명 내외로 줄었고, 그나마 두 번째 주가 끝날 무렵에는 단 두 명의 학생만 남았다. 그중 한 명은 란다우 교수의 조교였고, 다른 한 명은 장래 란다우 교수의 조교가 되기를 희망하는 학생이었다. 란다우 교수는 커다란 강의실에서 한 달이 넘도록 두 학생에게 열심히 강의했다.

그러던 어느 날, 란다우 교수의 조교가 몸살로 나오지 못하자 남은 한 학생이 아픈 조교를 찾아가서 애원했다.

"내일은 란다우 교수의 강의가 있는 날이니까 꼭 나오셔야 해요. 강의 도중에 '자, 여기까지는 다 알아들었지?' 하고 계속 물으시는데, 저 혼자서는 그 압박감을 견딜 수 없어요. 제발 좀 살려주세요."

조교는 아픈 몸을 이끌고 다음 날 수업에 참석했다. 하지만 고열로 신음하면서 20분을 버티다가 결국 강의실을 나가고 말았다. 란다우 교수는 학생이 나간 것도 모른 채 홀로 남은 학생에게 여전히 우렁찬 목소리로 "자, 여기까지는 다 알았겠지? 그럼 다음!" 하면서 강의를 계속하였다. 불쌍한 이 학생은 혼자 남아 25분을 버티다가 결국 란다우 교수가 등을 돌리고 판서하는 틈을 타 강의실을 탈출(?)하였다.

잠시 후, 우연히 그 강의실 옆을 지나던 동료 교수가 빈 강의실에서 우렁찬 목소리로 열강을 하고 있는 란다우 교수를 보게 되었다. 놀란 그 교수는 교수 휴게실에서 란다우 교수를 기다렸다. 잠시 후 상기된 얼굴로 란다우 교수가 들어서자 "란다우 교수, 아까 보니 강의실에 학생이 없는 것 같던데, 빈 강의실에다 대고 강의하는 줄 알고 계셨소?" 하고 물었다. 그러자 란다우 교수는 "물론, 알고 있었소"라고 태연스럽게 대답하는 것이 아닌가. 기가 막힌 동료 교수는 "아니, 그런데도 빈 강의실을 향해 계속 강의했단 말입니까?" 하고 물었다. 란다우 교수는 이상야릇한 표정으로 이렇게 대답했다.

"물론이죠. 내가 왜 이런 좋은 기회를 놓치겠어요. 그 동안 그 두 멍청이들 때문에 진도를 조금씩밖에 나갈 수 없었는데 오늘은 엄청나게 진도를 나갈 수가 있었단 말이오!"

가장 어려운 문제, 350년 동안의 싸움

앤드루 와일즈

업적

· 350년 만에 페르마의 마지막 정리를 증명

Andrew Wiles(1953~)

프린스턴 대학 교수로 재직하면서 7년 동안 비밀리에 '페르마의 마지막 정리' 증명에 몰두하였다. 결국 페르마의 정리가 세상에 알려진 지 350년 만에, 와일즈 개인으로서는 처음 접한 열 살 이후 30여 년이 지나서야 드디어 이 증명에 성공했다. 20세기 수학이 거둔 크나큰 수확이었다.

약력

1953 　영국에서 태어남.
1963 　『마지막 문제』라는 책에서 페르마의 정리를 처음 접함(10세).
1993 　뉴턴 연구소에서 행한 강연회에서 페르마의 정리를 증명함(40세).
1994 　케임브리지 대학 리처드 테일러와 공동연구로 전해의 발표 내용을 보완·정정하여 최종 증명함(41세).
1995 　『수학연보』를 출간, 페르마의 '최후의 정리'가 공식적으로 증명됨(42세).

기원전 332년 그리스와 소아시아, 이집트를 정복했던 알렉산더 대왕은 알렉산드리아에 세계 최고의 도시를 건설하려고 마음먹었다. 나일강 하구의 이 땅에 큰 함선이나 무역선이 정박할 수 있는 항구를 만들고 이 지역을 세계 곡물 무역의 중심지로 만들려고 했던 것이다. 그의 이러한 뜻은 계속해서 대물림되었다.

알렉산드리아가 학문의 도시가 된 것은 알렉산더 대왕의 직속 장군이었던 프톨레마이오스 1세가 이집트 왕으로 즉위하면서 이곳에 이집트, 그리스, 소아시아의 문헌을 모은 도서관을 세웠기 때문이다. 프톨레마이오스 3세가 통치하던 무렵에는 수십만 권의 장서를 자랑하는 도서관으로서 이름을 떨치게 되었고, 전세계의 학자들이 모여들었다. 그중에서도 눈에 띄는 훌륭한 학자로 유클리드와 *디오판토스를 들 수 있다. 기원전 3세기에 활약했던 유클리드는 그리스 시대까지 얻을 수 있는 모든 기하학의 지식을 집대성했고, 또 자신이 직접 만든 수많은 발견을 보태어 『원론』 13권을 저술했다. 『원론』은 2천 년 이상 학문의 전형이 되었고, 오늘날까지도 『성서』 다음으로 많은 이들에게 읽히는 전세계적인 베스트셀러이다.

디오판토스는 알렉산드리아 문화의 말기라고 할 수 있는 3세기에 살았던 인물로 유클리드가 질투했을 정도로 수에 관한 방대한 지식을 모았고, 거기에 자신이 발견한 수많은 정리를 첨가하여 『산술』 13권을 저술하였다.

기원전 3세기의 유클리드에서 기원후 3세기의 디오판토스까지 이 기간의 알렉산드리아는 세계적인 학문 중심지였지만, 대도서관은 외국의 공격으로 인해 여러 번 파괴 위험에 처했다. 기원전 47년에는 카이사르에게, 기원후 38년에는 기독교도의 공격으로, 642년에는 이슬람교도의 침략으로 불타고 파괴되었다.

디오판토스

[Diophantos, 246?~330?]
3세기 후반 알렉산드리아에서 활약했던 그리스의 수학자. 대수학의 아버지라고 불리며, 『산술』은 13권 중 6권이 현재까지 남아 있다. 이 책은 아라비아어로 번역되어 많은 영향을 끼쳤으며, 뒤에 라틴어로 번역된 다음 중세 말기에 유럽으로 전파되어 대수학 발달에 공헌했다. '주어진 제곱수를 2개의 제곱수로 나누어라' 라는 문제는 뒤에 페르마에게 영향을 끼쳐, 페르마의 정리로 이어진다.

남은 책들은 동로마(비잔티움) 제국의 콘스탄티노플(지금의 이스탄불)로 모아졌다. 거듭되는 전쟁으로 유럽은 10세기 이상 암흑 속에 빠지고 말았지만, 그 사이에 인도인과 아라비아인들은 세밀하게 수학을 발전시켰다.

1. 『산술』의 마지막 숙제 '페르마의 정리'

1453년에 오스만투르크는 콘스탄티노플을 공격하여 비잔티움 제국 천 년의 역사를 내리게 했다. 수학사에 있어서는 최대의 사건 중 하나였다. 비잔티움 제국의 학자들이 가지고 있던 수학책들이 비로소 서유럽으로 전달될 수 있었기 때문이다. 이 책들의 대부분이 라틴어로 번역되어 그리스 정신을 유럽에 부활시켰으며, 마침내 암흑시대는 종지부를 찍게 되었다.

디오판토스의 『산술』 13권 중 6권이 이 혼란 속에서 살아남았으며, 1622년에 클라우드 바셰가 그리스어를 라틴어로 번역하였다. 그리스 수학의 영광이 십수 세기를 거쳐 되살아난 것이다.

피에르 드 페르마의 초상.

17세기 전반 프랑스 남서부의 토르주에 살던 법률가 피에르 드 페르마는 수학에 대단한 열정을 가진 아마추어 수학자였는데, 당시만 해도 수학자라는 직업이 없었던 시절이었고, 수학 교수가 있는 대학도 영국의 옥스퍼드뿐이었다. 갓 출간된 『산술』의 라틴어 번역본을 읽기 시작한 그는 이 책의 넓은 여백에 셀 수 없을 정도로 많은 주를 남겨놓았다.

이중 하나를 제외한 나머지 모두가 페르마가 죽은 후에 해명되었는데, 마지막까지 남은 문제 하나가 이른바 '페르마의 정리'였다.

n을 3 이상의 정수라고 한다면,
$X^3 + Y^3 = Z^3$을 만족시키는 정수해 X, Y, Z는 존재하지 않는다. 단 X, Y, Z 중 하나가 0이거나 모두 0인 경우는 제외한다.

여기서 n이 3 이상이라는 조건이 매우 중요하다. n이 2인 경우에는 피타고라스의 정리인 $X^2 + Y^2 = Z^2$이 되어, $3^2+4^2=5^2$, $5^2+12^2=13^2$ 등 방정식을 만족시키는 해가 얼마든지 존재하게 되기 때문이다.

페르마는 "나는 참으로 신기한 증명을 발견했지만 그 증명을 적어 넣기에는 책의 여백이 부족하다"라는 수수께끼 같은 말만을 써 놓았다. 이것이 모든 소동의 발단이 되었다.

후세의 저명한 수학자와 많은 아마추어들이 이 명제를 해결하고자 각고의 노력을 기울였지만 모두 한 가닥의 실마리도 찾지 못했다. 18세기 최대의 수학자 오일러를 비롯한 위대한 천재들도 모두 마찬가지였다. 때문에 근대에 들어서는 페르마의 정리가 거짓이라는 것이 정설처럼 굳어졌다.

그때까지의 초등 수학적인 방법과는 완전히 다른 방법을 이용하여 해결하려는 시도가 주류를 이루었고, 이 노력의 과정에서 대수학적 정수론이라는 거대한 분야가 탄생했지만, 그것으로도 페르마의 정리는 해결되지 않았다. 이처럼 미궁에 빠진 정리에 대해 1970년대의 일부 수학자들은 정리 자체가 잘못된 것이라고 주장했다. 애초부

이와자와
[岩澤健吉. 1917~1998]
일본의 수학자. 20세기 수론의 대가로 알려져 있다.

페르마의 정리를 처음 접했을 무렵의 와일즈

터 틀린 정리였다면 어떤 천재라도 증명할 수 없는 것 아닌가.

정의 자체가 올바른 것인지도 알 수 없었다. 해결하려고 덤벼들었던 학자들의 연구가 아무런 결실 없이 종결되는 바람에 이 정리는 오래도록 정통 수학자들의 마음속에 응어리가 되어왔던 것이다.

1963년, 밤색의 목도리를 두른 소년 앤드류 와일즈는 영국 케임브리지의 밀턴 거리에 있는 작은 도서관에서 『마지막 문제』라는 책을 보게 되었다. 이 책에서 페르마의 정리를 접하게 된 소년 와일즈는 "혼자서도 이해할 수 있을 것 같은 문제인데 위대한 수학자들조차 아무도 풀지 못했다니. 반드시 이 문제를 풀고 말거야"라고 다짐했다.

와일즈는 몇 주일 동안 그것에 몰두했고, 점차 이 문제를 해결하는 것을 꿈으로 간직하게 되었다.

기초적인 수학 공부를 마치고 케임브리지 대학의 대학원에서 본격적으로 페르마의 정리에 몰두하려 했던 와일즈는 지도교수로부터 '꿈'을 버리라는 권유를 받았다. 와일즈의 진지한 노력을 조용히 지켜보고 있던 지도교수는 와일즈 같은 천재가 지금까지 수없이 많은 천재, 수재들이 그래 왔던 것처럼 진위조차 불분명한 이 정리의 새로운 희생자가 되는 것을 염려했던 것이다. 결국 그는 페르마의 정리와 전혀 관련 없는 타원곡선론이나 *이와자와 이론을 공부하게 되었다.

10년 가까운 세월이 지난 1986년 여름의 어느 날 저녁이었다. 타원곡선론 분야에서 선구적인 학자가 된 와일즈는 한 친구의 집에서 함께 홍차를 마시고 있었다. 그때 친구가 "그런데 '타니야마 시무라의 추론'이 옳다고 밝혀지면 페르마의 정리가 증명되는 것이라고 미국의 리벳이 발표했다는군요"라고 말했다. 무심코 흘려들었지만 와일즈는 자신도 모르게 전율을 느꼈다. 해야 할 일이 무엇인지 다시 한 번 확신했던 것이다.

다락방이 있는 와일즈의 자택.

다카키 데이지
[高木貞治. 1875~1960]
일본의 수학자. 19세 때 당시 유일하게 수학과가 있던 제국대학에 입학, 우수한 성적으로 졸업하고 독일로 유학하여 베를린 대학을 거쳐 괴팅겐 대학에서 힐베르트에게 수학한다. 귀국 후 도쿄대에서 강의하면서 일본 수학 발전에 크게 기여했다.

2. 타니야마 시무라의 추론

1955년 9월, 도쿄와 닛코에서 수론에 관한 국제 심포지엄이 열렸다. 일본에서 이루어진 첫 번째 국제 수학 심포지엄이었다. 수론을 주제로 정한 것은 이 분야에서 금자탑을 이룬 '유체론'의 주인공 *다카키 데이지 박사에게 경의를 표하기 위해서였다.

1차 세계대전의 영향으로 일본으로 들어오던 서양 논문이 일체 들어올 수 없게 되었는데, 데이지는 수년에 걸친 연구 끝에 1920년 유체론을 발표하여 세계를 깜짝 놀라게 했다. 거장인 힐베르트가 꿈꾸었던 이론을 훨씬 뛰어넘는 것이었다. 메이지시대에 서양 수학을 도입한 일본은 다이쇼시대에 들어서자 재빠르게 이 분야의 정상들과 어깨를 나란히 하게 되었다.

그후 데이지의 제자와 그 제자의 제자들로 이어지는 끝없는 연구가 이루어졌다. 이것이 바로 국제수학자연합 주최의 심포지엄이

시무라 고로
[志村五郎, 1930~?]
일본의 수학자. 타니야마 유타카와 함께 1955년 일본 도쿄와 닛코에서 개최된 국제수학회의에서 유명한 '타니야마 시무라 추론'을 발표하였다.

타니야마 유타카
[谷山豊, 1927~1958]
일본의 수학자. 1955년 일본 도쿄와 닛코에서 개최된 세계수학자회의에서 유명한 '타니야마 시무라 추론'을 발표하였다. 이것은 페르마의 최종 정리 증명의 열쇠가 되었다.

모듈
[module]
군론(群論)에서 사용되는 용어. 가환군, 즉 아벨군(群)에서는 그 결합법(이항연산)을 곱셈의 형태인 ab로 쓰지 않고, 덧셈의 형태인 a+b로 나타내는 경우가 많다. 이렇게 나타냈을 때의 가환군을 가군이라 한다. 가군에서는 단위원(單位元)을 영원(零元)이라 하고, 0으로 나타낸다.

베유
[Andre Weil, 1906]
프랑스의 수학자. 1934년에 고등사범학교의 졸업생인 카르탕, 세바레이, 듀돈네 등의 수학자들과 소위 '니콜라스 부로바키(Nicolas Bourbaki)'를 창설하여 세계 수학계에 학문적으로 지대한 공헌을 하였다. 베유 가설을 제시하였으며, 이 가설은 1970년 초반에 벨기에 수학자 데리네에 의해 증명되었다.

일본에서 개최된 이유였다.

2차 세계대전이 끝난 후 여러 해 동안 일본의 수학은 다른 분야와 마찬가지로 전쟁의 후유증에서 벗어나지 못했다. 더욱이 특출한 수학자였던 고다이라 구니히코나 이와자와가 연이어 미국으로 떠나는 등 뛰어난 두뇌들도 해외로 유출되고 있었다.

그러던 중 1953년 도쿄 대학의 젊은 연구자들을 중심으로 한 'SSS'라는 조직이 생겨났다. 연구에 지친 선배 학자들을 대신하여 활동할 혈기왕성하고 의욕적인 젊은 수학자들의 모임이었다. 그중에는 1949년에 입학한 *시무라 고로와 1950년에 입학한 *타니야마 유타카가 있었다. 타니야마는 결핵으로 2년 동안 휴학을 했었기 때문에 입학은 늦었지만 시무라 고로보다 나이는 많았다.

SSS는 외국과의 교류가 없었기 때문에, 세미나에서 다루어지는 주제들은 다소 낡은 것이었다. 타니야마와 시무라도 유행에 뒤떨어진 *모듈(module) 형식에 몰두하고 있었다. 타니야마는 병 때문에 몇 년 쉬었고, 시무라는 군수공장에서 노동을 해야 했기 때문에 이 두 사람은 남들보다 부족했던 연구 시간을 만회하려고 열심히 수학 연구에 매진했다.

SSS를 중심으로 한 일본의 젊은 연구자들은 *베유, 세레, 아르틴, 세바레이, 두이링크, 브라우어와 같은 세계적 권위의 학자들이 모일 것이라는 이야기를 듣고 기대에 부풀어 올랐다. 전후의 식량난으로 먹을 것조차 부족했지만 주린 배를 달래면서 정진한 자신들의 성과를 최고의 수학자들에게 선보이고, 세계 최첨단의 수학을 만날 수 있으리라고 기대했던 것이다.

그들은 자신들의 성과를 당당하게 발표했다. 비록 서툰 영어였지만, 당시 일본인 발표자 대부분이 20대였다는 사실이 특이하다. 외국의 저명한 수학자들은 일본의 젊은이들과 만나 공식적, 비공식적으로 대화를 나누면서 그들이 가진 의욕과 에너지, 성실함에 크게 감동받았으며, 모두 칭찬을 아끼지 않았다. 그중에서도 9월 12일 오전 중에 발표된 시무라의 '허수의 곱셈법에 대하여'와 타니야마의 '야코비 다양체와 수체'는 그 혁신적인 발상에서 최고의 내용을 담은 것이었다. 폐허 속에서 새로운 싹이 힘차게 자라나고 있었던 것이다.

페르마 최종 정리의 증명에 실마리를 제공한 타니야마.

젊은 연구자들은 자신들이 주목했던 분야의 연구 결과를 복사본으로 준비하여 회의 참석자들에게 배포했다. 복사본의 첫머리에 다음과 같이 적혀 있었다.

"충분한 정보가 없었습니다. 그래서 취급할 만한 문제가 아니거나 이미 해결된 문제가 포함되었는지도 모르겠습니다. 의견을 주시면 감사하겠습니다."

타니야마는 이때 4개의 문제를 제출했다.

그중 두 개가 타원곡선과 모듈 형식에 관한 문제였다. 이 특이한 착상은 어느 누구의 영향으로 이루어진 것이 아니었다. 그의 통찰은 시대를 앞선 것이었다. 그러나 한 사람 예외가 있었는데, 그가 바로 시무라였다. 시무라는 타니야마의 깊은 통찰에 처음부터 감탄했다.

3년 후인 1958년에 예기치 못한 일이 일어났다. 그해 4월 도쿄 대학 조교수로 임용되고, 5월에 이학박사 학위를 받았으며, 10월에 약혼하여 12월 결혼식을 앞두고 있었던 타니야마가 자신의 순조로운 인생을 포기하듯 갑자기 자살해 버린 것이다. 그가 떠난 11월, 손때 묻은 책상 위에 유서가 남겨져 있었다.

"어제까지만 해도 자살하려는 생각은 없었다. 최근 내가 상당히 피곤한 삶을 살아가고 있으며 신경 또한 매우 날카로워졌지만 이 사실을 아는 사람도 별로 없었을 것이다. 자살할 만한 일이 있었던 것은 아니다. 나는 다만 장래에 대한 자신감을 잃었을 뿐이다. 나의 자살로 인해 심정적으로 힘들거나 타격을 받게 되는 사람이 있을지도 모르겠지만, 나의 자살이 그 사람의 장래에 어두운 그림자가 되지 않았으면 한다. 나의 행동이 일종의 배신이 될 수 있음을 부정할 수는 없지만, 지금까지의 방자한 행동에 대해서 그리고 마지막 방자함에 대해서도 용서해 주길 바란다."

그는 자살 전에 사람들에게 빌린 책과 레코드를 모두 돌려주었고, 수업 진행 상황 등에 대해서도 상세한 기록을 남겼다. 서른 한 번째 생일을 닷새 앞둔 날이었다. 자살을 결심한 진짜 이유가 무엇인지는 명확하게 알려져 있지 않다. 당시의 SSS 회원들은 현재 건강한 70대로 살아 있지만 그의 자살 이유에 대해서는 모두가 "잘 모르겠어요"라고 대답한다. 기껏해야 "수학 이외의 부분에서 자신감을 잃었을지도 몰라요" 정도의 대답만 들을 수 있을 뿐이다. 『타니야마 유타카 전집』에 자살하기 1년 전에 주고받았던 편지들이 수록되어 있는데, 그중 SSS의 주요 회원들이 계속해서 미국으로 이주하여 적막했다는 기록이 남아 있다. SSS를 이끌었던 타니야마는 회원들을 성심껏 대했고, 그들의 정신적 지주로서 사랑받았지만, SSS를 믿고 의지한 사람은 회원들보다 오히려 타니야마 자신이었을 것이다. 파티 후에 몰려든 고독이 그를 자살로 이끌었던 동기 중 하나였던 것 같다.

비극은 멈추지 않고 계속되었다. 그가 떠난 지 2주 만에 약혼녀가 뒤를 이었던 것이다. 그녀의 유서에는 "우리들은 어떠한 일이 있어도 절대 헤어지지 말자고 약속했습니다. 그가 세상을 떠났으니, 이제 나도 함께 떠나야겠습니다."

시무라는 '타니야마의 추론'에 대해 본격적으로 연구했다. 타니야마 추론의 신뢰성을 높이기 위해 수학적 증거를 모았고, 조잡한 형태였던 타니야마의 추론을 보다 세련되게 다듬어 일반화하는 데 주력했는데 "타원곡선은 모듈이다"라는 것이 바로 그 내용이었다. 타원곡선과 모듈 형식이라는 오래된 분야를 밀접하게 연결시킨 것이다.

『모듈 타원곡선과 페르마의 최종 정리』의 첫 페이지

10년이라는 세월을 바쳐 완성된 시무라의 추론은 호쾌하고 아름다운 것이었다. 전문가들은 너무 놀란 나머지 감탄을 아끼지 않았다. 20세기 수론의 거장 베유는 1967년의 논문에서 "의심스럽다"라고 기록했는데, 시무라는 거장의 반응에 구애됨 없이 자신의 연구가 어떤 형의 타원곡선에 대해 적용되는 것인지 보다 세부적인 연구를 실행해 나갔다. 다른 수학자들의 연구가 병행되면서 예측의 신빙성은 더욱 높아졌고, 그의 주장을 의심하는 학자도 보이지 않게 되었다.

1970년대가 되자 "만약 이 이론이 성립하지 않으면 수학은 엉터리다"라고 말하는 전문가까지 나왔다. 전혀 관계 없어 보이는 두 분야의 결합은 수학자들의 가슴을 설레게 하는 데 충분했다. 이 무지개 다리를 건너면, 한쪽에서는 당연한 성질이 다른 한쪽에서는 깊은 성질로 변모한다고 하는 가치가 높아지는 추론이었다. 20세기 최대의 추론이라고 해도 좋을 것이었다. 이 위대한 예측은 깊은 우정으로 맺어진 타니야마와 시무라라는 두 일본인이 가진 투철한 미의식과 독창성이 낳은 결과였다.

3. 7년간의 사투, 비밀리에 진행한 연구

이때가 와일즈가 들고 있던 찻잔을 움켜쥐면서 깨뜨린 순간이었다. 1986년경이었는데 '타니야마 시무라의 추론'을 의심하는 사람은 없었지만, 그렇다고 그것을 제대로 증명해 낸 사람도 없었다. 와일즈조차도 "내 생전에 이를 증명해 내기는 어려울 것이다"라고 말했다고 한다. 그들의 추론이 도달할 수 없는 신비로운 봉우리처럼 아름답게 솟아 있었던 것이다.

"타니야마 시무라의 추론이 옳다면 페르마 정리도 옳다." 이 시기에 이르러서야 세기의 수학자가 이룬 '페르마의 정리'가 인정을 받게 된 것이다. 기이한 이론으로, 너무나 멀리 떨어져 있어 손에 잡힐 것 같지 않았던 페르마의 정리가 '타니야마 시무라의 추론'이라는 무지개 다리를 건넌 것이다. 이 다리에서는 팔만 뻗으면 무언가 손에 잡힐 듯했다. 페르마의 수수께끼가 시작된 지 350년이 지난 시점이었다.

페르마의 정리를 증명하기 위해서는 타니야마 시무라 추론을 증명해야 했다. 다행스럽게도 타니야마 시무라 추론은 와일즈가 가장 정통했던 타원곡선론 분야에 속하는 것이었다. 와일즈는 기적이라고 생각했다. 열 살 때 가졌던 페르마의 정리를 풀고 싶다는 꿈과 아무 관계도 없을 것 같던 타원곡선론 사이에 생각지 못한 다리가 놓여 있었기 때문이다. 행운이었고 신의 가호 같았을 것이다. 모두가 손을 들고 포기했고, 자신마저 접어야 했던 페르마의 정리를 해결하는 꿈을 이루기 위해 와일즈는 다시 '타니야마 시무라 추론'에 본격적으로 몰두했다. 그

이야기를 나누고 있는 시무라와 베유.

들이 제시한 무지개 다리를 실제로 확인하는 어려운 작업을 개시했던 것이다.

이 무모해 보이던 도전에 경쟁자는 없었다. 수학자들은 페르마의 정리를 증명해 내는 일이 얼마나 어려운 일인지 이미 경험하였고, '타니야마 시무라 추론'의 증명이 극단적인 어려움에 휩싸일지도 모른다는 두려움을 가졌기 때문에 시도조차 없이 이미 공격 의지를 상실하고 있었다.

영국인의 용기였을까? 영국이라는 나라는 모험가가 많기로 유명하다. 태평양 제도를 발견하고 하와이에서 숨진 *제임스 쿡, 남극점에 도달했지만 *아문센보다 1개월 늦었다는 사실을 알고 스스로 목숨을 끊었던 *로버트 스콧, 아프리카를 횡단하고 오지를 탐험하다가 숨진 *리빙스턴, 에베레스트를 첫 등정한 *힐러리 등이 모두가 용기 있는 영국인들이었다. 와일즈에게도 도전심과 용기를 자랑하는 민족의 피가 흐르고 있었을 것이다.

와일즈는 자신의 연구에 대해 철저한 비밀을 유지했다. 프린스턴

쿡
[Cook, James. 1728~1779]
영국의 탐험가·항해가. '캡틴 쿡'이라고도 한다. 영국의 북태평양 탐험 계획에서 탐험대장을 지원하였다. 희망봉에서 뉴질랜드를 거쳐 이듬해 1월 하와이 제도를 발견했다. 처음에 섬의 원주민들의 열광적인 환영을 받았으나, 원주민과의 분쟁으로 돌창에 맞아 숨졌다.

아문센
[Amundsen, Roald. 1872~1928]
노르웨이의 탐험가. 대서양에서 북극해를 거쳐 태평양에 이르는 북서항로 항해에 사상 처음으로 성공하였으며, 이 항해에서 북자극의 위치를 확인하였다. 1911년 12월 14일 인류 사상 최초로 남극점 도달에 성공하였으며, 영국의 스콧 일행보다 35일 앞섰다.

스콧
[Scott, Robert Falcon. 1868~1912]
영국의 남극 탐험가. 1901~1904년 디스커버리호를 타고 남극탐험을 지휘하였다. 1912년 1월 18일 남극점에 도달하였으나 간발의 차이로 아문센에게 뒤져 첫 정복의 꿈은 깨어졌다. 그러나 마지막까지 용기를 잃지 않고 영국 신사다운 최후를 마친 것이 알려져 국민적 영웅이 되었다.

리빙스턴
[Livingstone, David. 1813~1873]
영국의 선교사·탐험가. 1852~1856년에 아프리카 횡단여행에 성공했다. 그때 빅토리아 폭포와 잠베지 강을 발견하였다. 탐험 중 이질로 사망하였다.

힐러리

[Hillary, Edmund Percival, 1919~]
뉴질랜드의 등산가·탐험가. 1953년 셰르파 텐징 노르가이와 함께 에베레스트산을 첫 등정하였다.

대학의 동료를 포함하여 아무에게도 알리지 않았던 것이다.

와일즈 같은 유명 수학자가 페르마의 정리에 도전한다는 것이 알려지면 당연히 큰 반향이 일어날 것이었다. '공명심에 눈이 먼 어리석은' 학자로 치부될 수도 있는 노릇이었다. 영국 신사인 그로서는 참을 수 없는 일이었을 것이다.

와일즈는 연구 도중 몇 가지 눈에 띌 만한 성과를 얻었지만, 아무런 발표도 하지 않았다. 강력한 라이벌이자 사람들에게 최고의 권위를 인정받고 있던 독일의 파르팅스가 같은 목표로 역시 비밀리에 연구 중이라고 생각했을 것이다.

추론의 증명에 필요한 논의의 90퍼센트를 완성했어도 완전한 영광은 마지막 남은 10퍼센트의 문제를 해결한 사람에게 돌아간다. 이 사실이 와일즈에게 걸림돌이었다. 금전이나 지위에 연연해 하지 않는 수학자는 많지만, 명성에 관심이 없는 수학자는 없는 법이다.

7년 동안 집중해서 연구했지만 별다른 진전은 없었다. 연구실에서, 집의 다락방에서, 호숫가를 산책하면서도 생각은 끊이지 않았다. 생각하다 잠이 들기도 했고, 생각 때문에 잠에서 깨기도 했다. 두 아이와 함께 있는 시간을 제외하고는 오로지 페르마의 정리 생각뿐이었다.

올바른 길을 가고 있다고 자부했지만, 끊임없는 공포를 떨쳐버릴 수 없었다. 이 정리가 현대 수학을 넘어서는 문제일지도 모른다는 공포심이었다. 이 정리를 해결하는 데 필요한 수학적 도구가 발견될 때까지 몇 십 년, 몇 백 년을 기다려야만 한다면, 자신이 아무리 천재적인 재능을 가졌다 하더라도 어쩔 수 없는 일인 것이다. 몇 년을 바쳐 얻어낸 결론이 '내가 백 년만 늦게 태어났더라면'이 된다면 이처럼 허무한 일도 없을 것이다. 더구나 그의 나이 이제 30대였다. 수학자로서의 황금시대를 해결 불가능한 문제에 파묻혀서 아무것도 얻지 못한다면, 수학자로서의 인생도 끝나고 말 것이었다.

하지만 와일즈는 이 모든 괴로움을 이겨내면서 5년 동안 열심히 연구에 몰두했다. 아무런 논문도 발표하지 않았고, 학회나 심포지엄에도 나가지 않았다. 험담하기 좋아하는 사람들 사이에 괴상한 소문이 돌았다. 그가 연구를 그만두었다는 이야기도 나돌았고, 결혼 후 아이가 생기면서 수학에 집중하지 않는다는 이야기들도 있었다.

와일즈는 더욱 이를 악물었다.

6년째가 되던 해, 막다른 골목에 다다랐다고 느낀 와일즈는 새로운 돌파구를 찾기 시작했다. 다시 정기적인 연구 모임에 참석하였고 모두의 따뜻한 환대를 받았지만, 여기서도 자신이 수행한 연구에 대해서는 입을 열지 않았다.

7년째가 되자 연구에 많은 진전이 있었으며 증명도 완성될 조짐이 보였다. 다만 한 가지 불안한 점은 그가 채택한 방법이, 자신 있던 분야가 아닌 수론기하학을 상당히 구사해야만 한다는 점이었다. 이 분야는 수학 중에서도 특히 어렵기로 유명한 분야였다. 함정이 기다리고 있었던 것일까. 와일즈는 수론기하학의 전문가인 카츠라는 동료 교수에게 자신의 연구에 대해 처음으로 털어놓고, 불안한 부분에 대한 자문을 구했다.

카츠가 와일즈의 연구실로 오자 와일즈는 서둘러 문을 잠그며 "꼭 비밀로 해주었으면 하는데요, 사실은 타니야마 시무라 추론이 증명될 것 같습니다"라고 말했다. 카츠는 깜짝 놀랐다. 그렇게 중요한 연구가 같은 복도를 쓰는 자신의 연구실 바로 옆에서 이루어졌다는 사실이 믿기지 않았다. 시무라의 연구실도 바로 옆에 있었다.

와일즈는 단 한 사람의 청중 카츠를 상대로 강의를 시작했다. 얼마 후 카츠의 고개가 끄덕이기 시작했다.

4. 350년 만에 이룬 쾌거

1993년 6월 23일, 세기의 연설을 마친 와일즈의 만감이 교차하는 듯한 표정.

1993년 6월 23일, 케임브리지에 신설된 뉴턴연구소에서 와일즈는 3일 동안 1시간씩 강연을 했는데, 주제는 '모듈 형식, 타원곡선, 갈루아 표현'이었다.

첫날과 그 이튿날의 발표가 끝났을 무렵, 학회 참석자들 사이에 소문이 퍼졌다. 이틀째의 강연 내용과 7년 동안의 대연구에 대한 윤곽이 서서히 드러나면서 사람들 사이에 "어쩌면 페르마의 정리에 관한 것일지도 모른다"라는 소문이 돌았던 것이다. 마지막 날이 되자 강연회장은 몰려든 사람들로 빈틈없이 들어찼고, 통로에서 까치발로 서서 강연을 듣는 상황이었다. 그들은 모두 20세기 최대의 수학적 사건을 목격할지도 모른다는 설렘으로 들떠 있었다.

강연이 끝나갈 무렵 청중들은 카메라 셔터를 누르기 시작했으며, 연구소장은 미리 준비해둔 듯한 샴페인을 가지고 나왔다. 와일즈는 '타니야마 시무라 추론'을 증명하기 위해 전체적인 개요를 설명했고 '페르마의 추론'을 '정리'라고 조용히 고쳐쓰면서 "이제 끝내도 좋다고 생각합니다"라고 말하며 강연을 마쳤다. 박수갈채가 이어졌다.

와일즈의 쾌거는 전자우편을 통해 매우 빠른 시간에 전세계로 퍼졌으며, 내가 알게 된 것도 단 하루만이었다. 그때 나의 느낌은 "설마, 또 소동이겠지"였다.

그동안 페르마의 정리를 '해결'했다고 주장한 일류 수학자들이 얼마나 많았던가. 아마추어 수학자까지 포함한다면 매년 적어도 백 편 정도의 '해결법'이 나왔다. 나도 2년에 한 번씩은 아마추어 수학자로부터 그것을 풀어냈다는 내용의 편지를 받고 있었다. 일류 수학자이든 아마추어 수학자이든 대부분의 편지는 "'이 경탄할 만한 증명은 아마추어이기 때문에 더욱 더 획기적이 될 것이다"라든가 "이 증명은 20년간 흘린 땀과 눈물과 피의 결정품이다"라는 절절한 사연을 담고 있는 것이기 때문에 함부로 버릴 수도 없다. 오류를 발견하려면, 수십 쪽 이상의 증명을 주의 깊게 살펴보아야 한다. 그중에는 마지막 페이지까지 가서야 겨우 오류를 발견하게 된 경우도 있었다.

다만 이번 경우는 그때까지의 사례와는 다를 것이라는 생각이 들었다. 해결했다는 사람이 수론 분야의 전문가로서 매우 유명한 와일즈였던 것이다. 특히 '타니야마 시무라 추론'을 이용했다는 것도 믿을 만했다. 말하자면 정도를 거친 것이었다.

오랜 기간 해결되지 못한 채 미궁으로 남겨져 있던 문제에 수많은 천재들이 도전해왔다. 그들이 모든 생각과 기교를 총동원하여 공략했지만, 여기에는 개인의 영감보다는 수학의 발달 과정에서 발견되는 중요한 수학적 도구들이 필요하다. 그것은 아리스토텔레스, 피타고라스, 갈릴레오, 뉴턴, 파스칼, 가우스와 같은 지적 거인들이 아무리 해결하려고 노력했어도, 달에서 돌을 가지고 돌아오는 것이 불가능했던 것과 마찬가지다.

우주 로켓이 과학 기술의 밑바닥에서부터 차근차근 열쇠를 풀어가면서 결국 우주로 쏘아올려졌듯이, 타니야마 시무라 추론도 수학의 밑바닥에서부터 해결된 것이다. 갑자기 튀어나온 아이디어에 의존한 것이 아니라, 차근차근 학문의 성과를 근거로 한 연구를 이루어갔던 것이다. 바로 이것이 정도를 걸었다고 하는 이유이다.

하지만 와일즈가 아무리 정도를 걸었다고는 해도 지금까지 너무나 여러 번 속아왔기 때문에 쉽게 믿지 못하고 있었다. 하지만 솔직히 "틀렸으면 좋겠네"라는 생각도 있었다. 찬란하게 빛나는 커다란 별이 사라져버린다는 것이 아쉬웠기 때문이다. 같은 수학자로서의 질투 때문인지도 모르겠다.

하지만 타원곡선의 전문가들은 거의 모두가 옳다고 생각했던 것 같다. 와일즈의 발표가 있고 난 후 2주일이 지났을 무렵 나는 케임브리지 대학을 방문했다. 와일즈의 지도교수와 사이가 좋지 않은 교수가 일부러 감정적인 의문을 제기한 것 이외에는 모두가 믿고 있는 눈치였다. "소극적이긴 하나 우수하고 신중한 와일즈가 말한 것이니까"라는 것이 대부분의 생각이었다.

와일즈의 동료 수학자로서 이 대학에 있던 친구 하나가 텔레비전 뉴스 녹화분을 보여주었다. 갈색의 평범한 스웨터를 입은 와일즈가 익숙지 않았을 텔레비전 카메라 앞에서 야무지게 말했다. "페르마의 정리를 이해하는 것은 무척 쉽지만 그것의 증명은 너무나 어렵습니다." 이 말을 듣고 나도 "음, 정말 그렇지"하고 고개를 끄덕였다.

어떤 증명을 발표했다고 해서 그 증명이 꼭 옳은 것은 아니다. 논문으로 나오고 전문 학술지에 투고되어서 심사위원들의 엄격한 평가를 받아야 하는 것이다. 2백 쪽이 넘는 논문은 6개의 장으로 나뉘어서 각각의 심사위원에게 할당되었다. 모두 당대 최고의 전문가들이었다. 6명의 심사위원을 둔 것도 처음이었다. 보통 심사위원은 한두 명이었다.

수론 및 주변 분야에 있는 지금까지의 주요한 성과를 복잡다단하게 응용하여 다룬 이 논문은 결코 2, 3개월의 짧은 기간 안에 읽을 수 있는 성질의 것이 아니었다. 무척 난해했기 때문에 심사위원들은 내용을 이해하기 어려울 경우에 와일즈에게 전자메일이나 팩스를 보내어 해답을 받아냈다.

심사위원 중 한 사람이던 카츠가 8월말에 와일즈에게 질문했으나 답신이 없었다. 일주일이 지나도 한 달이 지나도 기다리는 답변이 오지 않았다. 결국 부분적인 '오류'가 발견되었던 것이다. 사소한 오류 하나로도 2백 쪽에 달하는 증명이 한꺼번에 무효가 될 수 있다는 게 바로 수학의 어려움이 아닌가.

와일즈의 발표는 이미 전세계에 열광을 일으키고 있었다. "살아 있는 동안에 페르마 정리의 해결을 보게 되어서 기쁩니다"는 편지가 속속 도착하고 있었고, 한 청바지 회사로부터 광고 출연 의뢰까지 들어왔다.

그는 만인의 주목을 받는 압박감 속에서 오류를 수정하고자 모든 정성을 쏟았다. 동료이자 친구인 사르나크 교수는 "자네는 정말로 잠도 안 자는 것 같군. 오늘 밤엔 꼭 끝을 내야지!"라며 격려했다고 한다.

10월경까지는 극비였음에도 불구하고 증명에 중대한 오류가 발견되었다는 소문이 전세계로 퍼져나갔다. 11월, 일본을 찾은 미국인 수학자가 내 귀에다 대고 작은 목소리로 말해주었다. 완전한 증명은 언제 발표되는지, 국내외가 시끄러웠다. 발표 후 반 년 가까이나 지난 상황이었고 비판의 목소리가 점점 커져가고 있었다. 아마 와일즈도 큰 압박감을 느꼈을 것이다.

와일즈는 사태를 우려한 수학과 주임 코첸 교수의 권유를 받아들여 드디어 12월 3일 자신의 의지를 인터넷을 통해 세계로 알렸다.

"불완전한 부분을 발견했지만, 가까운 시일 내에 극복할 것이다.

2월에 시작하는 프린스턴 대학의 강의에서 보다 완전한 증명을 설명할 예정이다."

하지만 이 말을 액면 그대로 받아들인 사람은 아무도 없었다. 만일 틀린 곳이 간단하게 고쳐질 것이라면, '2개월 후에 시작하는 강의에서'와 같이 시점을 지정할 필요가 없기 때문이다. 이 약속은 지켜지지 않았다.

동료들 중에서 와일즈와 가장 친했던 사르나크 교수는 고군분투하는 그에게 다른 이의 도움을 받아보라고 충고했다. 와일즈는 긴 세월을 들여 거의 완성해 놓은 결과에 대한 자신의 공과 명예가 줄어들까봐 공동 작업을 거절해왔지만, 이 시점에서는 다른 방법이 없었다. 주위의 반응에도 아랑곳없이 여전히 비밀주의로 일관했던 와일즈의 옹고집에 대해 드디어 비난의 화살이 쏟아지기 시작했다. 더 이상의 방법은 없었다. 사르나크는 필사적으로 와일즈를 설득했다.

결국, 케임브리지 대학의 젊은 수학 강사 리처드 테일러를 불러들이기로 했다. 매우 우수한 두뇌를 가진 학자였고, 6명의 심사위원 중의 한 사람이었다. 그는 무엇보다 와일즈가 직접 가르친 제자였다. 따라서 전폭적으로 신뢰할 수 있었으며, 설사 수정하고 보충하는 공동 작업에서 성공한다 할지라도 공저라고 주장하지 않을 사람이었다.

1994년 1월부터 테일러와 공동 작업을 시작했지만 일은 생각처럼 진척되지 않았다. 6월에 콜로라도 대학에서 열린 심포지엄에서도 비관적인 소문들만 가득했다. 소문을 내는 사람들은 모두 입을 맞춘 듯 웅얼거렸다. 같은 수학자의 복잡한 마음속을 이야기하는 듯했다.

거장인 베유는 페르마의 정리를 에베레스트 등정에 비유하면서 "정상 백 미터 앞에서 뒤돌아선다면 결코 등정한 것이라 할 수 없다"고 말했으며, 수론의 일인자 폴팅즈는 "와일즈 정도의 수학자가 수정하는 데 이 정도의 시간이 걸린다는 것은 수정이 아예 불가능한 것일지도 모른다"라고 말했다.

여름이 되어서까지 두 사람의 연구는 별다른 진전을 보이지 않았다. 8년 동안 열심히 노력했던 와일즈도 드디어 실패 선언을 생각하게 될 정도였다. 1년 동안 전세계 모든 수학자들의 호기심 가득한 눈길을 받아내야만 했던 스트레스를 더 이상 견딜 수 없었을 것이다.

테일러는 와일즈에게 "9월말까지, 앞으로 한 달간만 도와드리겠습니다"라고 말했다. 케임브리지 대학의 새 학기가 10월에 시작하므로 자신도 귀국하기 전까지 최선을 다하겠다고 말한 것이다.

5. 정열과 끈기로 성공한 최후의 승리자

1994년 9월 19일 월요일 아침이었다. 와일즈는 오류가 있던 제3장 콜리바긴 플라흐 방법을 두고 여느 때처럼 스스로를 억지로 위로하면서 골몰하고 있었다.

"그때 갑자기 믿을 수 없는 생각이 섬광처럼 스쳐지나갔다. 콜리바긴 플라흐 방법만으로는 불가능하지만, 이와자와 이론과 합치시키면 잘 해결될 것 같았다."

이와자와 이론이란 이와자와가 창안해 낸 대수적 정수론으로, 아름다운 이론이다. 이 조용하고 독창적인 수학자는 타니야마 시무라의 스승 정도 되는 나이였지만, 전후에 많은 학자들이 외국으로 떠나는 상황에 동참한 인물로, 1955년의 국제회의에는 미국 측 대표의 한 사람으로 참석했다. 와일즈는 예전에도 이와자와 이론을 응용

대수적 정수론 이와자와 이론을 만든 이와자와.

하려고 시도했지만, 중간에 포기했었다고 한다.

영국 BBC 텔레비전 특별 프로그램에 나온 와일즈는 아이디어가 번뜩인 당시의 순간에 대해 다음과 같이 말했다.

"말로 표현하기 어려울 정도로 아름다운 순간이었습니다. 너무나 단순하고 너무나 우아했기 때문이지요. 왜 여기까지 생각이 미치지 않았는지 모르겠어요. 저는 20분 정도를 바라보고만 있었습니다. 그리고 나서 연구실 안을 계속 걸어다녔습니다. 다시 책상으로 다가가서 지금 떠오른 그 아이디어가 바로 거기에, 아직도 거기에 있다는 것을 분명히 확인했습니다. 정말 흥분되는 순간이었어요."

그리고 잠깐 동안 생각에 빠진 듯 침묵하고 있다가, "그런 일은 두 번 다시 없을 것입니다. 내 생애에는……."

이렇게 말하고 와일즈는 갑자기 말문이 막히는지 머리를 흔들고, 카메라를 가리듯이 오른손을 흔들었다.

와일즈는 다음 날 자택의 서재에서 전날의 아이디어를 다시 한번 정밀하게 조사했다. 3시간 후 계단을 내려온 그는 거실에 있던 아내에게 "성공한 거 같아"라고 말했다. 이어 테일러에게 전화를 걸어 아이디어를 전달했고 테일러는 그것을 기초로 엄밀한 증명을 만들어냈다. 10월이 되자 두 개의 논문이 전문잡지에 투고되었다. 하나는 『모듈 타원곡선과 페르마의 최종 정리』(앤드류 와일즈)이고, 또 하나는 『어떤 종류의 헥케 고리의 이론적 성질』(리처드 테일러, 앤드류 와일즈 공저)이었다.

전자는 페르마 정리 자체를 증명하는 본체였고, 후자는 그중 한 단계의 증명을 서술한 것이다. 여러 심사위원들의 정밀한 심사 끝에, 다음해 1995년 프린스턴 대학이 분명한 증명이 완성되었음을 공표했다.

도쿄, 닛코에서 국제수학자회의가 열린 지 정확히 40년이 지난 시점이었다. 타니야마와 시무라가 없었더라면 50년 이상이 걸렸을 지도 모른다. 이와자와가 없었더라도 몇 십 년은 늦어졌을 것이다.

증명을 발표하고 1년 4개월 동안 오류를 수정하는 과정에서 겪었을 와일즈의 고충을 떠올렸다. 수치스러운 생각까지 들었을 것이며, 용서할 수 없는 비평이나 소문도 귀에 들어왔을 것이다. 페르마의 정리를 증명해 내려는 역사적 염원도 그를 짓눌렀을 것이다.

실제로 침묵하고 있던 와일즈가 완성 후 반 년 정도 지나서 겨우 입을 열었다. 그는 "이 2년 동안 나는 인간성에 대해서 알고 싶은 이상의 것을 배웠습니다"라고 말했다. 그리고 "8년여 동안 페르마의 정리와 가족의 일 이외에는 아무 생각도 하지 않았습니다. 페르마 정리의 정복은 제 자신의 정복을 뜻하기도 하죠."라고 이어 말했다.

만약 실패하면 오랫동안의 노력이 물거품으로 돌아가는 것은 말할 것도 없고, 무엇보다 중요한 수학자로서의 생명을 단념하게 될 터였다. 공포 속에서의 8년이었다. 그가 보여준 용기는 가슴 뭉클한 것이었다.

"수학은 인간 정신의 영광을 위해서 있다"고 했던 위대한 수학자 야코비의 말이 오래간만에 떠올랐다.

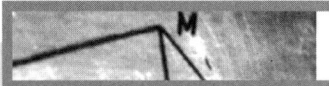

쉬어가는 페이지

페르마의 정리에 걸린 상금

1908년 볼프스켈이라는 돈 많은 사업가의 유지에 따라 괴팅겐 과학아카데미는 2007년 9월 13일을 기한으로 페르마의 마지막 정리를 증명하는 사람에게 10만 마르크(약 20억 원)의 상금을 걸었다. 이것은 페르마의 마지막 정리에 수많은 사람이 달려들어 잘못된 증명을 쏟아내게 하는 한편, 대중에게 이 문제를 널리 알리는 계기가 되었다. 1997년 6월 27일, 영국인 와일즈가 이 상금을 받았다.

수학자가 남긴 한마디

"8년 동안 페르마 정리와 가족의 일 이외에는 아무 생각도 하지 않았습니다. 페르마 정리를 정복하는 것은 제 자신을 정복하는 것과 같았습니다."

세키 다카카즈

주군을 위해, 자신을 위해

업적
- 점찬술 완성
- 방서법 도입

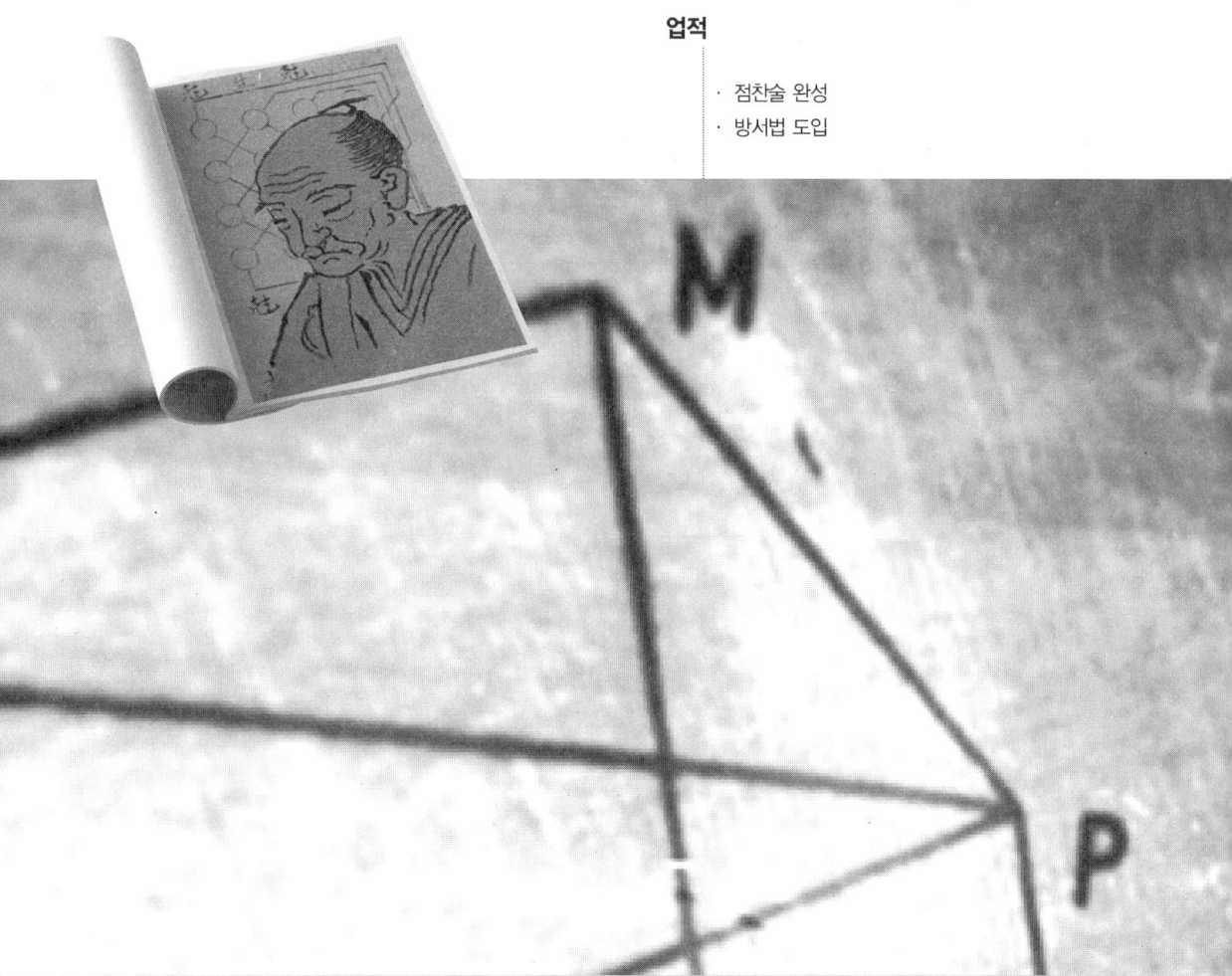

關孝和(1639?~1708)

메이지시대 후지오카에서 태어나 어렸을 때부터 역법을 독학으로 학습한 일본의 화산가. 난해한 중국의 『산학계몽』을 독파하고 방정식을 해독했다. 원대에 씌어진 천원술 등을 스스로 이해하는 등 중국의 역법과 산법의 이론을 흡수하고 발전시켜 점찬술을 완성하고 방서법을 도입하였다.

약력

1639　일본 후지오카에서 태어남.

1646　부모를 여의고 양자로 입양됨(7세).

1664　중국 원나라의 수학책 『*양휘산법』을 필사함(25세).

1667　『양휘산법』을 독학으로 해독, 그 비밀을 알아냄(28세).

1674　필산을 이용한 대수학을 완성, 『발미산법』 출간(35세).

1680　『수시발명』 출간(41세).

1708　사망(69세).

금방이라도 비가 쏟아질 듯한 장마철의 어둑한 하늘을 보면서 간에츠 고속도로를 달려 네리마로 진입했다. 거기서 다시 80킬로미터를 달린 후 신에츠와 고에츠의 분기점인 군마 현 후지오카에 도착했다. 별다른 특징이 없는 작은 마을이었지만, 왠지 긴장감이 느껴졌다. 이곳이 *에도시대에 활짝 꽃을 피웠던 화산(和算: 일본 고유의 수학)의 최고봉인 세키 다카카즈가 태어난 곳이기 때문이었다.

　곧바로 시청으로 갔다. 향토사학자 S씨에게 세키 다카카즈에 대해 알아보기 위해서였다. 초로의 S씨는 시내의 사적을 설명한 후 후지오카 역사서에서 그와 관련된 부분을 복사해 주었다. 70쪽이나 되었는데, 이는 후지오카가 세키 다카카즈를 자랑스러워한다는 사실을 말해 주는 것이었다. 쇼와시대(1926~1989년) 초기에 '산성(算聖)의 비'가 세워졌고, 전후에는 다카카즈가 태어나 목욕을 한 곳이라고 전해지는 후지오카 소학교에서 매년 '세키 다카카즈 선생을 기념하는 일본주산경기대회'라는 긴 이름의 대회가 개최되고 있다고 한다.

　세키 다카카즈는 어렸을 때 부모를 모두 잃고 좋은 가문의 양자로 들어갔는데, 원래의 성은 우치야마였다. 할아버지 우치야마 요시아키 시절 신슈사쿠에서 후지오카로 이주했고 그는 이곳에서 태어났다. 태어난 해는 분명하지 않은데, *메이지유신이 시작된 1637년이라는 설과 1642년 설 두 가지가 있지만 모두 근거가 희박하다. 다만 다카카즈의 아버지 우치야마 에이메이가 1639년 막부의 관리로 에도에 갔으므로, 그 이전에 태어났다면 후지오카가 출생지이고, 이후라면 에도가 출생지가 된다. 이곳 후지오카로서는 다카카즈의 생년이 그래서 중요한 것이다.

　S씨는 "1642년이라고 해도 뉴턴과 같은 해에 태어난 것일 뿐 별

양휘산법
[楊輝算法]
중국 남송시대 양휘가 편찬한 수학서. 전문 수학서라기보다는 계몽서로서 송대의 수학을 집대성하고, 명대에 정착된 민간 수학의 기틀을 마련했다는 점에서 의의가 크다.

에도시대
[江戸時代]
도쿠가와 이에야스가 세이이 다이쇼군에 임명되어 막부를 개설한 1603년부터 15대 쇼군 요시노부가 정권을 조정에 반환한 1867년까지의 봉건시대.

메이지유신
[明治維新, 명치유신]
일본 메이지 왕 때 막번체제를 무너뜨리고 왕정복고를 이룩한 변혁 과정. 이 유신으로 일본의 근대적 통일국가가 형성되었다. 경제적으로는 자본주의가 성립하였고, 정치적으로는 입헌정치가 개시되었으며, 사회·문화적으로는 근대화가 추진되었다.

다른 의미는 없다. 그러나 1642년이 맞다면 그의 부모가 그로부터 4년 후인 1646년 후에 사망한 것이 되는데, 4년 사이에 차남인 다카카즈 아래로 동생 둘과 여동생 하나가 태어났다는 것은 믿기 어렵다. 물론 1637년에 탄생했다는 우리의 주장도 확실한 것은 아니다"라고 말하면서 가무잡잡한 얼굴로 미소지었다.

화산 연구가 히라야마 아키라씨는 1638년, 1639년, 1640년 중 하나라고 주장하고 있다. 필자는 이중에서 1639년 설이 가장 유력하다고 생각한다. 이 해에 아버지 에이메이가 에도로 갔지만, 어머니는 남편을 뒤따르지 않고 80세가 넘는 시아버지를 돌보느라 시골에 남았을 것이다. 게다가 장남이 아직 어렸으므로 아이를 데리고 에도까지 가기란 쉽지 않은 일이었을 것이다. 아마도 다카카즈는 이 시기에 후지오카에서 태어난 것으로 보인다.

1. 일본 고유의 수학인 화산

일본에서 수학의 기원을 찾으려면, 백제로부터 불교와 함께 역법이 전해진 6세기로 거슬러 올라가야 한다. *나라시대에 들어서면서부터는 조세, 건축토목, 역법 등이 중요해짐에 따라 관리양성학교에서 수학을 정규과목으로 가르쳤다. 구구단을 암기했고 복잡한 가감승제는 산목(기다란 나무 조각으로 이것을 조합시켜서 숫자를 표시한다)을 이용하여 계산했다.

그후 눈에 띌 만한 진전은 없었는데, 16세기 말 히데요시가 임진왜란을 일으켰을 때 중국의 수학책 *『산법통종』(명, 1593)과 *『산학계몽』(원, 1299)이 유입되었다. 『산법통종』은 주산을 사용한 산술서

나라시대
[奈良時代]
645~724년의 나라 도읍시대. 정치적으로 이 시기는 이른바 율령시대의 최성기에 해당하여 중앙집권적 정치제도가 완성되었다. 문화적으로는 백제와의 교류가 가장 왕성하였고, 또 백제 멸망 후 그 유민의 유입과 전후 여섯 차례에 걸친 견당사의 파견 등으로 백제 및 대륙문화의 영향이 강하게 나타난 시기이다.

산법통종
[算法統宗]
중국 명말의 수학서. 저자는 정대위. 이때 서민 수학이 융성해서 다수의 초등 수학책이 출판되었는데, 그 대표적인 책이다. 중국의 수판셈에 관하여 설명한 것이 특색이며, 그밖에 이슬람 수학에 의한 계산법을 소개하고 있는 점도 특기할 만하다.

산학계몽
[算學啓蒙]
중국 원대의 수학서. 저자는 주세걸. 원나라 초기에 여러 지역을 여행하면서 수학을 가르치며 생활하였다. 이름처럼 초학자를 위한 입문서이다. 특히 하권에는 천원술이 해설되어 있는데 천원술 입문서로서 정평이 나 있었다. 그러나 명대에 소실되었으며 한국에 전해진 것이 세종 때 초간본으로 나왔다. 일본 화산의 원류가 된 것도 조선판 『산학계몽』이다.

이고, 『산학계몽』은 산 목을 이용한 대수학책 이다. 특히 『산학계몽』 은 아라비아나 인도 수 학의 영향을 받은 것으 로 3세기 후에 저술된 『산법통종』보다 훨씬 수준이 높았다. 명나라

오른쪽, 『산학계몽』 하권에 있는 천원술의 문제.
왼쪽, 『발미산법』의 표지.

의 수학은 원나라의 수학보다 한참 뒤떨어져 있었다. 아마 문화가 퇴보한 사례일 것이다. 이 두 책은 당시의 사회적 요구 및 군사 기술과 축성 기술의 혁신, 광산 개발이나 토지 조사, 상업의 발달 등 외적인 요구와 맞물려 지식욕에 불타던 일본인들에게 크게 환영받았다.

한편 예수회 선교사들도 수학을 전해 주었다. 1549년 가고시마로 들어와 2년 남짓 일본에 머물렀던 프란시스코 자비에르는 로마의 이그나티우스 로욜라에게 보낸 편지에 다음과 같이 썼다. "일본인들은 내가 이제까지 본 어떤 이교도들보다도 이성의 소리에 귀를 기울이는 사람들이다. 일본에 오는 선교사들은 이들이 알고 싶어하는 무수히 많은 질문에 답할 수 있는 학식을 가지고 있어야 한다." 이 방침에 따라 파견된 스피노라는 1603년 도쿠가와 이에야스의 금교령 완화 조치 직후 1604년부터 7년 동안 교토의 천수당(天守堂)에서 천문학과 수학을 가르쳤다. 천수당은 1612년에 없어지고 말았다. 이때의 수학이란 비례나 개평(제곱근을 구하는 법), 개립(세제곱근을 구하는 법), 유클리드 기하학의 기본 등이었을 것이다. 스피노라는 고국으로 보낸 편지에 "수학은 친밀한 분위기 속에서 다이묘(일본 막부시대의 영주들을 일컫는 말)들과 쉽게 사귈 수 있도록 해준

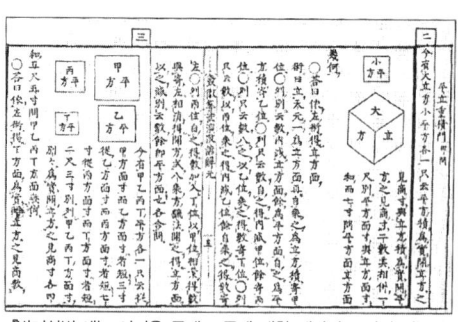
『발미산법』에는 어려운 문제 15문에 대한 해답이 주어져 있는데, 사진은 그 제2문과 제3문이다.

다. 그들은 그러한 유형의 과학을 매우 배우고 싶어한다. 왕궁이나 장군들로부터 초대를 받고 그들을 포교하는 데 사용할 가장 유용한 기술은 바로 수학 실력이다"

라고 적었다.

스피노라의 강의를 들었던 사람 중에는 화산의 선구자가 된 모리 시게요시와 요시다 미츠요시가 있다. 두 사람 모두 천주교도였던 것으로 추정된다.

스피노라는 막부가 다시 천주교를 탄압하는 정책을 펼치자, 1622년에 결국 나가사키에서 처형되었다. 그러나 그 해에 은사의 뜻을 기리기라도 하는 듯 시게요시는 현존하는 최고의 화산서적 『와리잔쇼』를 출간했다. 내용은 주판을 이용한 나눗셈, 일상생활에 도움이 되는 산수, 면적이나 부피 계산법 등이었다. 이 책에 나온 원주율은 3.16이었다. 시게요시는 스피노라의 지도 아래 중국의 『산법통종』을 숙지했고, 그 내용을 능가하는 『진겁기』를 저술하였다. 쌀의 매매, 환전, 토지나 나무의 높이 측량 등 일상생활에 대한 문제를 삽화와 함께 다루어 여러 번에 걸쳐 개정판이 나오는 베스트셀러가 되었다. 또한 『진겁기』는 세계에서 가장 단순하고 명쾌한 명수법(숫자의 이름을 붙이는 법)을 널리 알린 것으로 인정받았는데 일, 십, 백, 천, 만, 억, 조였던 명수법을 일, 십, 백, 천, 만, 십만, 백만, 천만, 일억, 십억……, 등 오늘날과 같은 방식으로 확정했던 것이다. 또 미츠요시가 남긴 미해결 문제 12개를 이 책에 실었는데, 이것이 실용을 넘어선 독자들의 대대적인 관심을 불러일으켰고, 화산을 대중에게 널리 알린 계기가 되었다. 화산은 이 훌륭한 책 『진겁기』로 인해 멋진 출발을 하게 된 것이다.

천원술
[天元術]
중국의 송·원대에 발달한 수학. 현대의 일원방정식으로 유도되는 문제를 처리하는 대수학에 해당한다. 입천원일, 즉 "미지수를 X로 삼는다"라는 서술에서 천원술이라는 말이 유래되었다. 천원이란 천지가 형성되기 이전의 상태로 만물의 근원을 뜻한다.

2. 행운이 따르지 않았던 천재 화산가

이 시기에 세키 다카카즈가 태어났다. 그가 어디서 어떤 수학을 누구에게 배웠는지는 모두 확실하지 않다. 다만 사후 30년이 지난 다음에 출간된 전기에 따르면, 그는 어렸을 때부터 신동으로 유명했는데 『진겁기』나 역법을 독학으로 학습했고, 난해한 『산학계몽』을 독파했으며, 방정식을 해독했다고 한다. 그것이 도쿠가와 이에야스의 귀에까지 들어가, 산술 담당 선생으로 초빙되었을 정도였다. 바로 그 무렵, 나라의 어느 절에 아무리 보아도 그 뜻을 알 수 없는 중국책 한 권이 있다는 소문이 온 나라에 퍼졌다. 소문을 들은 25세의 다카카즈는 그것이 수학책일 것이라고 추측하고, 허락하에 이 책을 손수 베꼈다. 에도로 돌아온 후 3년 동안 그 해석에 몰두한 다카카즈는 마침내 이 책의 비밀을 알아냈다. 그 책은 바로 『양휘산법』이었다.

『산학계몽』과 『양휘산법』은 모두 원대에 씌어진 *천원술 책이다. 천원술은 산목을 이용하여 방정식을 푸는 방법을 말한다. 방정식의 각 계수를 산목으로 표시하여 세로로 1열에 배열시키고, 일정한 규칙에 따라 변화시키면, 구하고자 하는 해나 근사값에 도달한다. 이른바 기구를 이용한 대수학으로, 13세기까지 고안된 것으로

수시력
[授時曆]
중국 원나라 때의 역법. 원의 초기에는 금의 대명력이 쓰였는데, 세조가 중국 통일 후 1281년에 수시력이라는 새로운 역을 만들었다. 한국에는 고려 때인 1291년(충렬왕 17년) 원의 사신 왕통을 통하여 도입되었으며, 그후 충선왕 때 최성지가 왕을 따라 원나라에 가서 수시력법을 얻어와 널리 쓰이게 되었다. 그러나 일월식(日月蝕)과 오성(五星)의 운행에 관한 계산 방법을 몰랐으므로 이것만은 선명력법(宣明曆法)에 따랐다.

는 세계 최고의 방법이었다. 유럽에서 소수는 16세기가 되어서야 겨우 사용될 정도로 상당히 뒤져 있었다.

천원술을 이해한 일본인은 다카카즈 이전에도 두세 사람 정도가 있었다. 방정식에 대해 전혀 몰랐던 다카카즈는 처음에 이 두 책을 보았을 때 한자 한 구절도 제대로 이해하지 못했다. 하지만 곧 놀랄 정도의 집중력을 가지고 몰두했다. 동서교류가 왕성했던 원대에는 페르시아, 아라비아의 영향을 받아 중국 수학이 절정기에 도달했지만, 보수적인 명대에 들어서면서 정체되었고, 천원술도 다루지 않게 되었다. 『산학계몽』이 청대에 이르러 복간되기 전까지, 중국에서는 5백 년 이상이나 잊혀진 채였다. 즉 본국에서 잃어버린 천원술이 화산가에 의해 부활한 것이다.

천재는 반드시 '행운'이라는 혜택을 받아야만 성공하는 것 같다. 천재는 시대와 장소를 불문하고 많이 나타나지만, 운이 따르지 않으면 성공하기 어렵다.

다카카즈가 태어났던 시대는 절묘한 상황에 놓여 있었다. 오랜 전국시대가 겨우 끝나고 문화부흥의 기운이 왕성해지기 시작했던 것이다. 『산학계몽』이 다카카즈가 19세였을 때 복각되었고, 『양휘산법』이 25세일 때 출간되었다는 사실도 대단히 시기를 잘 타고난 것이라 할 수 있다.

다카카즈는 천원술을 분명하게 밝힘과 동시에, 원나라 시대에 쓰여진 *『수시력』, 청에서 수입된 역서『천문대성관규집요』 80권을 연구했다. 구면삼각법을 이용한『수시력』은 물론이고, 내용이나 문장에서 난해하기로 유명한『천문대성관규집요』을 수년 동안 독파했다는 것은 수학 실력뿐 아니라 한문 독해력에서도 뛰어난 수준이었음을 말해 주는 것이다.

수학이나 역법에 관한 중국책을 섭렵했던 다카카즈는 10년여의 연구 끝에 중국의 이론을 흡수하고 발전시켜 점찬술을 완성했다. 그러기 위해 우선 방서법을 도입했다. 갑 더하기 을은 |갑|을, 갑 빼기 을은 |갑|을, 갑 곱하기 을은 |갑|을 등으로 표기하는 것이다. 따라서 |갑|병은 갑 곱하기 을 빼기 병이 된다. 그는 이와 같이 다항식 표기법을 결정하고, 덧셈과 뺄셈의 방법을 결정한 다음에 드디어 방정식의 해법인 점찬술을 이끌어낸 것이다. 이 해법은 『양휘산법』보다 일반적이고, 1세기 이상 지난 1819년에 발표된 호너의 방법(Horner's method)과 완전히 똑같은 것이었다.

사실은 그 이상이었다. 호너의 방법이나 산목을 이용한 천원술은 미지수가 하나인 방정식에서는 유효했지만 연립방정식을 취급하기는 어려웠다. 다카카즈는 이미 미지수가 복수인 경우에도, 그것을 '갑을'과 같은 문자로 표시하여 연립방정식을 세우고, 대수연산에 의해 미지수 하나를 없앤 다음, 천원술로 해결할 수 있는 미지수 하나인 방정식으로 변환시키는 수준까지 도달했던 것이다.

기구를 이용한 대수학을 넘어서 필산을 이용한 대수학을 창조했다는 것만 보더라도 놀랄 만한 독창성이 있으며, 일본 수학이 중국의 수학을 처음으로 능가했음을 보여준 것이다. 미지수를 기호로 사용한 것은, 유럽에서도 *비에트나 데카르트가 수십 년 전에 시작했을 뿐이었다. 다카카즈는 그의 주요 저서인 『발미산법』에서 이 기술을 이용하여 몇 가지 어려운 문제를 해결해 보였다. 다카카즈는 단번에 화산계의 정점에 선 것이었다. 35세 때의 일이었다.

뚜렷한 업적이 없었던 20대 후반의 다카카즈가 산술 담당 선생으로 초빙되었던 이유는 그의 역법 지식이 상당했기 때문이다. 옛날부터 일본은 당나라에서 수입하여 862년부터 사용한 *선명력에 커

비에트
[Franois Viete, 1540~1603]
프랑스의 수학자. 변호사로서 일하면서 수학을 연구했다. 대수학의 계통화에 착수하여, 1591년부터 투르에서 간행하기 시작한 『해석학입문』에서 그 새로운 대수학을 전개하였다. 17세기 해석기하학 전개의 기초를 확립하는 데 공헌했다.

선명력
[宣明曆]
중국 당나라 때 서양이 만든 역법. 823년부터 당나라에서 채택되어 71년간 계속되었는데 당나라의 여러 역법 중 가장 오래 쓰였다. 일월식의 계산법에 현저한 진보가 있는 것이 특색이다. 한국에서는 고려 충렬왕 때에 이르기까지 약 4백년간 선명력이 쓰였다.

다란 차이가 생기기 시작하자, 개력의 필요를 느끼고 있었다. 실제 역법에서의 계절은 태양의 운행과 이틀이나 차이가 났으며, 일월식의 예보조차 정확하지 않았다.

원시시대의 인류는 지구 자체의 자연력, 즉 자연의 변화를 그대로 달력으로 정했을 것이다. 달의 이름은 물론 날짜도 없었다. 푸르게 변하는 산야를 바라보는 태양과 어두운 밤을 비치는 달만이 유일한 달력이었을 것이다.

일본에서는 죠몽시대가 되어서도, 태양년의 주기를 지표로 하는 춘분, 하지, 추분, 동지 및 달이 차고 기우는 주기를 지표로 하는 삭, 상현, 보름, 하현 등만 이용해도 크게 불편하지 않았을 것이다.

기원전 3세기경 야요이시대에 벼농사가 시작되자, 섬에 살고 있던 사람들의 생활이 크게 달라졌다. 계절을 정확하게 파악하는 것은 농경민들에게 있어 생사가 걸린 문제였다. 농경의식을 축으로 한 연중행사가 생겨났고, 춘하추동으로 세분되는 농사력이 각지에서 자연발생적으로 생겨났을 것이다.

중국 문명의 영향이 뚜렷해졌던 5세기에는 중국식으로 연월일을 간지로 표시하게 되었고, 달의 이름을 정월, 2월, 3월 등으로 나타내는 방식이 조정의 귀족이나 관료에 의해 시행되었다.

간지는 10간(갑, 을, 병, 정, 무, 기, 경, 신, 임, 계)과 12지(자, 축, 인, 묘, 진, 사, 오, 미, 신, 유, 술, 해)를 조합해서 표시하는 60진법을 말한다. 1을 갑자, 2를 을축, 3을 병인의 순으로 반복하여 조합하면 1에서 60까지의 수를 표시할 수 있으며, 61번째에 처음의 갑자로 돌아온다. 환갑이라는 것은 60년이 지나 태어난 해의 간지로 돌아간다는 의미이다.

연월일을 사용하게 된 것은 실용적인 필요 때문이었지만, 중국식을 사용하게 된 것은 중국과의 외교 활동 등에서 통일된 연월일이 필요하였기 때문일 것이다.

이 무렵 거대고분이 많이 만들어졌는데, 닌토쿠 천황릉처럼 완성까지 20년 이상의 세월이 걸린 것도 있다. 봉분에 사용한 흙의 양을 기준으로 계산해 보았을 때 연일 백 수십만 명이 동원된 것도 있다. 이와 같은 대공사를 원활하게 실시하기 위해서는 상당히 넓은 지역의 사람들에게 공통의 공역을 부과했을 것이다. 전국 각지에서 대규모의 고분이 발견되고 있는 것으로 보아, 이 무렵에는 각 지역마다 달력이 있었을 것으로 추정된다.

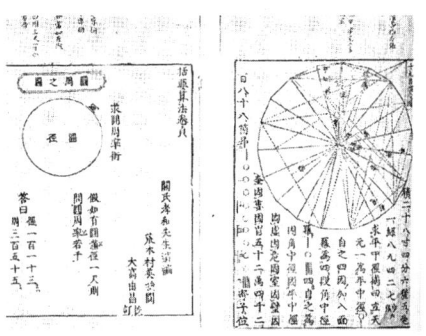

세키 다카카즈의 유고를 편집한 『괄요산법』. 제3권에는 각술(오른쪽), 제4권에는 원주율을 구하는 계산식(왼쪽)이 수록되어 있다.

원가력
[元嘉曆]
중국 송나라의 하승천이 만들어 445년 송에서 채택된 역. 송나라에서 65년간 쓰였으며 백제에서도 송과 동시에 채택하여 나라가 멸망한 661년까지 쓰였다.

일본에서 본격적인 역법의 반포가 행해진 것은 중앙정부의 제도가 정비된 스이코 천황 시절부터이다. 602년에 백제의 학승인 관륵은 역법, 천문, 지리 관련 서적을 가지고 일본으로 건너와 스이코 천황, 쇼토쿠 태자 이하 여러 군신들 앞에서 설명했다.

일본은 관륵을 통해 중국력을 배웠고, 2년 후인 604년에 일본에서 통일된 역법인 *원가력이 처음으로 사용되었다. 이후 현재에 이르기까지 이것이 일본 역법의 시점이 되었다. 메이지 원년인 1868년에 이루어진 메이지유신 정부군과 구 막부군과의 싸움을 무진(戊辰)전쟁이라고 부르는 것은 604년을 기준(1)으로 하고 이후 60년마다 일(1)이 나타나며, 1864년이 일(1)이면 1868년은 오(5) 즉 무진(戊

辰)이 되기 때문이다.

스스로 역법을 만들어 사용할 능력이 부족했던 일본은 그후 중국에서 개력이 있을 때마다 따라서 개력을 했으며, 862년에는 당의 선명력을 채택했다.

중국력은 모두 태음태양력이다. 원래부터 인류는 거의 모든 지역에서 태음력을 사용했다. 태양의 주기보다는 달의 주기를 채용하는 것이 쉽기 때문이다. 삭에서 삭까지의 주기가 약 29.5일이므로 한 달의 길이로서 29일과 30일을 교대로 두면, 거의 매월 1일에 삭이 되며 15일에 보름이 된다. 이것이 태음력이다.

그런데 1년을 12개월로 보면 354일이 되므로, 1년 365일을 기준할 때 11일이 부족해진다. 그대로 실행한다면 수십 년 후에는 12월이 한여름이 될 것이다. 달을 기준으로 한 체계는 계절과 무관하게 되어 곤란해진다. 그러므로 몇 년에 한 번씩 윤달을 두어, 태양의 움직임에 맞춘 것이 바로 태음태양력이다.

다만 이 체제는 1년이 13개월인 해도 있으며, 태양 운행의 중요한 구분점인 춘분, 추분, 하지, 동지 등이 매년 역법상 일정하지 않으므로 농사를 짓는 데 불편이 따른다. 그래서 24절기를 역법에 기입하기로 했다. 24절기라는 것은 다음과 같이 입춘을 연초로 하고, 태양을 기준으로 1년을 등분한 것이다. 막대의 그림자가 가장 긴 동지에서 다음 동지까지를 24등분하여 정해진다.

정월	입춘(태양력으로 2월 4일경)	우수(2월 19일경)
2월	경칩(3월 6일경)	춘분(3월 21일경)
3월	청명(4월 5일경)	곡우(4월 20일경)
4월	입하(5월 6일경)	소만(5월 21일경)

5월	망종(6월 6일경)	하지(6월 21일경)	
6월	소서(7월 7일경)	대서(7월 23일경)	
7월	입추(8월 8일경)	처서(8월 23일경)	
8월	백로(9월 8일경)	추분(9월 23일경)	
9월	한로(10월 8일경)	상강(10월 23일경)	
10월	입동(11월 7일경)	소설(11월 22일경)	
11월	대설(12월 7일경)	동지(12월 22일경)	
12월	소한(1월 5일경)	대한(1월 20일경)	

입춘, 입추라든가 동면하고 있던 개구리가 땅위로 뛰어나오는 경칩은 중국에서 전한 무렵에 정해진 표현력이 풍부한 용어인데 오늘날의 일본에서도 계속 사용된다. 또한 씨를 뿌리기 시작했던 88야(5월 2일경)라든가 벼의 개화기에 태풍이 많은 210일(9월 1일경) 등도 연초인 입춘에서부터 센 것이다. 연초가 입춘임에도 불구하고, 음력을 사용하면 정월 초하루가 반드시 입춘과 일치하는 것은 아니다. 정월 초하루는 입춘과 차이가 있으므로, 입춘에 보다 가까운 달을 정월 초하루로 정한다. 따라서 입춘이 12월이 되는 경우도 있다.

보통 음력이라고 부르는 이러한 달력은 사실 태음태양력이다. 29일 또는 30일로 되는 윤달을 끼워 넣은 방법은 지역마다 다소 다르지만, 그리스나 중국 및 일본에서는 19년에 7번씩 윤달을 넣는 법을 채용하고 있다. 이처럼 태음태양력은 태양과 달의 움직임을 모두 이용한 것이다.

다만 19년 7윤법에 따라 보정하면, 190년에 하루 정도 차이가 생긴다. 따라서 보다 정밀한 태음태양력을 만들려면 다시 보정할 필요가 있었다. 실제로 삭에서 삭까지는 29.5일이 아니라 평균 29.5359일이며, 1년은 평균 365.2422일(365일 5시간 48분 46초)이 된다. 여하튼 이러한 측정까지는 어려운 과정을 겪었다.

일본에서 822년 동안 사용되어 온 선명력은 수학적으로는 1년을 평균 365.2446일로 정한 것으로, 실제와의 차이는 1년에 0.0024일에 불과하다. 그러나 이것이 822년 동안 쌓이게 되면 2일이나 차이가 생긴다.

이러한 차이는 서양에 비하면 자랑할 만하다. 로마의 독재자였던 율리우스 시저는 기원전 45년에 그때까지 사용한 태음태양력을 폐지하고, 이집트의 알렉산드리아로부터 도입한 태양력을 사용했다. 원래 이집트도 태음력을 사용했지만, 나중에 국가의 농업을 지배하는 나일강의 범람을 정확하게 알아야 할 필요가 있었으므로 이후 태양력이 발달했다.

이 율리우스력은 1년을 365.25일로 한 것(4년에 한 번씩 윤년을 둔다)이므로, 평균해서 1년에 0.0078일(11분 14초)의 차이가 난다. 이것이 누적되면 128년에 하루의 차이가 난다. 이후 유럽에서는 개력이 없었으므로, 이 차이는 로마 교황 그레고리 13세가 현재 사용하는 그레고리력을 제정한 1582년에 춘분이 역법 상에서 3월 11일을 가리키게 되었다.

기독교의 교회에서 이러한 차이는 골치 아픈 문제였다. 325년의 니케아 종교회의에서 기독교 옹호자이자 로마제국을 통일한 콘스탄티누스 1세가 기독교 최대의 축제인 부활절을 "춘분 후 처음 보름달이 된 후 첫 일요일로 정한다"라고 결정했다. 그러므로 춘분이 3월 21일이 된 것은 그 당시의 달력에 따라 결정했기 때문이다. 이로써 춘분일이 실제 춘분일보다 10일 후가 되고 말았다. 그대로 방치하면 언젠가는 부활절이 한여름이 되고 말 것이다. 이대로 두면 교회의 위신이 떨어질 것이라고 생각했던 그레고리 13세는 대단한 결단을 내렸다. 1582년 10월 4일 다음 날을 10월 15일로 하는 새로운 달력을 제정한 것이었다.

서력에서 4로 나누어지는 해는 윤년이지만, 1백으로 나누어지는 해의 경우에는 4백으로 나누어지는 해만 윤년으로 정하는 현재의 방법을 채용한 것이다. 그 결과 1582년 10월 5일부터 14일까지의 날짜는 역사상 존재하지 않게 되었다. 이러한 역법을 따른다면 춘분은 당분간 3월 21일 근처가 된다. 그리고 1년이 365.2424일이 되므로, 3319년에 1일 차이라 안심할 수 있는 달력이 되는 것이다.

3. 수시력에 대한 완벽한 계산

태음태양력은 편리성 여부를 떠나, 태양과 달의 운행을 모두 고려한 것으로 과학적이며 보다 정밀한 것이다. 그런데 전한 시대부터 2천 년 동안 중국에서는 44회 이상, 일본에서는 10회의 개력이 있었다. 그 사이 서양에서는 율리우스력에서 그레고리력으로 단 한 차례의 개력만 있었을 뿐이다.

중국에서는 왕조가 바뀔 때마다 개력이 이루어졌다. 새로운 역법을 반포함으로써 백성에게 정권의 교체를 확실히 알리고자 한 것이다. 태음태양력은 정밀해서 일반인들은 쉽게 만들 수 없다. 아이들이라도 간단하게 만들 수 있는 태양력과는 다르다. 따라서 정권을 잡은 새로운 권력자의 명에 따라 달력을 새로 작성하고 반포하는 일은 그 자체로 권위 있는 일이었다. 그러나 일식이나 월식의 예보가 틀리게 되면 그 권위는 바로 사라지게 되고 곧 개력이 일어났다.

겐로쿠시대
에도시대 중기 5대 장군 도쿠가와 츠나요시가 다스린 시기. (1688~1704).

번 [藩]
에도시대 다이묘가 지배한 영지.

신도 [神道]
일본에서 발생한 고유의 민족신앙.

중국 문화권에 속했던 일본에서의 개력이 비교적 적었던 이유는 헤이안시대 중기부터 *겐로쿠시대 직전까지 8백 년 이상 선명력을 사용했기 때문이다. 또한 894년에 견당사가 폐지되자 새로운 역법이 도입되지 못했으며, 스스로 개력할 수 있는 능력도 없었고, 개력을 단행할 열의나 힘을 가진 장기적으로 안정된 정권도 나타나지 않았다. 옛 제도를 그대로 따를 뿐이었다.

에도 정부가 안정되자 개력의 목소리가 높아졌다. 앞에서 설명한 바와 같이 선명력은 2일의 차이가 있었으므로 일월식 예보가 자주 틀렸다. 정확한 역을 만들지 못하는 것은 위정자의 위신과도 관계가 있었기 때문에 아이즈*번, 기이번, 미토번 등에서는 개력을 위한 예비 연구를 시작했다. 그중에서도 유독 현명했다는 아이즈의 호시나 마사유키가 가장 열심이었다. 그는 3대 장군인 이에미츠의 외삼촌으로 어렸을 적에 호시나 가문의 양자가 되어 호시나로 개명했지만, 이에미츠가 죽은 후 그의 유언에 따라 당시 11세의 4대 장군 이에츠나의 보좌역이 되었다.

바로 그 무렵 장군가를 섬기던 바둑계 4대 명문가 (홍인보·하야시·이노우에·야스이) 중 한 가문에서 태어났으며, 14세에 아버지의 업적을 이어 준재라고 알려진 시부가와 하루미는 4대 장군 이에오카를 보좌하게 되었다.

다카카즈와 같은 해인 1639년에 태어난 시부가와 하루미는 가을과 겨울에는 에도에서 본업인 바둑을 두었지만, 봄과 여름에는 교토에서 학문에 몰두했다. 야마자키 안사이에게 주자학과 *신도를 배웠고, 역법을 제작하는 최고 책임자인 츠치미카도 야스토미 밑에서 역법을 배웠으며, 수시력과 천문학 및 선명력을 익혔다. 야마자키 안사이로부터 "천재 중의 천재, 천 년에 한 번 태어날 사람"이라고 칭찬받을 정도의 수재였다.

하루미는 에도에서 주요 권력 가문과 만났고, 교토에서도 조정의 귀인들과 접촉할 수 있었다.

여하튼 하루미가 군신상하의 신분적 질서를 절대시하는 막부의 분위기에 편입될 수 있었던 것은 주자학자 야마자키 안사이를 스승으로 섬겼기 때문이다. 그를 통해서 막부의 최고 유력자인 아이즈의 호시나 마사유키나 미토의 도쿠가와 미츠쿠니의 특별한 후원을 받게 되었던 것이다. 개력을 주도했던 호시나 마사유키의 지시에 따른 것인지는 모르지만 하루미는 일찍부터 중심 인물이 될 야심을 가지고 천체 관측에 힘썼다.

마사유키는 선명력을 폐지하고 수시력으로 개력해야 한다면서, 1667년에 에도에 있던 하루미를 초빙하여 개력을 검토시켰다.

수시력은 쿠빌라이의 명을 받은 곽수경이 1280년에 완성시킨 원나라의 역법이다. 중국 역법 중에서 가장 걸작이라고 인정받는 수시력에 대한 평판은, 에도시대 이전부터 계속된 것이지만, 조선 통신사 박안기에게 수시력을 배운 하루미의 스승 대에서부터 널리 연구가 이루어지게 된 것 같다. 일본에서 나온 수시력 연구에 관한 중요한 저서는 20종이 넘게 전해온다.

역서는 보통 전문용어와 천문상수 및 수표가 배열되어 있을 뿐으로 그것이 의미하는 숫자를 이해하는 것은 매우 어려운 일이다. 예를 들면 계산식이 표시되어 있어도 그것을 이해하여 사용하는 데는 상당한 수학 실력이 요구된다.

호시나 마사유키가 하루미를 초빙했을 때, 수시력에 대한 이해가 부족했던 하루미는 결론을 내리지 못했다. 바로 전해에 주자학은 인륜을 무시하고 있다고 비판한 유학자 야마가 모토유키가 막부의 명에 의해 아코번에 유배되었다. 이는 야마자키 안사이와 호시나 마사유키가 공모한 것으로 추측된다.

여기에서 주의할 만한 것은, 하루미가 봉사했던 4대 장군 이에츠나, 다카카즈가 봉사한 츠나시게, 5대 장군 츠나요시 세 사람이 각각 3대 장군 이에미츠의 장남, 삼남, 사남이었다는 점이다. 이에미츠가 죽고 장남 이에츠나가 장군을 계승했을 때, 삼남인 츠나시게와 사남인 츠나요시는 각각 15만석을 받았고 츠나시게는 사쿠라다에, 츠나요시는 간다에 영지를 받았다. 장남 이에츠나가 병약해서 자식이 없음을 염두에 두었던 삼남 츠나시게와 사남 츠나요시는 서로 경쟁심을 가지고 있었다. 더욱이 츠나시게는 개력에도 관심을 품고 있었다.

츠나시게를 섬기던 다카카즈가 이에츠나를 섬기던 동갑내기 하루미에게 강한 라이벌 의식을 가졌다는 것은 당연하다. 시골 마을에서 태어나 7세에 양친을 여의고 양자로 입양되었던 다카카즈는 좋은 가문에서 태어나 유명한 학자에게 교육받은 수재라고 알려진 하루미에게 열등감을 가졌을지도 모른다.

다카카즈는 35세에 저술한 『발미산법』의 저작을 마치기까지 6년 동안의 공백이 있었다. 이 기간 동안 다카카즈는 하루미에게 대결 의식을 가지고 『수시력』과 『천문대성』 80권을 독파했으며, 관련된 수학적 문제들을 해결하기 위해 발표 시간까지 아끼면서 연구에 몰두했다.

하루미는 지루한 이론 연구에 고무된 다카카즈를 무시하고, 34세였을 때 3년 동안에 걸친 동지 관측으로 선명력에 이틀이라는 오차가 있음을 증명했으며, 수시력으로 개력할 것을 조정에 건의했다. 동시에 이후 3년 동안에 일어날 6번의 일식과 월식에 대해서 선명력과 수시력 그리고 명의 대통력으로 계산한 결과를 참고자료로 제출했다. 일월식의 예측이야말로 역법의 좋고 나쁨을 결정하는 점검표가 된 셈이었다. 처음 5번의 일월식에 대해서는 선명력에 오차가 있으며, 수시력과 대통력의 정확함을 실증할 수 있었다. 그런데 6번째, 즉 1675년에 일어난 일식에 대해서는 수시력과 대통력에서도 모두 식이 일어나는 것으로 계산되지 않았지만 선명력으로는 2분의 반 식으로 계산되었으므로 형세는 역전되고 수시력의 채용은 의미 없는 주장이 되고 말았다.

다카카즈가 저술을 그만둔 배경에는 틀림없이 하루미의 상소가 발단이 되었을 것이다. 시간이 급했던 다카카즈는 저술활동에 시간을 소비할 수 없었다. 그러던 중에 『천문대성』은 물론 『수시력』도 제대로 이해하지 못한 하루미가, 개력의 주인공으로 등장하여 측량이나 천체 관측을 수행하고, 또한 넓은 인맥을 이용하여 막부나 조정의 귀족들에게 정치공작으로 동분서주하고 있었으므로 다카카즈는 괴로웠을 것이다.

천문학자 히로세 히데오씨는 『천문대성』에 나오는 계산법을 제대로 이해한 사람은 17세기의 다카카즈 이외에 없었다고 말한다. 실제로 하루미 자신은 만년이 되어서 "수시력의 수학적 계산법을 아무리 해도 이해할 수 없었으므로 맹목적으로 따랐다"고 고백하였다.

다카카즈가 역법 계산에 분투하고 있을 무렵, 주군인 츠나시게가 죽고 아들인 츠나토요가 자리를 이었다. 다카카즈는 번의 계산담당자가 되었으므로, 에도와 고후를 왔다갔다하고 있었을 것이다.

이 무렵 세키 다카카즈 문하에 다케베 삼형제가 제자로 들어왔다. 세 사람은 모두 우수했는데 특히 당시 13세였던 삼남 다케베 가타히로는 천재적인 두뇌의 소유자로 다카카즈의 가르침을 잘 이해

베르누이

[Bernoulli, Jakob. 1654~1705]
스위스의 수학자. 해석학을 전개하여 등하강곡선을 발견하였다. 라이프니츠는 베르누이 형제가 자기와 함께 미적분학의 건설자라고 말하고 있다. 한편 그들은 1699년 파리 과학아카데미의 첫 외국인 회원으로 형제가 모두 뽑혔으며, 또 1701년 베를린 아카데미의 회원이 되었다.

했고 나중에 스승을 여러 모로 도왔다.

가장 중요한 업적은 연립고차방정식의 미지수를 소거하는 방법에서 행렬식을 발견한 것이다. 이는 라이프니츠의 행렬식보다 내용적으로 앞선 것이며 시기적으로도 빨랐다.

또 1680년의 『수시발명』은 『천문대성』 80권 중 수리적으로 가장 흥미가 있었던 3권에 대한 상세한 해설을 한 것이다. 『천문대성』의 원문은 사실 난해한 것으로 그곳에 표시된 수치나 수식의 유래는 완전히 이해할 수 없었다. 오늘날로 말하면 구면천문학의 문제였다. 다카카즈는 백도(白道, 달의 궤도)와 달의 위치를 일반적으로 구하는 방법 등 『천문대성』에 언급되지 않은 문제까지 명확하게 해결했다.

또 다른 수학책에서는 원에 내접하는 정 131,072각형의 둘레를 계산하는 방법을 사용하여 원주율을 소수점 열 자리까지 정확하게 구했으며, 스스로 창안한 뉴턴의 보간공식을 이용하여 호의 길이를 현의 길이와 지름으로 나타냈다.

또 *베르누이 수를 베르누이보다 빨리 발견했으며, 라그랑주의 보간식을 발견했고, 방정식의 정수 해를 구하는 방법도 고안해 냈다.

사실 이러한 수학적 기법은 모두 정밀한 역법을 만드는 데 필요한 것이었다.

양심적인 세키 다카카즈는 『수시력』의 계산이나 『천문대성』에 나오는 계산식을 그대로 따르지 않았고, 배후에 있는 수리를 추구하고 개량하여 수학적 일반화까지 이루어냈다. 진정한 수학자였던 것이다.

한편 일식예보에 실패한 사건은 수시력을 신봉했던 하루미로서는 큰 타격이었다. 두 번씩이나 수시력 사용을 주장할 수는 없었다.

그는 실패했음에도 불구하고 그것을 개량하기 위해 각지를 다니며 계속 밤낮으로 관측했다.

4. 일생의 대결, 하루미와의 접전

폴란드의 천문학자 코페르니쿠스가 『천구의 회전에 관하여』를 저술하여 태양중심설을 제창한 것은 1543년의 일이었다. 이 설은 당초 가톨릭교회보다는 루터나 칼뱅 등으로부터 강력한 비판을 받았다. 유럽에서 태양중심설이 지식인에게 받아들여진 것은 17세기 후반이었고, 가톨릭교회에서 승인된 것은 18세기 후반이었다.

1549년에 일본에 온 프란시스코 자비에르나 뒤이어 도착했던 선교사들은 일본인을 기독교로 개종시키기 위해 수학 지식이 필요하다고 생각했다. 이보다 늦은 1582년에 중국으로 들어온 예수회 선교사 마테오 리치 등의 선교사들은 개력에 대해 큰 관심을 가진 중국인 관료들을 개종시키기 위해 서양 천문학의 우수함을 보여주고자 했다.

태양중심설은 아직 널리 인정되고 있지 않았다. 17세기 전반에 중국에 들어온 선교사들이 출간한 *『숭정역서』에는 지구의 자전이나 공전을 인정하지 않는 *티코 브라헤의 체계를 설명하는 것이었다.

역법을 작성하는 데에는 태양 중심이든 지구 중심이든 전혀 관계가 없다. 좌표의 원점이 어디에 있는가는 수학적으로 볼 때 모두 같은 현상일 뿐인 것이다. 단, 달력을 만드는 데에는 지구를 중심에 두는 것이 다루기 쉽다는 장점이 있었다. 중국 관료들은 우주의 형

숭정역서
[崇禎曆書]
중국 명나라의 역서. 135권. 일식·월식의 관측, 특히 1629년 여름 일식 때에 재래의 역법과 서양역법의 추산 정도가 비교되어 우수성이 판명되었다. 우주관은 천동설이었지만, 서양의 천문학 문헌과 서양 수학에 의해 여러 역표가 만들어졌다. 이 역서는 명나라에서 시행되지 못하고, 청나라 시대인 1645년부터 시헌력이라는 이름으로 시행되었다.

브라헤
[Brahe, Tycho. 1546~1601]
덴마크의 천문학자. 1572년 카시오페이아자리에 나타난 새로운 별(초신성)에 대하여 자세한 광도 관측을 하여 일약 유명해졌다. 1577년 나타난 대혜성을 관측하여, 당시의 일반적인 생각과 달리 혜성이 지구대기의 현상이 아니라 천체임을 입증하고, 화성의 운동을 관측하여 화성이 충의 위치에 놓일 때는 태양보다 지구에 더 가깝다는 것을 밝혔다.

상보다는 역법 제정에만 관심을 두었기 때문에 그것으로 족했다. 그들은 위대한 관측가 티코의 관측값이나 천문상수에만 큰 관심을 가졌던 것이다.

『숭정역서』는 1630년에 시작된 금서 정책으로 인해 일본에 전해지지 않았다. 금서의 대상은 주로 기독교 서적이었지만, 선교사가 저술한 뛰어난 과학 저서도 금서에 포함되었던 것이다. 유클리드의 『기하학원론』도 이 시기에 수입 금지되었다.

『숭정역서』의 통속판이라고 말해지는 『천경혹간』은 저자가 중국인이었기 때문에 별탈없이 일본으로 들어올 수 있는데, 하루미도 이 책을 읽었을 것이다. 이 책에는 일식과 월식의 원리가 잘 설명되어 있었지만 역법 제정에 응용할 정도로 자세한 수치는 나와 있지 않았다.

수시력의 사용을 주장한 상소가 보류된 이래 하루미의 머릿속에서 떠나지 않았던 것은 수시력을 개량하여 1675년의 일식을 예측해 내는 것이었다. 1675년의 일식은 그가 풀어야 할 숙제였다.

그는 수시력의 수학 이론에 대해 정통하지 못했고, 따라서 그것을 탈피하여 가능한 천문상수나 방정식 계수 등을 일월식의 관측 자료에 일치시키려고 했다. 이로 인해 많은 시행착오가 있었던 것으로 보인다.

지구에서 보이는 태양의 궤도(황도)와 달의 궤도(백도)가 교차하는 점 근처에서 삭이 되면 일식이고, 보름이 되면 월식이다. 따라서 일월식의 날짜를 예측하려면 황도와 백도의 타원 궤도가 어떤 속도로 움직이는지 알아야 한다. 일월식의 예측에도 관측이 기초된 무수히 많은 천문상수가 등장한다.

동지에서 동지에 이르는 1년의 길이를 분 단위까지 정확하게 알아내는 것은 쉽지 않은 일이다. 하루미 자신조차 이 값이 정확하지 않다고 말했는데, 이때 얻은 값은 직접 계측한 것이 아니라 수시력의 수식에 대입하여 얻은 값일 뿐이었다.

10년이나 걸려 완성된 하루미의 역법은 수시력의 상수와 계수를 조금씩 바꾼 것일 뿐, 본질적인 차이는 없었다. 아이디어라고 하는 것은 '이차(里差)' 즉 원나라의 수도였던 대도(지금의 북경)와 교토의 경도차를 고려하여 시간차를 보정하는 지극히 당연한 것이었다.

하루미는 1683년 조정에 역법을 상주한 최초의 일본인이었다. 이때 이루어진 것이 두 번째 상주였다. 604년에 일본에서 역법이 시작되었는데 이 해가 갑자였고 그후 60년마다 갑자년이 되었으므로 1684년도 갑자년이 되었다. 갑자가 되는 해에는 가끔 개력이 이루어질 정도로 새로운 개혁이 일어났다. 하루미의 상주는 이를 의식한 것이었음에 틀림없다. 바짝 추격해 오는 듯한 세키 다카카즈를 의식했을지도 모른다.

5. 세키 학파의 확립과 발전

다카카즈는 중국의 역서에 나오는 수학적 난제를 착실하게 극복하고 드디어 그것을 능가하는 수준에 도달하여 역법 제정에 필요한 측량까지 시작했지만, 운명은 가혹했다. 주군이었던 츠나시게가 4대 장군 이에츠나가 죽기 2년 전인 1678년에 사망하고 만 것이다. 이어 5대 장군은 동생인 츠나요시에게 돌아갔다.

의욕을 잃은 다카카즈는 무시를 당하는 입장에 처하게 되었으며, 빈틈없는 하루미는 4대 장군 이에츠나에 이어 5대 츠나요시를 보좌하게 되었다. 운명의 갈림길이었다. 츠나시게가 술과 여자를 멀리하고 2년만 더 살았더라면, 개력은 다카카즈의 계획대로 이루어졌을지도 모른다.

율령시대부터 매년 편력은 조정의 음양료(陰陽寮, 일본 고대의 천문대: 역주)에서 도맡아했다. 음양료란 오늘날로 말하면 천문대, 기상대, 역술관, 기도소 등을 합친 것과 같은 관청이었다.

음양료는 중국에 대한 사대주의를 품고 있었던 것 같다. 조정은 별 고민 없이 명나라의 대통력을 채용하기로 결정했다.

하루미는 이에 즉시 정치적인 공작을 펼치기 시작했다. 안정적인 국내의 정치 상황에 대해 자신감을 가졌던 막부는 편력의 권한을 조정에 넘겨주는 것이 불만이었다. 하루미가 그 기회를 놓칠 리 없었다. 하루미는 절친한 막부 관리였던 사람에게, 음양료의 장관 츠치미카도 야스토미와 자신이 막역한 사이라고 자랑하면서 지금이야말로 막부가 편력권을 찾을 절호의 기회라고 열변을 토했을 것이다. 동시에 음양료의 츠치미카도 야스토미에게도 틀린 역법을 사용하는 것은 음양료는 물론 조정의 위엄을 해치는 일이라며 설득했을 것이다.

장군 츠나요시는 도쿠가와 미츠쿠니에게 대통력과 새로운 역법의 우열을 비교할 것을 명령했다. 그리하여 교토에서 혼천의를 이용하여 7개의 천체(태양, 달 및 오행성을 말함)의 운행을 관측한 결과 하루미의 역법에 손을 들어주었다. 이전의 결정은 완전히 번복되었고 1685년부터 새 역법이 정향력(貞享曆)이라는 이름으로 시행되었다.

관측은 제삼자에 의해 이루어진 것이 아니라 츠치미카도 야스토미와 하루미가 한 것이었다. 또 몇 개월이라는 짧은 기간으로는 우열을 가리기 어려웠을 것이다. 장군의 마음을 움직인 시기에 이미 하루미의 로비활동

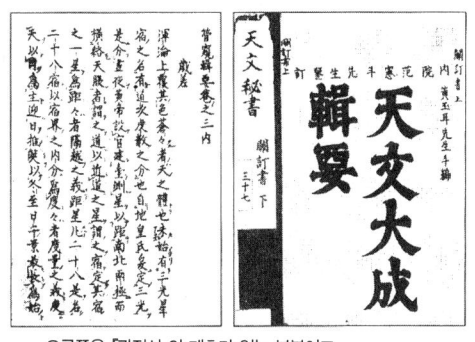

오른쪽은 『관정서』의 제호가 있는 부분이고, 왼쪽은 『관정서』의 권두 부분.

은 끝난 상태였으며 귀추는 이미 결정된 후였다. 애초부터 구습에 젖은 음양료의 실권이 막부로 이동된 것인지도 모른다. 과학적인 달력의 편찬자로 역사에 이름을 남기려 했던 하루미가 막부와 츠치미카도 야스토미를 회유하였는지도 모른다. 이 한 차례의 거부권으로 음양료의 힘은 약해지고 말았고, 단 두 사람의 관측 자료에 따라 좌지우지되었다. 정향력이 시부가와 하루미 편찬, 츠치미카도 야스토미 교열인 것을 볼 때 이 생각이 맞는 것 같다.

822년 만에 이루어진 개력의 영웅이 된 하루미는 바로 신설된 막부의 천문방으로 임명되었다. 막부는 2년 전에 일곱 번의 화재로 폐허가 되었던 본소에 사천대를 건조했고, 하루미에게 편력을 위한 천문관측을 하라고 명령했던 것이다.

이후 역법 편찬의 실권은 조정에서 막부로 옮겨졌고 하루미의 공적이 부각되었다. 젊었을 때부터 천문 관측을 했고, 막부나 조정의 친구들을 통해서 놀랄 정도의 정치력을 발휘하던 하루미와는 달리, 원래 수학자이던 다카카즈가 개력을 하는 것은 어차피 무리였다.

이론상 허점을 가진 새로운 역법은 결국 몇 십 년밖에 계속되지

못했는데 이 소식을 들은 다카카즈는 상당히 충격을 받았을 것이다. 하루미의 수학 실력이나 새로운 역법의 실태에 대해 정확히 알지 못했던 다카카즈는 반평생에 걸친 자신의 역법 연구가 헛수고로 돌아갔다고 생각했을 것이다.

돌아가신 주군의 은혜를 갚고자 했고, 현재 주군의 기대에도 보답하고자 했지만 일이 이렇게 되어가자 다카카즈는 깊이 상처받았다.

실제로 그후부터 그는 연구다운 연구를 계속하지 못했다. 3년 정도는 그때까지의 저서를 보완하면서 시간을 보냈고, 『관정서』를 다시 깨끗하게 손본 것 외에는 세상을 떠나기 전까지 20여 년 동안 별다른 저작 활동도 하지 않았다. 『관정서』는 1960년에 우연히 발견되었는데, 그때까지만 해도 책 이름조차 알려지지 않았다. 20년이라는 오랜 세월에 걸쳐 해독한 『천문대성관규집요』 80권 중에서 역법이나 수학적인 관계에 대해 나온 15권을 고른 그는 원문을 교정한 후 가에리뎅(한자를 읽는 순서를 정하는 것: 역주)과 오쿠리가나(한자 다음에 일본말을 붙여 부드럽게 읽도록 한 것: 역주)를 붙였다. 나머지 책은 대부분 역법 제작과 관계 없는 점성술 등의 내용이었던 것으로 보인다.

8백 년 이상 계속되어 온 역법이 개력된 직후의 일이었다. 『천문대성』의 수학적인 내용을 완전히 이해했으나 이해한 것 이상으로는 나아가지 못했던 다카카즈가 가에리뎅이나 오쿠리가나를 첨가했다는 것은 잡념을 떨치고 눈물을 삼키려고 한 행동이 아니었을까. 당시의 다카카즈는 70년 후 자신의 역법 연구가 되살아나 개력이 된다는 사실을 알 리 없었다.

상심한 다카카즈는 첫 번째 제자이던 다케베 가타히로의 뛰어난 천재성과 인격에 위로받았던 것 같다. 가타히로는 다카카즈의 『발미산법』을 약간 개량하여 『발미산법연단언해』를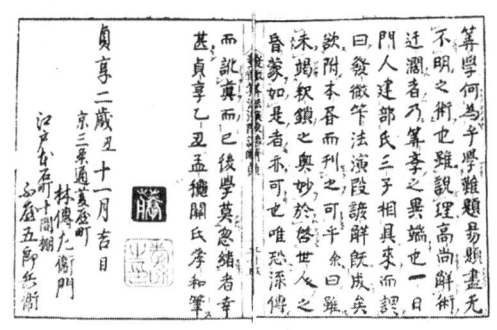

『발미산법연단언해』

저술했고, 다카카즈의 업적을 후세에 널리 알렸다. 또한 다카카즈와 자신의 업적을 주로 다룬 『대성산경』 20권을 형인 가타아키와 스승 다카카즈와 함께 편집하기 시작했다. 20여 년이 흐르고 다카카즈가 세상을 떠난 지 2년이 되어서야 20권의 책으로 완성되었지만, 스승에 대한 존경심과 겸손한 성품을 가진 가타히로는 자기는 나서지 않고 오로지 스승만을 앞에 내세웠다. 자신은 이름조차 거론하지 않았다. 따라서 이 책의 공저자 가타히로는 오랜 동안 묻혀 있게 되었다. 많은 이들이 이 책의 저자를 다카카즈 한 사람이라고 오해할 정도였다.

가타히로는 다카카즈가 연구한 원의 이치를 발표했으며, 호의 길이가 무한계수로 표시된다는 초월술을 훌륭하게 완성해냈다. 오늘날의 '역정현함수'라고 부를 만한 급수전개였다. 이것은 대수학적 방법에 몰두했던 다카카즈에 비하면 해석학 분야로 한 걸음 나아갔다는 점에서 획기적인 일이다. 이것은 대수학자 오일러가 미적분학을 이용하여 같은 공식을 발견하기 15년 전의 일이었다.

1900년에 도쿄대학의 기쿠치 다이로쿠가 이 책의 내용을 영어 논문으로 번안하여 화산의 성과를 서양에 소개하였지만, 바로 인정받지는 못했다. 1980년이 되어서도 유명한 수학자 판 데어 베르덴 교수가 릿쿄대학의 무라타 교수에게 "정말로 가타히로가 서양 수학에 대해 알지 못했습니까?"라고 질문하면서 놀랐다고 한다. "수학은 단일한 원시수학이 여러 곳에 전해져 계승된 것으로, 여러 문화권에서 독립적으로 태어난 것이 아니다"라는 판 데어 베르덴 교수의 주장에 큰 타격을 준 것이기 때문이다.

식견과 문장력을 갖춘 가타히로는 스승에게 물려받은 천문역법을 상세하게 발전시켰으며, 6대 장군 이에노부로부터 8대 장군 요시무네까지 세 명의 장군을 섬겼다. 특히 자연과학을 좋아했던 요시무네에게 중용되었는데, 요시무네의 정책 대부분이 가타히로의 머리로부터 나왔다고 할 정도였다. 가타히로가 만년에 요시무네에게 올린 『철술산경』 속에는 "세키 다카카즈는 나의 스승인 동시에 신이었다"라고 하면서 다카카즈의 천재성을 높이 평가했다. 항상 스승을 존경하던 가타히로였다.

세키 다카카즈나 다케베 가타히로는 둘 다 막부에 소속되어 있었기 때문에 많은 제자를 두기는 어려웠지만, 가타히로의 제자 마츠나가 요시스케나 그의 제자 야마지 누시즈미의 시대가 되면서부터는 '세키 학파'라고 불리는 학풍이 확립되었다. 다카카즈 이후의 수학적 연구나 문헌이 정리되었고 면허제도도 정비되었다.

세키 학파는 새롭게 개발한 이론이나 방법을 비밀에 부쳤다. 다카카즈가 출간한 책은 35세에 저술한 『발미산법』과 사후에 편집한 『괄요산법』만 있을 뿐이다. 『삼부초』, 『칠부서』 등의 주요 저술은 세키 학파의 비전서(秘傳書)였으며 인쇄되어 배포된 것이 아니라 사본만 제자에서 제자에게로 전해졌다.

다른 학파도 이와 비슷하게 자신들이 터득한 방법을 비밀로 했고, 서로 어려운 문제를 내고 겨룸으로써 우열을 가렸다. 고민 끝에 만든 문제나 해답은 액자에 넣어 신사나 절의 벽에 걸어 두었는데, 이것은 신이나 부처에게 감사하는 동시에 자신들의 실력을 과시하는 의미였다. 이 액자들은 형형색색으로 눈에 띄기 쉬웠으며, 일종의 논문 게시판 같은 역할을 했다. 이것을 산액(算額)이라 부르며, 현재까지도 일본 각지에 상당수 남아 있다. 이 내용을 편집한 문제집도 에도시대 후기에 출간되었다. 현재까지도 천 개 가까이 남아 있다고 한다.

이들 학파는 아주 뛰어난 제자 이외에는 아무에게도 학파의 비밀을 알려주지 않았는데 이러한 비밀주의에 대해 비판의 소리가 높았다. 아리마 요리유키는 세키 학파의 세 번째 전수자인 야마지 누시즈미에게 배웠지만, 야마지가 엄청난 수업료를 요구하는 데 대한 반발로 세키 학파 비전의 산법을 정리하여 임의로 출간해 버렸다. 점찬술의 상세한 내용은 이 시기에 처음 공개되었다.

천 권 이상의 책을 저술하는 등 왕성한 활동을 보인 아이다 야스아키는 권위적인 세키 학파를 적대시했는데, 세키 학파의 제4대 전수자 후지다 사다스케를 상대로 논쟁을 벌였고, 최상의 학파를 창시했다. 출신지명 그대로 붙인 이름이지만 스스로 사이쇼 학파(최초라는 뜻의 일본어: 역주)라고 불렀다. 20년이나 계속된 두 사람의 기세등등한 싸움은 화산이 얼마나 재미있는지를 보여준 것으로, 일반인들에게도 화산을 널리 알리는 역할을 했다. 구루시마 요시히로처럼 어떤 학파에도 속해 있지 않으면서 여러 학파를 깨는 특기를 가진 독불장군형의 천재도 있었다.

세키 학파는 18세기 말에 아지마 나오노부라는 천재를 중심으로 부동의 권위를 확립했다. 화산가를 대표하는 아지마 나오노부는 곡선의 길이나 곡선으로 둘러싸인 부분의 면적을 구하는 오늘날의 정적분을 고안했고, 다카카즈 이후 '원의 이치'를 완성시켰다.

화산가 중에는 막부나 번의 감정방(勘定方, 계산 담당자)이나 천문방이 된 사람도 있지만, 일반적으로는 그렇지 않았으며 대다수가 취미로 즐겼던 것 같다. 화산을 가르치면서 생활하는 것은 일류 화산가에 한정된 일이었다. 화산가의 사회적 지위는 검술이나 바둑 선생과 마찬가지로 그다지 높지 않았다. 대부분은 무사 계급이거나 낭인이었다. 그러나 에도 후기가 되어 좋은 화산 교과서가 출판되자 시골 벽지에서도 화산을 공부하는 사람이 생겨났다. 다카카즈 이후에는 에도가 연구 활동의 중심지였지만, 각 지역을 돌아다니면서 가르치는 사람도 있었고, 벽촌에서 훌륭한 업적을 남긴 사람도 있었다.

다만 세키 다카카즈나 가타히로처럼 수학을 자연과학과 관련하여 연구했던 사람은 극히 적었다. 화산은 일본의 전래 시가(詩歌) 형식인 하이쿠(俳句)나 와카(和歌)와 비슷하게 예술의 한 분야로서 발전해 왔던 것이다. 그것은 어떤 의미에서 강점이지만 동시에 커다란 한계점이기도 했다. 일본에 자연과학이라는 학문 분야가 존재하지 않았다는 사실은 너무나 안타깝다. 뉴턴이나 라이프니츠의 수학은 역학과 밀접하게 연결되어 있었고 바로 그 수학에 기초하여 베르누이, 오일러, 라그랑주 등의 미분방정식이나 변분학이 탄생한 것이다.

화산가가 철학이나 사상을 소홀히 한 것도 이론적 성격이나 논리 체계의 관점에서 부족함을 남긴다. 이 역시 근대 유럽의 데카르트, 파스칼, 라이프니츠를 비롯한 많은 수학자가 철학에 흥미를 가진 것과는 크게 대조되는 점이다. 그 결과 현실에서의 추상화가 불충분했고 애매하게 정의가 내려졌다. 예를 들면 원을 다룰 때에도, 원이나 접선에 대한 정의 없이 그저 스스로 깨닫도록 하고 있다. 이때문에 엄밀함이 부족하다는 평가를 받게 된 것이다.

서양 수학은 8대 장군 요시무네 시대에 한역된 책에 한하여 수입이 허락되었지만, 그것은 데카르트 이전의 수학이었으며 로그나 삼각법 등의 내용을 다룬 것이었다. 화산에 서양 수학의 흔적이 보이지 않는 이유는 수입서를 본 화산가들이 자기들의 것이 우위에 있다고 생각하여 그다지 주의를 기울이지 않았기 때문이다.

즉 화산은 주판이나 산목에 의존한 원의 수학서와 두세 개의 역서로부터 출발해서, 오직 일본이라는 자국의 힘으로만 발전된 것이라 할 수 있다. 18세기 말이 되자 부분적으로는 동시대의 유럽에 대항할 수 있었으며 대수학과 미적분학까지 도달했다. 이것은 쇄국이 초래한 실로 경탄할 만한 역사상의 비극이지만, 한편으로는 일본인의 독창성에 대한 의심을 날려버린 쾌거이기도 하다.

6. 불운한 수학자의 희미한 발자욱

후지오카에서 다카카즈의 사적을 방문하고 고모로로 향했다. 후지무라와 연고가 있는 지역의 숙소에서 하룻밤을 자고 우치야마가의 연구지를 방문할 예정이었다.

〈지쿠마가와 여정의 노래〉의 마지막 부분에 "해질녘 걸어가면 아사마(淺間)도 보이지 않고, 슬픈 노래의 사쿠(佐久)의 풀피리 소리, 지쿠마가와를 넘는 파도의, 해안 가까이 있는 숙소에 올라간 채, 탁한 술을 탁하게 마시며, 풀베게를 베고 위안을 삼는다"라는 구절이 있지만, 풀피리를 제외하면 그대로의 모습이었다. 다카카즈와 후지무라 사이에서 희미한 당혹감을 느끼면서 정말로 탁한 술을 잔에 따랐다.

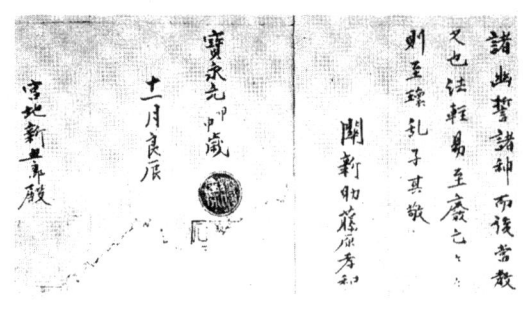

다카카즈의 자필이라고 알려진 『산법허상』의 끝부분. 다카카즈 이후 선생이 제자에게 면허장을 줄 때 이와 같은 형식을 사용했다.

사쿠 시 우치야마는 작은 마을이었다. 마을 어귀에서 중년의 부인들에게 세키 다카카즈에 대해 물었으나 아무도 알지 못했다. 이곳에 사는 거의 대부분의 사람들이 그를 모르는 것 같았다. 작은 마을 건너편의 산성을 오르기 시작하자 돌로 쌓은 축대라고 생각되는 곳이 몇 군데 남아 있었다. 숲이 울창해서인지 등산객들이 없어서인지, 산을 가로지르는 바위도 푸른 이끼로 덮여 있었다. 경사가 급했고 다리가 후들거려 걷기 어려웠다. 숲이 끝나는 지점에 잠시 멈춰 서서 서늘한 바람에 땀을 식히고 크게 심호흡하면서 우치야마를 내려다보았다.

30분 가량 걷자 정상이 나왔다. 지름 30미터 정도의 평지였다. 하늘을 상징하는 둥근 곳에 초석이 하나 남아 있었다. 중앙에 돌로 만든 제단이 있었고, 소원을 적은 흰 종이가 바람에 휘날리고 있었다.

다카카즈는 7세에 부모를 모두 잃었다. 할머니는 오래전에 죽고 없었지만, 107세까지 장수한 할아버지 우치야마 요시아키는 당시 91세로 건강했다. 할아버지는 어린 나이에 부모를 여읜 손자들을 측은해했고 손자들을 위로하기 위해 전쟁 무용담이나 여러 추억을 들려주었다. 부모의 사랑을 받지 못하고 자란 다카카즈에게 할아버지의 존재는 각별했을 것이다. 다카카즈가 고향인 후지오카에서부터 임지인 고후로 향하는 길 중간에 있는 할아버지의 고향에 자주 들렀다는 것은 당연해 보인다.

문득 다카카즈가 불운한 사람이었다는 생각이 들었다. 대단한 재능을 가졌지만 산성(算聖)이라고 추앙된 것은 죽은 지 30년이 지난 다음이었고, 생전에는 제자도 별로 없었으며, 반평생을 건 하루미와의 싸움에서도 지고 말아 그 분을 삭이면서 20년 이상을 보내야 했다. 그러나 불행은 여기서 그치지 않고 계속되었다. 1704년 다카카즈를 고용했던 츠나토요가 하루미가 섬기는 장군 츠나요시의 양자가 된 것이다. 운명의 장난처럼 두 사람이 모두 같은 막부에서 얼굴을 마주보는 사이가 된 것이다. 다카카즈는 막부의 회계 담당이었다. 국회의원이나 국세청장으로 근무했던 뉴턴, 정치나 외교관으로 활약했던 라이프니츠 등에 비하면, 수학자의 지위에서 엄청난 차이를 느끼지 않을 수 없다. 다카카즈의 지위는 라이벌인 하루미보다 훨씬 아래였다. 다카카즈는 여기서 2년을 못 버티고 일을 그만두었다. 스스로는 너무 나이가 많이 들어서라고 했지만, 다른 이유가 있었을지도 모른다. 사임한 지 2년 후에 병으로 죽었는데, 반 년만 더 살았더라면 주군이었던 츠나토요가 6대 장군 이에노부가 되는 모습을 지켜보았을 것이다.

가정적으로는 더욱 불행했다. 어린 나이에 부모를 잃고 양자로 들어갔지만, 늦게 얻은 두 아이는 일찍 죽었고, 양자로 얻은 조카는 머리가 모자라 학업을 계속하지 못했다. 조카는 다카카즈가 죽자마자 도박으로 전 재산을 날렸고, 이와 함께 세키 가문도 끝나고 말았다.

보라색의 붓꽃이 여름 풀로 가득한 제단 옆에서 장마가 개기를 기다리듯 활짝 피어 있었다.

우울한 기분으로 산성을 걸어내려와, 우치야마가의 두 절을 방문했다. 가마쿠라 후기에 지어진 훌륭한 절이었다. 주지가 우치야마가의 묘지로 안내해 주었다. 경사진 곳을 올라가자 향기 깊은 나무 그늘 아래, 우치야마가의 오래된 묘석이 세 개 있었다. 4백 년의 세월을 거친 묘석은 기울어져 있었고, 거칠게 깎인 표면에 적힌 글자는 이미 형체를 알아볼 수 없었다.

절의 주지조차 세키 다카카즈를 알지 못했다. 필자가 건넨 이학박사 명함에 감동하는 것을 보고 당황하여 "세키 다카카즈는 저보다 만 배 이상 훌륭한 수학자입니다"라고 말하자, "그렇게 훌륭한 학자였습니까? 그렇다면 이 절을 선전하는 데 도움이 되겠네요"라면서 호쾌하게 웃었다. 필자도 따라 웃었다. 우리의 매마른 웃음소리가 고요한 경내에 메아리쳤다.

> **수학자가 남긴 한마디**
>
> "세키 다카카즈는 나의 스승인 동시에 신이었다."
>
> – 제자 가타히로

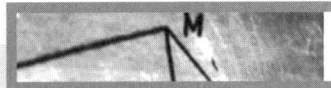

쉬어가는 페이지

기름나누기 셈

옛날에는 간장이나 기름, 소금 같은 것이 모자라면 이웃집끼리 나누어 썼는데 요시다 미츠요시의 『진겁기』에는 그때 사용하던 '기름 나누기 계산법'이 수록되어 있다.

예를 들어 '어떤 통 속에 한 말(10되)의 기름이 들어 있는데 이것을 7되들이 말과 3되들이 말을 사용하여 정확히 절반으로 나누는 방법'을 질문하고 있다. 일반적인 퀴즈에서라면 '기름통을 옆으로 비스듬히 기울여 5되 정도가 되게 한다'는 정도의 해법이 제시되겠지만 여기에서는 그런 방법이 통하지 않는다.

그렇다면 다른 방법을 생각해 보자. 편의상 10되들이, 7되들이, 3되들이 통을 각각 A, B, C라고 해둔다. 먼저 A에 있는 기름을 B에 가득 채운다. 다음은 B에 있는 기름을 C에 채워준다. (A, B, C는 3되, 4되, 3되가 된다.) 이런 상태에서 C의 기름을 A에 되돌려주고 빈 상태가 된 C에 B의 것을 붓는다. 그러고 나서는 C에 있는 기름을 또다시 A에 되돌려준다. (A, B, C는 각각 9되, 1되, 0되가 된다.) 이때 B의 기름(1되밖에 되지 않는 기름)을 C에 쏟아 붓는다. 그런 후에 A에 있는 기름을 B에, B에 있는 기름을 C에 채운다. 이렇게 되면 B의 7되 중 2되를 C에 붓게 되어 B통에는 5되가 정확히 남게 되는 것이다.

그런데 『진겁기』에 나온 해법은 이와 다르다.

우선 3되들이 되로 7되들이 되에 3번 넣는다고 했을 때, 3되들이에는 2되가 남게 된다. 이렇게 되었을 때 7되들이 되에서 3되들이 되를 채우면 7되들이 되에서 5되가 남게 된다고 기록되어 있다. 분명히 3되들이 되로 3번 퍼올려 그것을 7되들이 속에 넣으면 7되들이는 가득 채워지고 3되들이에는 2되만 남게 된다. 이때 7되들이 되에 3되들이의 2되 분을 넣어주고 다시 3되들이로 기름을 퍼올려 7되들이에 넣어주는 방법이다.

실은 여기에는 하나의 법칙이 있다.

기름나누기 법칙

1. B가 비어 있을 때에는 A로부터 B에 가득 붓는다.
2. B에 기름이 들어 있을 때에는
   ① C가 가득차지 않으면 B의 기름으로 C를 가득 채운다.
   ② C가 가득 차면 그것을 A에게 되돌려주되 ①을 반복한다.

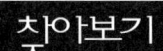

찾아보기

index

T.S.엘리엇 · 189

ㄱ

가우스 · 65
갈릴레이 · 19
겐로쿠시대 · 232
고다이라 구니히코 · · · · · · · · · · · · · · · 178
괴델 · 164
괴테 · 186

ㄴ

나라시대 · 220
난센 · 110
내셔널 트러스트 · · · · · · · · · · · · · · · · · · · 40
노이만 · 185
뇌터 · 183
니체 · 186

ㄷ

다카키 데이지 · 199
데모크리토스 · 187
데카르트 · 20
도스토예프스키 · · · · · · · · · · · · · · · · · · 101
뒤마 · 60
드 모르강 · 89
디랙 · 27
디리클레 · 190
디오판토스 · 195

ㄹ

라그랑주 · 53
라마야나 · 124
라이프니츠 · 20
라플라스 · 78
란다우 · 180
랭킨 · 145
러셀 · 18
레일리 · 17
레플러 · 97
렌 · 19
렘브란트 · 20
르장드르 · 52
리군 · 181
리만 · 65
리빙스턴 · 205
리틀우드 · 132
릴케 · 187

ㅁ

마누법전 · 129
마이 · 186
마하바라타 · 124
만 · 186
맥스웰 · 17
메르카토르 · 27
메이지유신 · 219
멘델레예프 · 107
모듈 · 200
몰리에르 · 49
민코프스키 · 179

ㅂ

바이런 · 18
바이어슈트라스 · · · · · · · · · · · · · · · · · · 106

배로 · 17
번 · 232
베르누이 · 236
베버 · 183
베유 · 200
베이컨 · 18
베케트 · 73
보들레르 · 49
보른 · 183
보일 · 24
분젠 · 105
브라만 · 124
브라헤 · 237
브로우베르 · 181
블랙 · 18
비슈누 · 126
비에트 · 225

ㅅ

산법통종 · 220
산스크리트 · 123
산학계몽 · 220
선명력 · 225
쇼 · 72
수시력 · 224
숭정역서 · 237
스위프트 · 72
스콧 · 205
스트린드베리 · 110
시무라 고로 · 200
신도 · 232

ㅇ

아르틴 · 184
아리스토텔레스 · 23
아문센 · 205
아벨 · 55
야스퍼스 · 188
야코비 · 65
양휘산법 · 219
에도시대 · 219
에르미트 · 54
에크하르트 · 188
엘리엇 · 105
엥겔스 · 111
예이츠 · 72
오일러 · 113
오펜하이머 · 165
와일드 · 72
왕권신수설 · 21
워즈워드 · 83
원가력 · 227
월리스 · 24
웰링턴 · 77
위고 · 49
유클리드 · 24
이와자와 · 198
입센 · 110

ㅈ

젠트리 · 19
조르당 · 66
조이스 · 72
조지 오웰 · 47

지젤 · 184

ㅊ

천원술 · 223
청교도 · 21

ㅋ

카르만 · 179
칸트 · 187
케인즈 · 26
케플러 · 24
코발레프스키 · 104
코시 · 55
코페르니쿠스 · 32
쿠란트 · 180
쿡 · 205
크로네커 · 182
크롬웰 · 21
클라인 · 179
키르히호프 · 105

ㅌ

타니야마 유타카 · · · · · · · · · · · · · · · · · 200
테니슨 · 18
톨스토이 · 107
투르게네프 · 107
튜링 머신 · 153

ㅍ

파리코뮌 · 106
파스칼 · 20
페르마 · 33

포스터 · 164
퐁슬레 · 55
푸리에 · 57
푸슈킨 · 66
푸아송 · 59
푸앵카레 · 109
프톨레마이오스 · · · · · · · · · · · · · · · · · · · 32
플랑크 · 184
플램스티드 · 37
피프스 · 25
피히테 · 188
필즈상 · 19

ㅎ

하디 · 131
하이데거 · 188
핼리 · 30
허셸 · 89
헤겔 · 188
헤케 · 180
헬름홀츠 · 105
호이겐스 · 17
호킹 · 27
화산 · 42
후설 · 181
훅 · 30
히에로니무스 · 29
힐러리 · 206
힐베르트 · 137